高斯随机过程的局部时和随机流动形

郭精军　肖艳萍　著

科学出版社

北　京

内 容 简 介

本书主要介绍几类高斯随机过程在局部时和随机流动形等方面的最新研究进展，较为系统地讲述局部时和随机流动形这些概率论中的重要问题. 主要内容包括：①分数布朗运动、多分数布朗运动和次分数布朗运动等几类高斯过程的局部时；②由分数布朗运动驱动的 Ornstein-Uhlenbeck 过程的碰撞局部时；③两类高斯随机过程的高阶导数型局部时的存在性；④布朗随机流动形、分数布朗随机流动形、双分数布朗随机流动形和次分数布朗随机流动形等问题.

本书具有较强的理论性和系统性，可供概率论与数理统计专业研究生参考，也可作为理工类相关领域的科研工作者的参考书.

图书在版编目（CIP）数据

高斯随机过程的局部时和随机流动形 / 郭精军，肖艳萍著. --北京：科学出版社，2019. 12

  ISBN 978-7-03-063665-2

  Ⅰ . ①高…   Ⅱ . ①郭… ②肖…   Ⅲ . ①随机过程－研究

Ⅳ . ① O211.6

中国版本图书馆 CIP 数据核字（2019）第 272974 号

责任编辑：李　欣　孙翠勤 / 责任校对：彭珍珍
责任印制：吴兆东 / 封面设计：陈　敬

科 学 出 版 社 出版

北京东黄城根北街 16 号
邮政编码：100717
http://www.sciencep.com

北京中石油彩色印刷有限责任公司 印刷
科学出版社发行　各地新华书店经销

*

2019 年 12 月第 一 版　开本：720×1000　1/16
2020 年 11 月第二次印刷　印张：12
字数：242 000

定价：88.00 元
（如有印装质量问题，我社负责调换）

前　　言

局部时和随机流动形问题均来源于物理. 随机过程的局部时直观上可理解为随机过程在某点或某区间上所花费的平均时间. 随机流动形问题最早来源于对流体动力学模型的研究. 局部时和随机流动形由于具有鲜明的实际背景, 这些年一直是数学和物理学者研究的热点问题之一.

布朗运动因具有非常好的性质和特点, 被广泛地应用到物理、数学、金融和工程等诸多领域中. 布朗运动是高斯随机过程中最具有代表性的过程之一, 也是理论研究比较成熟的部分. 学者早期多采用布朗运动作为工具来研究局部时, 如布朗运动的碰撞局部时或相交局部时. 近年来, 由于分数布朗运动自身的自相似性、长相依性等特性, 分数布朗运动逐渐被应用到通信网络、金融工程等许多科学领域. 另一方面, 将分数布朗运动作为模型有一定的局限性. 为了更准确地模拟实际情况, 迫切地需要引入广义的高斯过程, 如次分数布朗运动、双分数布朗运动和多分数布朗运动.

选择合理的高斯随机过程和科学的方法对局部时和随机流动形的研究至关重要. 本书主要使用白噪声分析方法, 讨论高斯随机过程局部时的存在性和混沌分解; 提出高斯过程随机流动形的定义; 使用 Malliavin 计算获得高斯随机流动形的存在性, 这对了解局部时和随机流动形的本质至关重要, 既拓宽了随机分析方法在物理等领域的应用范围, 又丰富了高斯随机过程的理论体系.

全书紧扣局部时和随机流动形这一问题, 以高斯随机过程的发展趋势与动态为主线展开叙述, 本书将主要介绍几类高斯随机过程在局部时和随机流动形等方面的研究进展情况. 全书共 7 章:

第 1 章 "绪论" 中介绍问题背景、研究意义、现状与发展动态、全书总结及对一些后续问题的思考等.

第 2 章和第 3 章是预备知识, 介绍全书用到的两种主要的研究方法以及几类高斯随机过程的相关知识. 第 2 章 "无穷维随机分析" 中主要介绍白噪声分析方法和 Malliavin 计算的一些基本知识和结果. 白噪声分析和 Malliavin 计算是全书主要采取的研究方法, 这些内容构成本书的理论基础. 读者阅读时, 可以初步了解这些经典的无穷维随机分析方法的基本理论框架和结果. 如果想深入了解更多的相关背景知识, 可以阅读参考文献 (Obata, 1994; Biagini, 2008).

第 3 章 "高斯随机过程" 主要介绍布朗运动、分数布朗运动、多分数布朗运动、双分数布朗运动和次分数布朗运动等几类高斯随机过程的基本定义、性质以及基本结果等内容. 首先, 介绍经典的高斯随机过程——布朗运动, 该过程是应用较为广泛的高斯随机过程, 也是理论发展相对成熟的随机过程. 其次, 介绍由布朗运动派生出来的广义高斯随机过程, 包括分数布朗运动、多分数布朗运动、双分数布朗运动和次分数布朗运动等.

第 4 ~ 6 章主要介绍几类高斯随机过程的局部时. 第 4 章 "高斯过程的局部时", 主要介绍分数布朗运动、多分数布朗运动和次分数布朗运动等几类高斯过程的一般局部时. 用白噪声分析方法讨论高斯过程的局部时. 首先, 证明了关于布朗运动的 Wiener 积分的广义局部时是一个 Hida 广义泛函. 其次, 验证了在给定点处分数布朗运动的局部时是一个 Hida 广义泛函; 利用多重 Itô 积分给出了局部时的混沌分解. 将前面已有结果推广到 d 维 N 参数分数布朗运动的局部时情形; 利用 Hermite 多项式得到了局部时的混沌分解. 接下来, 考虑分数布朗运动的多重相交局部时. 在适当的条件下多重相交局部时可以看成一个 Hida 广义泛函. 进一步, 将两个相互独立的分数布朗运动的碰撞局部时视为一个 Hida 广义泛函; 在一定的条件下, 得到了碰撞局部时的混沌表示与核函数. 之后, 结合多分数布朗运动的局部非确定性, 将分数布朗运动的碰撞局部时推广到两个相互独立的多分数布朗运动情形. 最后, 给出次分数布朗运动的另一种表示形式, 利用白噪声分析框架验证了两个相互独立的次分数布朗运动的碰撞局部时是一个 Hida 广义泛函, 借助于 S-变换得到了该局部时的混沌分解以及核函数等.

第 5 章 "分数 Ornstein-Uhlenbeck 过程的碰撞局部时", 介绍由分数布朗运动确定的 Ornstein-Uhlenbeck 过程的碰撞局部时. 首先, 给出分数 Ornstein-Uhlenbeck 过程的积分核表示形式; 其次, 在白噪声分析框架下, 获得了两个相互独立的分数 Ornstein-Uhlenbeck 过程的碰撞局部时是一个 Hida 广义泛函的条件及混沌分解.

第 6 章 "高阶导数型相交局部时", 在该部分中, 主要讨论两个相互独立的分数布朗运动的高阶导数型相交局部时的存在性; 其次, 讨论两个相互独立的分数 Ornstein-Uhlenbeck 过程的高阶导数型相交局部时的存在性及 Hölder 性质等.

第 7 章 "高斯随机流动形", 主要介绍布朗随机流动形、分数布朗随机流动形、双分数布朗随机流动形和次分数布朗随机流动形等问题. 首先, 分别定义 Wick 积型的布朗随机流动形和分数布朗随机流动形; 用白噪声分析方法验证布朗随机流动形和分数布朗随机流动形均为 Hida 广义泛函. 其次, 使用 Malliavin 计算, 得到双分数布朗随机流动形的正则条件. 最后, 用类似的方法得到次分数布朗随机流动形的正则性条件.

本书的研究工作得到国家自然科学基金项目 (编号:71561017、71961013)、甘肃省第三批飞天学者 (青年学者) 项目以及兰州财经大学统计学院资助.

郭精军, 教授, 博士生导师, 现就职于兰州财经大学. 本书的主要内容包括作者博士学位论文及其科研合作者的共同成果. 本书由兰州财经大学郭精军和西北民族大学肖艳萍共同组织撰写, 郭精军负责统稿并审定全稿. 第 1～3 章、第 7 章由郭精军撰写, 第 4～6 章由郭精军和肖艳萍共同撰写. 在此特别感谢华中科技大学黄志远先生的谆谆教导, 感谢我的博士生导师王才士教授、王湘君教授多年来的关心与帮助, 感谢在美国堪萨斯大学访问的合作导师胡耀忠 (Hu Yaozhong) 教授的悉心指导, 也要感谢其他合作者 (李楚进博士、姜国博士) 的辛苦付出. 在本书的编辑和整理过程中兰州财经大学统计学院院长庞智强教授给予了很大支持. 科学出版社李欣同志对本书的校对提出了宝贵的建议. 兰州财经大学统计学博士生马爱琴和张翠芸对书稿进行了认真阅读并进行了文字修改, 在此一并感谢.

由于作者水平有限, 书中不妥之处在所难免, 恳请读者不吝赐教.

郭精军　肖艳萍

2019 年 8 月于兰州

目　　录

第 1 章 绪 论

为了方便读者阅读, 本章介绍局部时和随机流动形的实际背景、研究动态与发展趋势等问题.

1.1 实际背景

局部时问题来源于物理. 设 X_t 是一个定义在 $[0,T]$ 上取值于 $\mathbb{R}^d$ 的随机过程, 则 X_t 在 $[0,T]$ 上的占有时定义为

$$\mu_T(\bullet) = \lambda\{t \in [0,T] : X_t \in \bullet\},$$

其中 λ 表示 Lebesgue 测度. 如果 μ_T 关于 λ 是绝对连续的, 则称 X_t 在 $[0,T]$ 上有局部时 $L(\cdot,T)$, 且将其定义为 μ_T 关于 λ 的 Randon-Nikodym 导数, 即

$$L(\cdot,T) = \frac{d\mu_T}{d\lambda}(x), \quad \forall x \in \mathbb{R}^d.$$

对每个可测函数 $f : \mathbb{R}^d \to \mathbb{R}^+$, 有如下关系:

$$\int_0^T f(X_t)dt = \int_{\mathbb{R}^d} f(x)L(x,T)dx.$$

由局部时最初的定义可以看出, 两个相互独立的随机过程 $X_t^{(1)}$ 和 $X_t^{(2)}$ 的碰撞局部时

$$L(T) = \int_0^T \delta(X_t^{(1)} - X_t^{(2)})dt,$$

就是 $X_t^{(1)}$ 和 $X_t^{(2)}$ 在区间 $[0,T]$ 上碰撞所花费的平均时间. 随机过程 X_t 在给定点 $x \in \mathbb{R}^d$ 处的局部时

$$L(T,x) = \int_0^T \delta(X_t - x)dt,$$

直观上可理解为随机过程 X_t 在点 $x \in \mathbb{R}^d$ 处所花费的平均时间.

随机流动形同局部时一样也有一定的实际物理背景. 流动形原本是几何测度理论中的一个概念, 最简单的例子是紧支撑的光滑向量场空间上的泛函

$$\varphi \to \int_0^T \langle \varphi(\gamma(t)), \gamma(t)' \rangle_{\mathbb{R}^d} dt,$$

其中 $\varphi : \mathbb{R}^d \to \mathbb{R}^d, \gamma(t)$ 是一条确定的曲线. 将此泛函记为

$$\xi(x) = \int_0^T \delta(x - \gamma(t))\gamma(t)' dt.$$

如果要对上述流动形进行随机模拟, 只要将确定性曲线 $\gamma(t)$ 换成随机过程 X_t 且采用合适的积分形式. 于是, 就诞生了随机流动形. 更一般地, 随机流动形形式上可以定义为

$$\varphi \to I(\varphi) = \int_0^T \langle \varphi(X_t), dX_t \rangle,$$

其中 φ 是定义在 $\mathbb{R}^d$ 上取值于某 Banach 空间 V 的向量函数. 随机流动形就是该映射的一个连续版本, 即看成 V 的拓扑对偶空间中的一个随机元素.

随机流动形问题最早来源于对流体动力学模型的研究, Flandoli (2002) 在研究涡丝能量时出现如下的关于 Wiener 过程的二重随机积分

$$\int_{[0,T]^2} f(X_s - X_t) dX_s dX_t,$$

其中 $f(x) = K_\alpha(x)$ 是伪微分算子 $(1 - \Delta)^{-\alpha}$ 的核. 此二重积分的确与 $I(\varphi)$ 存在某种关系.

下面介绍高斯过程及其相关领域的发展动态与趋势.

悬浮微粒永不停息地做无规则运动的现象叫做布朗运动. 例如, 在显微镜下观察悬浮在水中的藤黄粉、花粉微粒, 或在无风情形观察空气中的烟粒、尘埃时都会看到这种运动. 温度越高, 运动越激烈. 这是 1827 年英国植物学家布朗 (1773—1858) 用显微镜观察悬浮在水中的花粉时发现的. 后来把悬浮微粒的这种运动叫做布朗运动. 不只是花粉和小炭粒, 对于液体中各种不同的悬浮微粒, 例如胶体, 都可以观察到布朗运动. 1905 年, 爱因斯坦依据分子运动论的原理提出了布朗运动的理论. 布朗运动代表了一种随机涨落现象, 它的理论在其他领域也有重要应用. 如对测量仪器的精度限度的研究; 高倍放大电讯电路中的背景噪声的研究等. 将布朗运动与股票价格行为联系在一起, 进而建立起 Wiener 过程的数学模型是 20 世纪的一项具有重要意义的金融创新, 在现代金融数学中占有重要地位. 迄今, 普遍的观点仍认为, 股票市场是随机波动的, 随机波动是股票市场最根本的特性, 是股票市场的常态.

世界是非线性的, 宇宙万物绝大部分不是有序的、线性的、稳定的, 而是混沌的、非线性的、非稳定和涨落不定的沸腾世界. 有序的、线性的、稳定的只存在于我们自己构造的理论宫殿, 而现实宇宙充满了分形. 在股票市场的价格波动、心率及脑波的波动、电子元器件中的噪声、自然地貌等大量的自然现象和社会现象中

存在着一类近乎全随机的现象, 它们具有如下特性: 在时域或空域上有自相似性、长相关性和继承性.

Benoit Mandelbrot 和 Van Ness 提出的分数布朗运动 (fractional Brownian motion) 模型是使用最广泛的一种, 它具有自相似性、非平稳性两个重要性质, 能够揭示许多自然现象和社会现象的内在特性. 关于分数过程的研究最早开始于 Kolmogorov (1940), 他首次在 Hilbert 框架下引入分数布朗运动, 并称之为 Wiener 螺旋. Mandelbrot 和 Van Ness (1968) 进一步研究了分数布朗运动, 给出其关于布朗运动的随机积分表示; 证明了分数布朗运动具有自相似性、长相依性、Hölder 连续性等. 特别地, 当 Hurst 参数 $H = \frac{1}{2}$ 时, 分数布朗运动正好是布朗运动. 有时也将分数布朗运动称为广义的布朗运动, 目前分数布朗运动被广泛地应用到通信、金融等诸多科学领域. 布朗运动的理论构筑了金融经济学 (数理金融学) 的完整体系, 而分数布朗运动为在复杂系统科学体系下揭示金融市场价格波动的规律创造了契机, 使金融经济学研究向一个崭新的领域——分形维数理金融学拓展. 与分数布朗运动相关的积分理论及应用领域成了当前随机分析中研究的热门话题之一.

当 Hurst 参数 $H \neq \frac{1}{2}$ 时, 分数布朗运动既不是半鞅, 也不是马尔可夫过程. 许多随机分析中已有的结论与方法不能直接用来处理分数布朗运动情形. 于是, 对于这些高斯过程的局部时和随机流动形的研究自然也就成了一个非常有意义且具有挑战性的工作.

虽然分数布朗运动自身具有许多重要的特点, 并且可以为实际问题建立模型, 但它也具有一定的局限性. 这主要是因为分数布朗运动的 Hölder 指数是一个常数, 且自身的特点也受到 Hurst 参数的限制. 为了更准确模拟实际情况, 迫切地需要引入一些更一般的高斯过程. 例如, 次分数布朗运动、双分数布朗运动和多分数布朗运动. 这些过程既保留了类似分数布朗运动的一些重要的特征, 又具有自身的独特之处, 如双分数布朗运动和次分数布朗运动不具有平稳增量性; 多分数布朗运动的 Hölder 指数不再是一个常数, 而是关于时间的函数.

1.2 研究现状

首先介绍局部时的研究现状. 随机过程的相交局部时是概率论中重要的研究内容之一. 近些年, 许多学者已经研究了一些高斯过程 (如布朗运动、分数布朗运动、次分数布朗运动、双分数布朗运动) 的局部时, 例如文献 (Albeverio et al.,

2001; Guo et al., 2019; Hu, 2001; Hu et al., 2005; Hu'et al., 2015; Jung et al., 2014; Nualart et al., 2007; Oliveira et al., 2011; Yan et al., 2015). 对于非高斯过程 (如 Lévy 过程) 的局部时也逐渐被学者所关注, 例如文献 (Barlow, 1988; Fitzsimmons and Getoor, 1992; Marcus and Rosen, 1999; Marcus and Rosen, 2008; Zhang, 2009).

一般来讲, 高斯过程的局部时的研究方法通常有两种: 一种是由 Berman 引入的傅里叶解析的方法; 另一种是 Malliavin 计算方法. 这两种方法各有特点, 用第一种方法来处理局部时, 往往要结合高斯过程的局部非确定性; 用 Malliavin 计算方法, 需要的条件相对少些. 利用傅里叶解析方法来处理局部时, 经常会遇到一些困难, 譬如大量且繁琐的计算. 这时, 如果利用白噪声分析方法来处理, 借助 S-变换这一强有力工具, 计算往往会变得容易, 从而达到事半功倍的效果. 目前, 许多学者已经利用白噪声分析方法讨论了局部时问题, 如文献 (Albeverio et al., 2001; Oliveira et al., 2011; Eddahbi et al., 2005). Albeverio 等 (2001) 考虑了两个相互独立的布朗运动的相交局部时. 本质上, 他们就是将相互独立的布朗运动的相交局部时看成一个 Hida 广义泛函, 并且给出了相交局部时的混沌分解. Oliveira 等 (2011) 将 Albeverio 等 (2001) 的结果推广到了两个相互独立的分数布朗运动情形. Jiang 和 Wang (2007) 利用经典的方法讨论了分数布朗运动的碰撞局部时. Eddahbi 等 (2005) 研究了 d 维 N 个参数的分数布朗运动的局部时, 并使用 Malliavin 分析方法, 给出了局部时的混沌分解及光滑性与渐近性. Boufoussi 等 (2006) 讨论了多分数布朗运动的局部时的存在性、联合连续性和 Hölder 正则性.

近几年它们的导数型局部时也逐渐被学者所关注. 譬如, Rogers 和 Walsh (1990, 1991) 考虑了如下泛函

$$A(t,x) = \int_0^t I_{[0,\infty)}(x - B_s)ds, \quad t \geqslant 0, x \in \mathbb{R},$$

其中 $\{B_t, t \geqslant 0\}$ 是标准的布朗运动. 他们验证了随机过程 $\{A(t, B_t), t \geqslant 0\}$ 不是半鞅. 实际上, 他们证明了随机过程

$$X_t = A(t, B_t) - \int_0^t L(s, B_s)dB_s, \quad t \geqslant 0,$$

有有限非零 $\frac{4}{3}$-变差, 其中 $L(t,x) = \int_0^t \delta(B_s - x)ds$ 就是布朗运动的局部时. 在 Rosen (2005) 中作者再次考虑了随机过程 X_t, 在 Schwartz 分布下利用 Itô 公式

证明了

$$X_t = t + \frac{1}{2} \int_0^t \int_0^s \delta'(B_s - B_r)drds, \quad t \geqslant 0,$$

称 $\int_0^t \int_0^s \delta'(B_s - B_r - a)drds, a \in \mathbb{R}$ 为布朗运动的导数型自相交局部时.

Yan 等 (2008) 首次考虑了泛函

$$A_H(t, x) = \int_0^t I_{[0,\infty)}(x - B_s^{H,0})ds, \quad t \geqslant 0, x \in \mathbb{R},$$

其中 $B^{H,0}$ 是标准的分数布朗运动, 并且证明了: 当 $0 < H < \frac{2}{3}$ 时, 导数型自相交局部时

$$\beta_t'(a) = -\int_0^t \int_0^s \delta'(B_r^{H,0} - B_s^{H,0} - a)drds, \quad t \geqslant 0, x \in \mathbb{R}$$

在 $L^2(\Omega)$ 中存在.

(Jung and Markowsky, 2014) 和 (Jung and Markowsky, 2015) 分别讨论了分数布朗运动的导数型自相交局部时的 Tanaka 公式和占有时公式. Yan 和 Yu (2015) 在球变量下讨论了多维分数布朗运动的高阶导数型局部时, 特别地证明了 Bouleau-Yor 型不等式成立的条件. Jaramillo 和 Nualart (2017) 研究了 Hurst 指数 $\frac{2}{3} < H < 1$ 的分数布朗运动导数型自相交局部时的渐近性特点. 但是一些学者在研究两个相互独立的分数布朗运动的高阶导数型局部时时, 仅仅考虑了在 4 阶积分的充分对称的情形. 事实上, 这不合理, 因为对于不同的 Hurst 指数 H_1 和 H_2 不存在对称情形.

其次, 介绍随机流动形的研究现状. 因为高斯过程的局部时和随机流动形在表达形式上和处理方法上具有相似性, 所以许多经典的处理局部时的方法可以移植到随机流动形上来; 另一方面, 局部时和随机流动形内在存在一定的关系. 一些文献已经研究了 (Le Gall, 1985) 中讨论的自相交局部时与随机流动形的关系. 随着认识的深入, 相信二者之间的关系会进一步被了解. 到目前为止, 人们对随机流动形的探索并不是很多, 典型的工作如文献 (Flandoli et al., 2009) 和 (Flandoli and Tudor, 2010). 这主要是因为在处理随机流动形时会遇到一些困难, 其中在随机流动形的表达中出现了非适应性积分; 如何对非适应性积分给出合理的定义将是一个困难. 幸运的是, 许多研究者已经开展了这方面的工作. Flandoli 等 (2009) 处理了由轨道积分所定义的随机流动形. (Flandoli and Tudor, 2010) 使用 Malliavin 计算与 Wiener-Itô 积分, 分别给出了 Skorohod 积分型的布朗随机流动形和分数布朗随机流动形的正则条件, 并且很容易将一维情形推广到 d 维情形.

1.3　全书总结与后续讨论

本书用白噪声分析方法和 Malliavin 计算, 主要研究了高斯过程的局部时和随机流动形. 主要的工作如下:

1. 高斯过程的局部时

(1) Wiener 积分的广义相交局部时.

利用白噪声分析方法讨论了关于布朗运动的 Wiener 积分的广义局部时. 实质上就是将广义局部时看成 Hida 广义泛函.

(2) 分数布朗运动的碰撞局部时.

首先, 讨论了在固定点处分数布朗运动的局部时. 其次, 给出了 d 维 N 参数的分数布朗运动的局部时. 接着, 考虑了分数布朗运动的多重局部时. 之后, 讨论了两个相互独立的分数布朗运动的相交局部时.

(3) 多分数布朗运动的碰撞局部时. 将分数布朗运动推广到多分数布朗运动, 在白噪声分析框架下讨论两个相互独立的多分数布朗运动的碰撞局部时的存在性, 借助于 S-变换得到了局部时的核函数.

(4) 次分数布朗运动碰撞局部时. 主要利用白噪声分析方法, 考虑了两个相互独立的次分数布朗运动的碰撞局部时的存在性, 给出了相应局部时的混沌分解和核函数等.

(5) 混合高斯过程的碰撞局部时. 分别考虑了布朗运动和分数布朗运动、布朗运动和次分数布朗运动构成的混合高斯随机过程的碰撞局部时的存在性和混沌分解等.

(6) 分数布朗运动的加权局部时. 给出了分数布朗运动的加权局部时在 Hida 广义泛函空间中存在的条件, 并获得了该局部时的混沌分解.

2. 分数 Ornstein-Uhlenbeck 过程的碰撞局部时

利用白噪声分析方法证明了两个相互独立的分数 Ornstein-Uhlenbeck (简记为 O-U) 的碰撞局部时是一个 Hida 广义泛函, 利用 S-变换获得了碰撞局部时的混沌分解和核函数.

3. 高阶导数型相交局部时

(1) 分数布朗运动高阶导数型相交局部时.

首先给出了分数布朗运动的高阶导数型相交局部时的定义. 其次, 利用若干技术性工作和相关引理获得了该局部时的存在性条件. 将结果与其他人的进行比较, 可以看出我们的工作具有一定的创新性与先进性.

(2) 分数 O-U 过程高阶导数型相交局部时.

类似于分数布朗运动的高阶导数的讨论, 结合分数 O-U 过程碰撞局部时中使用的定义, 获得了分数 O-U 过程的高阶导数型局部时的存在性条件. 最后, 给出了分数 O-U 过程高阶导数型局部时的 Hölder 正则性条件等.

4. 高斯过程的随机流动形

(1) 布朗随机流动形和分数布朗随机流动形.

分别给出了 Wick 积意义下的布朗随机流动形和分数布朗随机流动形的定义. 然后, 用白噪声分析的方法可以证明它们均为 Hida 广义泛函.

(2) 双分数布朗随机流动形和次分数布朗随机流动形.

用 Malliavin 计算分别讨论了双分数布朗随机流动形和次分数布朗随机流动形的正则性条件.

从本书的研究过程中可以看出, 还可以从以下几个方面做进一步的工作:

(1) 非高斯随机过程的局部时.

将分数布朗运动的局部时的讨论推广到分数 Lévy 过程的局部时上. 具体讲可以利用发展中的分数 Lévy 白噪声理论, 类似于高斯过程的局部时的讨论, 将分数 Lévy 过程的局部时视为 Lévy 白噪声广义泛函. 并获得局部时的混沌分解.

(2) 热方程的解.

给定热方程

$$\frac{\partial u}{\partial t} = \frac{1}{2}\Delta u + u \diamond \frac{\partial^2 W^H}{\partial t \partial x}.$$

用白噪声分析方法给出上述方程的解及其混沌分解, 并讨论解与权重局部时之间的关系.

(3) 放宽条件的研究.

在讨论双分数布朗随机流动形时要求参数满足 $2HK > 1$, 该条件可以进一步适当放宽. 在本书中讨论次分数布朗随机流动形时要求参数满足 $H \in \left(\frac{1}{2}, 1\right)$, 该条件可以进一步适当放宽到如 $H \in \left(\frac{1}{4}, 1\right)$. 进一步可以得到次分数布朗随机流动形关于 ω 的正则条件.

本章主要介绍了局部时和随机流动形的实际背景、研究目的、研究意义; 其次, 分析了局部时和随机流动形的研究现状, 找到目前研究存在的问题或不足, 进而指出自己的创新点; 最后, 对全书进行总结, 并对一些新问题进行思考.

第 2 章　无穷维随机分析

白噪声分析 (white noise analysis) 和 Malliavin 计算 (Malliavin calculus) 是无穷维随机分析中最具有代表性的方法. 本章中主要介绍白噪声分析框架的构造及其 Malliavin 计算的一些相关知识. 更详细地讨论可见文献 (Obata, 1994; Biagini et al., 2008).

2.1　白噪声分析框架

白噪声是指在较宽的频率范围内, 各等带宽的频带所含的噪声能量相等的噪声. 一般在物理上把它翻译成白噪声 (white noise). 如果一个噪声, 它的幅度分布服从高斯分布, 而它的功率谱密度又是均匀分布的, 则称它为高斯白噪声. 白噪声分析是 20 世纪 70 年代中期国际上新创立的无穷维 Schwartz 广义函数理论, 中国科学院数学与系统科学研究院严加安院士是建立和完善该理论的数学框架的主要贡献者之一, 他与法国科学院通讯院士 Meyer 教授提出的框架被称为 Meyer-Yan 空间. 由于白噪声分析有深刻的物理背景, 在量子物理中有着越来越深刻的应用. 华中科技大学黄志远教授、西北师范大学王才士教授等进一步发展了量子白噪声分析理论, 使白噪声分析理论在量子随机分析、构造性量子场论和量子随机方程等方面得到了应用, 详细内容可以参考 (黄志远等, 2004).

2.1.1　白噪声空间

设 V 是一个可列 Hilbert 核空间, $\{|\cdot|_n, n \geqslant 1\}$ 为其生成 Hilbert 范数列且满足单调增加性条件. 记 V_n 为 V 关于范数 $|\cdot|_n$ 的完备化. 如果对每个 $n \geqslant 1$, 存在 $m \geqslant n$ 使得 V_m 到 V_n 的自然嵌入映射是一个 Hilbert-Schmidt 算子, 则称 V 为可列 Hilbert 核空间.

定理 2.1 (黄志远等, 2004; Minlos 定理)　设 V 是一个实的可列 Hilbert 核空间, $C(v)$ 是 V 上的一个复值泛函, 则 $C(v)$ 是 V^* 上某个概率测度 ν 的特征泛函, 即

$$C(v) = \int_{V^*} e^{i\langle x,v\rangle} d\nu(x), \quad v \in V.$$

当且仅当: (1)$C(0) = 1$; (2)C 连续; (3)C 正定, 即对每个 $n \geqslant 1$, 不等式

$$\sum_{j,k=1}^{n} z_j \bar{z}_k C(v_j - v_k) \geqslant 0,$$

对任意 $z_1, z_2, \cdots, z_n \in \mathbb{C}$ 及任意 $v_1, v_2, \cdots, v_n \in V$ 成立.

设 $d \geqslant 1$ 是给定的正整数, $H = L^2(\mathbb{R}^d; \mathbb{R})$ 表示定义在 d 维欧氏空间 $\mathbb{R}^d$ 上并且关于 Lebesgue 测度平方可积的全体实值函数构成的 Hilbert 空间, H 中的内积和范数分别记为 $\langle \cdot, \cdot \rangle$ 和 $|\cdot|_0$. 令

$$A = -\Delta + |x|^2 + 1,$$

其中 $\Delta = \sum_{i=1}^{d} \dfrac{\partial^2}{\partial x_i^2}, |x|^2 = \sum_{i=1}^{d} x_i^2$. 熟知, A 是 H 中的一个有正下界的本性自共轭算子, 称为 $\mathbb{R}^d$ 中的谐振子.

命题 2.2 (黄志远等, 2004) 存在 H 的一个标准正交基 $\{e_j\}_{j \geqslant 1}$ 满足:

(1) $Ae_j = \lambda_j e_j, j = 1, 2, \cdots$;

(2) $1 \leqslant \lambda_1 \leqslant \lambda_2 \leqslant \cdots \to +\infty$;

(3) $\sum_{j=1}^{\infty} \lambda_j^{-(d+1)} < +\infty$.

设 p 是一个整数, 在 $\mathrm{D}[A^p]$ 上定义 Hilbert 范数 $|\cdot|_p = |A^p \cdot|_0$. 则 $\mathrm{D}[A^p]$ 关于 $|\cdot|_p$ 的完备化是一个 Hilbert 空间, 以 E_p 表示这个空间.

命题 2.3 (黄志远等, 2004) 设 p 是一个正整数, 则 E_p 与 E_{-p} 互为对偶空间, 即 $E_p^* = E_{-p}$.

以下, 记 $E = \bigcap E_p$, 即 E 为 Hilbert 空间列 $\{E_p | p$ 是整数 $\}$ 的投影极限. 则 E 是一个可列 Hilbert 空间. 于是 E 的对偶 E^* 便是 Hilbert 空间列 $\{E_p | p$ 是整数 $\}$ 的归纳极限, 即 $E^* = \bigcup E_{-p}$.

可以证明, 作为 H 的子空间, E 恰与实值 Schwartz 速降函数空间 $\mathcal{S}(\mathbb{R}^d; \mathbb{R})$ 重合. 因而 E^* 与实值 Schwartz 缓增分布空间 $\mathcal{S}(\mathbb{R}^d; \mathbb{R})$ 重合.

由此命题可知, $E = \mathcal{S}(\mathbb{R}^d; \mathbb{R})$ 是一个可列 Hilbert 核空间, 从而

$$E = \mathcal{S}(\mathbb{R}^d; \mathbb{R}) \subset H = L^2(\mathbb{R}^d; \mathbb{R}) \subset E^* = \mathcal{S}^*(\mathbb{R}^d; \mathbb{R})$$

构成一个实 Gel'fand 三元组.

设 $C(\xi) = e^{-\frac{1}{2}|\xi|_0^2}$, $\xi \in \mathcal{S} \equiv \mathcal{S}(\mathbb{R}^d; \mathbb{R})$, 易见 $C(\cdot)$ 是 $\mathcal{S}$ 上的连续正定泛函, 且 $C(0) = 1$. 由 Minlos 定理可知, 在 $\mathcal{S}^* \equiv \mathcal{S}^*(\mathbb{R}^d; \mathbb{R})$ 上存在唯一的 Gauss 测度 μ 满足

$$\int_{\mathcal{S}^*} e^{i\langle x, \xi \rangle} d\mu(x) = e^{-\frac{1}{2}|\xi|_0^2}, \quad \xi \in \mathcal{S}.$$

测度空间 $(\mathcal{S}^*, \mu)$ 称为 d 维参数的白噪声空间, μ 称为 d 维参数的白噪声测度. 以下, $(\mathcal{S}^*, \mu)$ 和 μ 分别简称为白噪声空间和白噪声测度.

2.1.2　Wiener-Itô-Segal 同构

设 $(L^2) = L^2(\mathcal{S}^*, \mu)$ 表示白噪声空间 $(\mathcal{S}^*, \mu)$ 上全体平方可积的实值泛函构成的 Hilbert 空间, 其内积和范数分别记作 $\ll \cdot, \cdot \gg$ 和 $\|\cdot\|_0$.

以下, 若 V 是一个实线性空间, 记 $V_{\mathbb{C}} = V + iV$ 表示 V 的复化空间.

设 $H_{\mathbb{C}}$ 为 H 的复化空间, 其范数和内积分别为 $|\cdot|_0, (\cdot, \cdot)_0$, 对 $n \geqslant 0, H_{\mathbb{C}}^{\hat{\otimes} n}$ 表示 $H_{\mathbb{C}}$ 的 n-次对称张量积, 其范数为 $\sqrt{n!}|\cdot|_0$, 其中 $|\cdot|_0$ 表示 $H_{\mathbb{C}}$ 的 n-次张量积 $H_{\mathbb{C}}^{\otimes n}$ 中的范数.

定义 2.4 (黄志远等, 2004)　令 τ 为 $\mathcal{S}^* \hat{\otimes} \mathcal{S}^*$ 中如下定义的元素: $\langle \tau, \xi \otimes \eta \rangle = \langle \xi, \eta \rangle, \xi, \eta \in \mathcal{S}$. 对于 $x \in \mathcal{S}^*$, 规定

$$: x^{\otimes 0} :\equiv 1,$$
$$: x^{\otimes 1} :\equiv x,$$
$$: x^{\otimes n} :\equiv x \hat{\otimes} : x^{\otimes n-1} : -(n-1)\tau \hat{\otimes} : x^{\otimes n-2} :, \quad n \geqslant 2.$$

称: $x^{\otimes n}$: 为 x 的 n 次 Wick 张量积.

引理 2.5 (黄志远等, 2004)　对每个非负整数 $n \geqslant 0$, 存在等距线性算子 $I_n : H_{\mathbb{C}}^{\hat{\otimes} n} \to (L^2)$ 满足:

(1)$I_n(\xi^{\otimes n})(x) = \langle : x^{\otimes n} :, \xi^{\otimes n} \rangle, x \in \mathcal{S}^*, \xi \in \mathcal{S}_{\mathbb{C}}$, 其中 $\mathcal{S}_{\mathbb{C}}$ 表示 $\mathcal{S}$ 的复化空间, $\langle \cdot, \cdot \rangle$ 表示 $\mathcal{S}_{\mathbb{C}}^{*\otimes n} \times \mathcal{S}_{\mathbb{C}}^{\otimes n}$ 上的典则双线性型.

(2) 当 $n, m \geqslant 0$ 且 $n \neq m$ 时, 有

$$I_m(H_{\mathbb{C}}^{\hat{\otimes} m}) \perp I_n(H_{\mathbb{C}}^{\hat{\otimes} n}).$$

引理 2.6 (黄志远等, 2004; Wiener-Itô-Segal)　设 $\Gamma(H_{\mathbb{C}})$ 是 $H_{\mathbb{C}}$ 上的对称 Fock 空间, 则存在等距同构映射 $I : \Gamma(H_{\mathbb{C}}) \to (L^2)$ 满足

$$I\left(\bigoplus_{n=0}^{\infty} f_n\right) = \sum_{n=0}^{\infty} I_n(f_n), \quad \bigoplus_{n=0}^{\infty} f_n \in \Gamma(H_{\mathbb{C}}),$$

其中 $\sum\limits_{n=0}^{\infty} I_n(f_n)$ 按 (L^2) 的范数 $\|\cdot\|_0$ 收敛.

2.1.3　检验泛函与广义泛函

Wiener-Itô-Segal 定理建立了白噪声空间上的平方可积泛函空间 $(L^2) = L^2(\mathcal{S}^*, \mu; \mathbb{R})$ 与 Fock 空间 $\Gamma(H)$ 之间的等距同构关系. 据此, 借助于二次量子

化方法可在 (L^2) 中分离出一些性质好的泛函组成检验泛函空间, 并进一步构造出广义泛函空间.

定义 2.7 (黄志远等, 2004) 对于 H 中的算子 A, 在 (L^2) 中定义其二次量子化算子 $\Gamma(A)$ 如下:

$$\Gamma(A)\varphi = I\left(\bigoplus_{n=0}^{\infty} A^{\otimes n} f_n\right), \quad \forall \varphi = I\left(\bigoplus_{n=0}^{\infty} f_n\right) \in D[\Gamma(A)].$$

$\Gamma(A)$ 的定义域 $D[\Gamma(A)]$ 由满足下列条件的泛函 φ 构成: $\varphi \in (L^2)$, 且 $\varphi = I(\bigoplus_{n=0}^{\infty} f_n)$, 其中 $f_n \in D[A^{\otimes n}]$, $n \geqslant 0$, 并且满足

$$\sum_{n=0}^{\infty} n! |A^{\otimes n} f_n|_0^2 < \infty.$$

设 $p \geqslant 0$, 则 $\Gamma(A)^p$ 是 (L^2) 中的自共轭算子, 在 $D[\Gamma(A)^p]$ 中定义 Hilbert 范数 $\|\cdot\|_p \equiv \|\Gamma(A)^p \cdot\|_0$, 则 $D[\Gamma(A)^p]$ 关于 $\|\cdot\|_p$ 的完备化是一个 Hilbert 空间. 以下总以 $(\mathcal{S}_p)$ 表示这个空间.

设 $p \geqslant 0$, 在 (L^2) 上引入范数 $\|\cdot\|_{-p} \equiv \|\Gamma(A)^{-p} \cdot\|_0$. 以 $(\mathcal{S}_{-p})$ 表示 (L^2) 关于 $\|\cdot\|_{-p}$ 的完备化, 则 $(\mathcal{S}_{-p})$ 仍是 Hilbert 空间. 将 (L^2) 与其对偶等同, 则 $(\mathcal{S}_p)$ 与 $(\mathcal{S}_{-p})$ 互为对偶.

引理 2.8 (黄志远等, 2004) 令 $(\mathcal{S}) = \bigcap_{p \geqslant 0}(\mathcal{S}_p)$, 并赋予 $(\mathcal{S})$ 投影极限拓扑, 则 $(\mathcal{S})$ 是一个可列 Hilbert 核空间, 并且 $(\mathcal{S})^* = \bigcup_{p \geqslant 0}(\mathcal{S}_{-p})$. 从而

$$(\mathcal{S}) \subset (L^2) \subset (\mathcal{S})^*$$

构成一个 Gel'fand 三元组.

定义 2.9 (黄志远等, 2004) 称复 Gel'fand 三元组 $(\mathcal{S})_{\mathbb{C}} \subset (L^2)_{\mathbb{C}} \subset (\mathcal{S})_{\mathbb{C}}^*$ 是实 Gel'fand 三元组 $\mathcal{S} \subset H \subset \mathcal{S}^*$ 上的经典白噪声分析框架. 同时, 分别称 $(\mathcal{S})_{\mathbb{C}}$ 和 $(\mathcal{S})_{\mathbb{C}}^*$ 为检验泛函空间和广义泛函空间, 它们的元素分别称为检验泛函和广义泛函.

将 $(\mathcal{S})_{\mathbb{C}}^* \times (\mathcal{S})_{\mathbb{C}}$ 上的典则双线性型记作 $\langle\langle \cdot, \cdot \rangle\rangle$.

定义 2.10 (黄志远等, 2004) 设 $\varphi \in (L^2)_{\mathbb{C}}$, 其 Fock 表示 $\bigoplus_{n=0}^{\infty} f_n \in \Gamma(H_{\mathbb{C}})$, 则 $\varphi \in (\mathcal{S})_{\mathbb{C}}$ 当且仅当 $\bigoplus_{n=0}^{\infty} f_n \in \bigcap_{p \geqslant 0} \Gamma(\mathcal{S}_{p,\mathbb{C}})$, 在此情形下有

$$\|\varphi\|_p^2 = \sum_{n=0}^{\infty} n! |f_n|_p^2, \quad p \geqslant 0.$$

引理 2.11 (黄志远等, 2004) 令 $\Gamma(\mathcal{S}_{\mathbb{C}}^*) = \bigcup_{p \geqslant 0} \Gamma(\mathcal{S}_{-p,\mathbb{C}})$, 则对每个 $\Phi \in (\mathcal{S})_{\mathbb{C}}^*$, 存在唯一的 $\bigoplus_{n=0}^{\infty} F_n \in \Gamma(\mathcal{S}_{\mathbb{C}}^*)$ 满足

$$\langle\langle \Phi, \varphi \rangle\rangle = \sum_{n=0}^{\infty} n! \langle F_n, f_n \rangle, \quad \forall \varphi = I\left(\bigoplus_{n=0}^{\infty} f_n\right) \in (\mathcal{S})_{\mathbb{C}}. \tag{2.1}$$

反之, 若 $\bigoplus_{n=0}^{\infty} F_n \in \Gamma(\mathcal{S}_{\mathbb{C}}^*)$, 则存在唯一的 $\Phi \in (\mathcal{S})_{\mathbb{C}}^*$, 满足关系式 (2.1). 在上述情况下, 对于 $p \geqslant 0$, $\Phi \in (\mathcal{S}_{-p})_{\mathbb{C}}$ 当且仅当 $\bigoplus_{n=0}^{\infty} F_n \in \Gamma(\mathcal{S}_{-p,\mathbb{C}})$ 并且

$$\|\Phi\|_{-p}^2 = \sum_{n=0}^{\infty} n! |F_n|_{-p}^2, \quad p \geqslant 0.$$

2.1.4 $2d$ 维白噪声分析框架

类似于 d 维高斯白噪声分析框架情形, 很容易得到 $2d$ 维高斯白噪声分析框架. 第一组 Gel'fand 三元组为

$$\mathcal{S}_{2d}(\mathbb{R}) \subset L^2(\mathbb{R}, \mathbb{R}^{2d}) \subset \mathcal{S}_{2d}^*(\mathbb{R}),$$

其中 $\mathcal{S}_{2d}(\mathbb{R})$, $\mathcal{S}_{2d}^*(\mathbb{R})$ 分别是向量值 Schwartz 检验函数和缓增分布空间. 用 $|\cdot|_0$ 表示 $L^2(\mathbb{R}, \mathbb{R}^{2d})$ 中的范数, 用 $\langle \cdot, \cdot \rangle$ 表示 $\mathcal{S}_{2d}^*(\mathbb{R})$ 和 $\mathcal{S}_{2d}(\mathbb{R})$ 中的对偶. 考虑两个相互独立的 d 维高斯白噪声

$$\boldsymbol{w} = (\boldsymbol{w_1}, \boldsymbol{w_2}),$$

其中 $\boldsymbol{w_i} = (w_{i,1}, \cdots, w_{i,d})$. 对于 $\mathcal{S}_{2d}(\mathbb{R})$ 上的每个检验函数 $\boldsymbol{f} = (\boldsymbol{f_1}, \boldsymbol{f_2})$, $\boldsymbol{f_i} \in \mathcal{S}_d(\mathbb{R})$, 向量值白噪声 $\boldsymbol{w}$ 有如下的特征函数

$$C(\boldsymbol{f}) = E\left(e^{i \sum_{k=1}^{2} \langle w_k, f_k \rangle}\right) = e^{-\frac{1}{2}\langle \boldsymbol{f}, \boldsymbol{f} \rangle}.$$

引入记号

$$\boldsymbol{n} = (n_1, \cdots, n_d), \quad n = \sum_{i=1}^{d} n_i, \quad \boldsymbol{n}! = \prod_{i=1}^{d} n_i!.$$

设 $(L^2) \equiv L^2(\mathcal{S}_{2d}^*(\mathbb{R}), d\mu)$ 是 $\mathcal{S}_{2d}^*(\mathbb{R})$ 上关于 μ 平方可积的 Hilbert 泛函空间. 则由 Wiener-Itô-Segal 同构定理, 对每个 $f \in (L^2)$, 可得如下的混沌分解:

$$f(\boldsymbol{w}) = \sum_{\boldsymbol{m} \in \mathbb{N}^d} \sum_{\boldsymbol{k} \in \mathbb{N}^d} \langle : \boldsymbol{w_1}^{\otimes \boldsymbol{m}} : \otimes : \boldsymbol{w_2}^{\otimes \boldsymbol{k}} :, \boldsymbol{f_{m,k}} \rangle.$$

可以得到第二组 Gel'fand 三元组:

$$(\mathcal{S}) \subset (L^2) \subset (\mathcal{S})^*,$$

这里 $(\mathcal{S})$ 和 $(\mathcal{S})^*$ 分别称作 Hida 检验泛函空间和 Hida 广义泛函空间. $(\mathcal{S})$(相应的 $(\mathcal{S})^*$) 中的元素称为 Hida 检验 (相应的广义) 泛函.

对所有的 $\boldsymbol{f} \in \mathcal{S}_{2d}(\mathbb{R}, \mathbb{R}^{2d})$, 广义泛函 $\Phi \in (\mathcal{S})^*$ 的 S-变换定义为

$$S\Phi(\boldsymbol{f}) = \ll \Phi, :\exp\langle \cdot, \boldsymbol{f}\rangle :\gg .$$

定义 2.12 (Albeverio et al., 2001; Obata, 1994)   如果映射 $G : \mathcal{S}_{2d}(\mathbb{R}) \to \mathbb{C}$ 满足:

(1) 对任何一对检验函数 $\boldsymbol{f}_i \in \mathcal{S}_{2d}(\mathbb{R}, \mathbb{R}^{2d})$, $G(\lambda \boldsymbol{f}_1 + \boldsymbol{f}_2)$ 关于变量 λ 整解析;

(2) 对所有的复数 z, 有 $|G(z\boldsymbol{f})| \leqslant C_1 \exp\{C_2 |z|^2| A^p \boldsymbol{f} |_0^2\}$, 其中 C_i, $p > 0$ $(i = 1, 2)$, 称此映射为一个 U-泛函.

定理 2.13 (Albeverio et al., 2001; Obata, 1994)   以下条件等价:

(1)G 是一个 U-泛函;

(2)G 是 $(\mathcal{S})^*$ 中某个广义泛函 Φ 的 S-变换.

推论 2.14 (Albeverio et al., 2001; Obata, 1994)   设 $\{G_k\}_{k\in\mathbb{N}}$ 为 U-泛函序列且具有以下特点:

(1) 对所有的 $\boldsymbol{f} \in \mathcal{S}_{2d}(\mathbb{R}, \mathbb{R}^{2d})$, $\{G_k(\boldsymbol{f})\}_{k\in\mathbb{N}}$ 是一个柯西列;

(2) 存在 C_i, p, 使得 $|G_k(z\boldsymbol{f})| \leqslant C_1 \exp\{C_2 |z|^2| A^p \boldsymbol{f} |_0^2\}$.

则存在唯一一个 $\Phi \in (\mathcal{S})^*$ 使得 $S^{-1}G_k$ 强收敛于 Φ.

推论 2.15 (Albeverio et al., 2001; Obata, 1994)   设 $(\Omega, \mathfrak{F}, \mu)$ 是一个可测空间,Φ_λ 为定义在 Ω 上取值于 $(\mathcal{S})^*$ 中的一个映射. 假定 Φ 的 S-变换满足条件:

(1) 对 $\boldsymbol{f} \in \mathcal{S}_{2d}(\mathbb{R}, \mathbb{R}^{2d})$, 是以变量为 λ 的关于 μ 可测的函数;

(2) 对于某个固定的 p 及 $C_1 \in L^1(\mu)$, $C_2 \in L^\infty(\mu)$, 服从如下 U-泛函估计

$$|S\Phi_\lambda(z\boldsymbol{f})| \leqslant C_1(\lambda) \exp\{C_2(\lambda) |z|^2| A^p \boldsymbol{f} |_0^2\}.$$

则

$$\int_\Omega \Phi_\lambda d\mu(\lambda) \in (\mathcal{S})^*$$

及

$$S\left(\int_\Omega \Phi_\lambda d\mu(\lambda)\right)(\boldsymbol{f}) = \int_\Omega (S\Phi_\lambda)(\boldsymbol{f}) d\mu(\lambda).$$

2.2　经典的 Malliavin 计算

该部分主要介绍经典的 Malliavin 计算中一些基本知识, 包括随机积分 (stochastic integration) 和 Malliavin 导数 (Malliavin derivative) 等知识, 详细内容可以参考文献 (Biagini et al., 2008).

2.2.1　随机积分

首先给出标准布朗运动的 Skorohod 积分的定义以及与之相关的 Wick 积. 假设 $u(t, \omega)$, $\omega \in \Omega$, $t \in [0, T]$ 是一个随机过程满足: $u(t, \cdot)$ 是 $\mathfrak{F}_t$ 可测, 以及 $E[u^2(t, \omega)] < \infty, \forall t \in [0, T]$. 则对每个 $t \in \mathbb{R}$ 使用 Wiener-Itô 混沌分解, 有

$$u(t, \omega) = \sum_{n=0}^{\infty} I_n(f_{n,t}(\cdot)),$$

其中 $f_{n,t}(t_1, \cdots, t_n) \in \hat{L}^2(\mathbb{R}^n)$. 这里 $\hat{L}^2(\mathbb{R}^n)$ 表示 $f \in L^2(\mathbb{R}^n)$ 中所有对称化函数构成的集合.

引入记号 $f_{n,t}(t_1, \cdots, t_n) = f_n(t_1, \cdots, t_n, t)$. f_n 可视为关于 $n+1$ 个变量 $t_1, \cdots, t_n, t$ 的函数. 因为 f_n 是关于前 n 个变量的对称函数, 它关于 $n+1$ 个变量 $t_1, t_2, \cdots, t_n, t$ 的对称化函数为

$$\begin{aligned}
&\tilde{f}_n(t_1, t_2, \cdots, t_{n+1}) \\
=&\frac{1}{n+1} \left[f_n(t_1, \cdots, t_{n+1}) + \cdots + f_n(t_1, \cdots, t_{i-1}, t_{i+1}, \cdots, t_{n+1}, t_i) \right. \\
&\left. + \cdots + f_n(t_2, \cdots, t_{n+1}, t_1) \right].
\end{aligned}$$

定义 2.16 (Biagini et al., 2008)　假设 $u(t, \omega)$ 是一个随机过程满足上述条件且 Wiener -Itô 混沌分解为

$$u(t, \omega) = \sum_{n=0}^{\infty} I_n(f_n(\cdot, t)),$$

则 u 的 Skorohod 积分定义为

$$\delta(u) := \int_{\mathbb{R}} u(t, \omega) \delta B(t) := \sum_{n=0}^{\infty} I_{n+1}(\tilde{f}_n), \tag{2.2}$$

这里 $\tilde{f}_n$ 是 $f_n(t_1, t_2, \cdots, t_n, t)$ 关于 $n+1$ 个变量 $t_1, t_2, \cdots, t_n, t$ 的对称函数.

称 u 是 Skorohod 积分且记 $u \in \mathrm{dom}(\delta)$, 如果 (2.2) 式在 $L^2(\mathbb{P})$ 中收敛. 这种情况发生的充要条件为

$$E[\delta(u)^2] = \sum_{n=0}^{\infty}(n+1)! \parallel \tilde{f}_n \parallel^2_{L^2(\mathbb{R}^{n+1})} < \infty. \tag{2.3}$$

如果 $Y(t,\omega)$ 关于布朗运动 $\{B_t, t \geqslant 0\}$ 所生成的代数流是适应的, 且

$$E\left[\int_{\mathbb{R}} Y^2(t,\omega)dt\right] < \infty,$$

则 Skorohod 积分是广义的 Itô 积分. 进一步, 有

$$\int_{\mathbb{R}} Y(t)\delta B(t) = \int_{\mathbb{R}} Y(t)dB(t).$$

下面介绍 Hermite 多项式和 Hermite 函数的相关知识, 利用这些知识可以得到 Wiener-Itô 混沌分解的另一种形式及随机积分表示.

定义 Hermite 多项式为

$$H_n(x) = (-1)^n e^{\frac{x^2}{2}} \frac{d^n}{dx^n}\left(e^{-\frac{x^2}{2}}\right), \quad n = 0, 1, 2, \cdots.$$

利用 Hermite 多项式可以定义 Hermite 函数为

$$\xi_n(x) = \pi^{-\frac{1}{4}}((n-1)!)^{-\frac{1}{2}} H_{n-1}(\sqrt{2}x)\left(e^{-\frac{x^2}{2}}\right), \quad n = 0, 1, 2, \cdots \tag{2.4}$$

假设 $\mathfrak{J}$ 是所有长度为 $l(\alpha) = \max\{i, \alpha_i \neq 0\}$ 的多指标集合. 对于每个 $\alpha = (\alpha_1, \alpha_2, \cdots) \in \mathfrak{J}$, 设 $\alpha! = \alpha_1!\alpha_2! \cdots \alpha_n!$ 以及 $|\alpha| = \alpha_1 + \alpha_2 + \cdots + \alpha_n$, 定义

$$\mathcal{H}_\alpha = H_{\alpha_1}(\langle\omega, \xi_1\rangle) \cdots H_{\alpha_n}(\langle\omega, \xi_n\rangle). \tag{2.5}$$

借助于 Hermite 多项式和 Hermite 函数可得到 Wiener-Itô 混沌分解.

定理 2.17 (Biagini et al., 2008) *设 $F \in L^2(\mathbb{P})$, 则存在唯一一族常数 $\{c_\alpha\}_{\alpha \in \mathfrak{J}}$, 使得*

$$F(\omega) = \sum_{\alpha \in \mathfrak{J}} c_\alpha \mathcal{H}_\alpha(\omega). \tag{2.6}$$

2.2.2 Malliavin 导数

下面介绍有关随机导数的相关知识.

定义 2.18 (Biagini et al., 2008)　(1) 假设 $F : \Omega \to \mathbb{R}$, $\gamma \in L^2(\mathbb{R})$. 则在方向 γ 的方向导数定义为

$$D_\gamma F(\omega) = \lim_{\varepsilon \to 0} \frac{F(\omega + \varepsilon\gamma) - F(\omega)}{\varepsilon}, \tag{2.7}$$

如果 (2.7) 极限在 $(\mathcal{S})^*$ 中存在.

(2) 假定存在函数 $\psi : \mathbb{R} \to (\mathcal{S})^*$ 使得

$$D_\gamma F(\omega) = \int_{\mathbb{R}} \psi(t)\gamma(t)dt, \quad \forall \gamma \in L^2(\mathbb{R}). \tag{2.8}$$

则称 F 可微以及 $\psi(t)$ 是 F 的随机梯度, 记随机梯度为 $D_t F = \psi(t)$.

定理 2.19 (Biagini et al., 2008)　设 $F \in (\mathcal{S})^*$, 则 F 可微. 如果 F 有如下展开式

$$F(\omega) = \sum_{\alpha \in \mathcal{J}} c_\alpha \mathcal{H}_\alpha(\omega), \tag{2.9}$$

则

$$D_t F(\omega) = \sum_{\alpha, i} c_\alpha \alpha_i \mathcal{H}_{\alpha - \varepsilon^{(i)}}(\omega)\xi_i(t). \tag{2.10}$$

白噪声分析和 Malliavin 计算属于无穷维随机分析中代表性的方法, 同时也是发展比较成熟的理论. 本章主要介绍了白噪声分析的基本框架的构造、解析刻画定理等一些后续研究用到的重要结果. 在介绍经典的 Malliavin 计算中, 分别介绍了 Skorohod 随机积分、Malliavin 导数等一些基本的理论.

第 3 章　高斯随机过程

高斯过程又称正态随机过程, 它是一种普遍存在和重要的随机过程. 所谓高斯随机过程, 是指有限维分布都是多元正态分布的随机过程. 在通信信道中的噪声, 通常是一种高斯过程, 故又称高斯噪声. 通俗地讲, 在任意时刻去观察随机过程, 若其随机变量的概率分布都满足高斯分布, 这个随机过程就是高斯过程.

本章主要介绍常见的几类高斯随机过程 (Gaussian stochastic processes) 的定义、性质和相关的一些结果等, 包括布朗运动 (Brownian motion)、分数布朗运动、次分数布朗运动 (subfractional Brownian motion)、多分数布朗运动 (multifractional Brownian motion) 和双分数布朗运动 (bifractional Brownian motion)等.

3.1　布 朗 运 动

布朗运动是 1827 年英国植物学家布朗 (Robert Brown) 用显微镜观察悬浮在水中的花粉时发现的. 事实上, 这是液体分子相互之间做无规则运动导致的. 为此学者从数学角度, 利用布朗运动来刻画这一现象.

下面给出布朗运动的定义和一些基本性质.

定义 3.1　随机过程 $\{X_t, t \geqslant 0\}$ 满足:

(1) $X_0 = 0$;

(2) X_t 有平稳独立增量;

(3) 对于每个 $t > 0$, 有 X_t 服从正态分布 $X_t \sim N(0, \sigma^2 t)$.

则称 $\{X_t, t \geqslant 0\}$ 为布朗运动, 也称为维纳过程 (Wiener process). 布朗运动常记为 $\{B_t, t \geqslant 0\}$ 或 $\{W_t, t \geqslant 0\}$. 特别地, 如果 $\sigma = 1$, 称之为标准布朗运动.

在许多问题中, 只讨论标准布朗运动即可.

性质 3.2　$\{B_t, t \geqslant 0\}$ 是一个布朗运动, 则满足以下性质:

(1) (独立增量性 (independence of increments)) 对于任意的 $t > s$, $B_t - B_s$ 独立于之前的过程 $\{B_u : 0 \leqslant u \leqslant s\}$.

(2) (正态增量性 (normal increments))$B_t - B_s$ 满足均值为 0, 方差为 $t - s$ 的正态分布. 即 $B_t - B_s \sim N(0, t - s)$.

(3) (路径的连续性 (continuity of paths))$\{B_t, t \geqslant 0\}$ 是关于 t 的连续函数.

可以证明布朗运动是均值函数为 $m(t) = 0$, 协方差函数为 $\gamma(s, t) = \min\{s, t\}$ 的高斯随机过程.

布朗运动的几乎所有的样本路径 $B_t(0 \leqslant t \leqslant T)$ 具有以下性质:

(1) 在任意区间 (无论区间多么小) 上都不是单调的;

(2) 在任意点都不是可微的;

(3) 在任意区间 (无论区间多么小) 上都是无限变差的;

(4) 对任意 t, 在 $[0, t]$ 上的二次变差等于 t.

下面简单回顾一下布朗运动的鞅性、马尔可夫性等.

设 $\{B_t, t \geqslant 0\}$ 是布朗运动, 则

(1) $\{B_t, t \geqslant 0\}$ 是一个鞅, 即 $E[B_s \mid \mathfrak{F}_t] = B_t, s \geqslant t$;

(2) $\{B_t, t \geqslant 0\}$ 具有马尔可夫性, 即 $P\{B_s \leqslant y \mid \mathfrak{F}_t\} = P\{B_s \leqslant y \mid B_t\}$, a.s., 这里 $\mathfrak{F}_t = \sigma\{B_u, 0 \leqslant u \leqslant t\}$.

下面简单介绍布朗运动的局部时的定义及相关结果.

定义 3.3 (Kuo, 2005)   布朗运动 $\{B_t, t \geqslant 0\}$ 在 a 点处, t 时刻的局部时定义为

$$L_a(t)(\omega) = \lim_{\varepsilon \to 0} \frac{1}{2\varepsilon} \int_0^t I_{(a-\varepsilon, a+\varepsilon)}(B(s, \omega)) ds,$$

上式在依概率意义下成立.

观察到

$$\frac{1}{2\varepsilon} \int_0^t I_{(a-\varepsilon, a+\varepsilon)}(B(s)) ds = \frac{1}{2\varepsilon} \text{Leb}\{s \in [0, t]; B(s) \in (a - \varepsilon, a + \varepsilon)\},$$

这里 $\text{Leb}(\cdot)$ 表示 Lebesgue 测度. 因此该局部时 $L_a(t)$ 可解释为布朗运动在 a 点到 t 时刻所花费的时间. 于是布朗运动的局部时也可以如下给出

$$L_a(t)(\omega) = \lim_{\varepsilon \to 0} \frac{1}{2\varepsilon} \text{Leb}\{s \in [0, t]; B(s, \omega) \in (a - \varepsilon, a + \varepsilon)\}.$$

定理 3.4 是局部时的 Tanaka 公式形式.

定理 3.4 (Kuo, 2005)   设布朗运动 $\{B_t, t \geqslant 0\}$ 是一个从实直线 0 点出发的布朗运动, 对任何 $a \in \mathbb{R}$, 有

$$|B(t) - a| = |a| + \int_0^t \text{sgn}(B(s) - a) dB(s) + L_a(t).$$

利用广义函数理论

$$\lim_{\varepsilon \to 0} \frac{1}{2\varepsilon} I_{(a-\varepsilon, a+\varepsilon)} = \delta_a,$$

其中 δ_a 为 a 处的 Dirac delta 函数, 则 $L_a(t)$ 可表示为

$$L_a(t) = \int_0^t \delta_a(B(s))ds.$$

下面简单回顾文献 (Hu, 2017) 中的有关布朗运动的碰撞局部时的定义和指数可积性结果. 假设两个相互独立的布朗运动分别为 $\{B_t, t \geqslant 0\}$ 和 $\{\widetilde{B}_t, t \geqslant 0\}$.

定义 3.5 (Hu, 2017) 设 $\{B_t, t \geqslant 0\}$ 和 $\{\widetilde{B}_t, t \geqslant 0\}$ 为两个相互独立的布朗运动. 当 $\varepsilon \to 0$ 时, 如果

$$L_\varepsilon(T, B, \widetilde{B}) = \int_0^T \int_0^T p_\varepsilon(B_t - \widetilde{B}_s)dsdt$$

依概率收敛于某随机变量, 则称 $\{B_t, t \geqslant 0\}$ 和 $\{\widetilde{B}_t, t \geqslant 0\}$ 的相交局部时存在, 记极限为 $L(T, B, \widetilde{B})$.

定理 3.6 (Hu, 2017) 设 $\{B_t, t \geqslant 0\}$ 和 $\{\widetilde{B}_t, t \geqslant 0\}$ 为两个相互独立的布朗运动. 则当 $d \leqslant 3$ 时, 相交局部时 $L(T, B, \widetilde{B})$ 存在, 而且存在某常数 $c_{d,T} > 0$ 使得

$$E\left[\exp\{c_{d,T}[L(T, B, \widetilde{B})]^{\frac{2}{d}}\}\right] < \infty.$$

3.2 分数布朗运动

Kolmogorov (1940) 首次在 Hilbert 空间框架下提出分数布朗运动, 并称之为 Weiner 螺旋. Mandelbrot 和 Van Ness (1968) 利用标准的布朗运动给出了分数布朗运动的随机积分表示. Hurst 参数为 H 的分数布朗运动 $\{B^H(t)\}_{t\in\mathbb{R}}$ 实质上就是一个中心高斯过程, 且具有协方差

$$E[B^H(t)B^H(s)] = \frac{1}{2}(|t|^{2H} + |s|^{2H} - |t-s|^{2H}), \quad t, s \in \mathbb{R}.$$

设 $\alpha \in (0, 1)$, 当 $\frac{1}{2} < H < 1$ 时, 则

$$(I_-^\alpha f)(x) \equiv \frac{1}{\Gamma(\alpha)} \int_x^\infty f(t)(t-x)^{\alpha-1}dt = \frac{1}{\Gamma(\alpha)} \int_0^\infty f(x+t)t^{\alpha-1}dt,$$

$$(I_+^\alpha f)(x) \equiv \frac{1}{\Gamma(\alpha)} \int_{-\infty}^x f(t)(x-t)^{\alpha-1}dt = \frac{1}{\Gamma(\alpha)} \int_0^\infty f(x-t)t^{\alpha-1}dt.$$

当 $0 < H < \frac{1}{2}$ 及 $\varepsilon > 0$ 时, 则

$$(D_{\pm,\varepsilon}^\alpha f)(x) \equiv \frac{\alpha}{\Gamma(\alpha-1)} \int_\varepsilon^\infty \frac{f(x) - f(x \mp t)}{t^{\alpha+1}}dt.$$

从而可以得到分数导数算子 $D_\pm^\alpha f = \lim_{\varepsilon \to 0+} D_{\pm,\varepsilon}^\alpha f$.

定义 3.7 (Bender, 2003)　当 $0 < H < 1$ 时, 定义算子 $M_\pm^H$ 为

$$M_\pm^H f \equiv \begin{cases} K_H D_\pm^{-(H-\frac{1}{2})} f, & 0 < H < \frac{1}{2}, \\ f, & H = \frac{1}{2}, \\ K_H I_\pm^{(H-\frac{1}{2})} f, & \frac{1}{2} < H < 1, \end{cases}$$

其中 $K_H \equiv \Gamma\left(H + \dfrac{1}{2}\right)\left(\displaystyle\int_0^\infty ((1+s)^{H-\frac{1}{2}} - s^{H-\frac{1}{2}})ds + \dfrac{1}{2H}\right)^{-\frac{1}{2}}$.

使用算子 $I_\pm^\alpha$ 和 $D_\pm^\alpha, \alpha \in (0,1)$ 可以给出分数布朗运动 $B^H(t)$ 的连续版本表示, 即 $\langle \cdot, M_-^H \boldsymbol{I}_{[0,t]} \rangle$.

下面介绍分数布朗运动的几个重要的特性: 长相依性和自相似性.

令 $\rho_H(n) = \mathrm{cov}(B_k^H, B_{k+n}^H)$. 当 $H > \dfrac{1}{2}$ 时, 有 $\lim_{n\to\infty} \dfrac{\rho_H(n)}{H(2H-1)n^{2H-2}} = 1$. 从而, 当 $H > \dfrac{1}{2}$ 时, $\sum\limits_{n=1}^\infty \rho_H(n) = \infty$. 当 $H < \dfrac{1}{2}$ 时, $\sum\limits_{n=1}^\infty |\rho_H(n)| < \infty$.

可见, 当 $H > \dfrac{1}{2}$ 时, 分数布朗运动具有长相依性. 直观地可理解为随着时间的增长 B_k^H 和 B_{k+n}^H 相互影响是递减的, 但影响不大.

对任意的常数 $a > 0$, $a^H B^H(t)$ 和 $B^H(at)$ 具有相同的分布. 由随机过程自相似性的定义知, 分数布朗运动是一个 Hurst 指数为 H 的自相似过程.

引理 3.8 在证明分数布朗运动的局部时时起了至关重要的作用.

引理 3.8 (Drumond et al., 2008; Oliveira et al., 2011)　设 $H \in (0,1)$ 和给定 $f \in \mathcal{S}_1(\mathbb{R})$, 则存在依赖于 H 的非负常数 $C_{3,2,1}$ 使得

$$\left| \int_{\mathbb{R}} f(x) (M_-^H \boldsymbol{I}_{[0,t]})(x) dx \right| \leqslant C_{3,2,1} \mid t \mid (\sup_{x\in\mathbb{R}} \mid f(x) \mid + \sup_{x\in\mathbb{R}} \mid f'(x) \mid + \mid f \mid).$$

3.3　多分数布朗运动

多分数布朗运动 $\{B^{H(t)}, t \geqslant 0\}$ 是一个高斯过程且有协方差

$$E[B^{H(t)}(t) B^{H(s)}(s)] = D(H(t), H(s))(t^{H(t)+H(s)} + s^{H(t)+H(s)} - \mid t-s \mid^{H(t)+H(s)}),$$

其中 $D(x,y)$ 为

$$D(x,y) = \frac{\sqrt{\Gamma(2x+1)\Gamma(2y+1)\sin(\pi x)\sin(\pi y)}}{2\Gamma(x+y+1)\sin(\pi(x+y)/2)}.$$

类似于分数布朗运动参考文献 (Bender, 2003; Biagini et al., 2008; Mishura, 2008), 可以用算子 $I_{\pm}^{\alpha(t)}$ 和 $D_{\pm}^{\alpha(t)}$, $\alpha(t) \in (0,1)$ 来表示多分数布朗运动 $B^{H(t)}$.

当 $\alpha(t) \in (0,1)$ 时, 有

$$(I_{\pm}^{\alpha(t)}f)(x) \equiv \frac{1}{\Gamma(\alpha(t))}\int_0^\infty f(x \pm u)u^{\alpha(t)-1}du.$$

当 $\alpha(t) \in (0,1)$ 和 $\varepsilon > 0$ 时, 定义

$$(D_{\pm,\varepsilon}^{\alpha(t)}f)(x) \equiv \frac{\alpha(t)}{\Gamma(1-\alpha(t))}\int_\varepsilon^\infty \frac{f(x) - f(x \mp u)}{u^{\alpha(t)+1}}du.$$

则, 如果下面的极限存在, 多分数 Marchaud 型分数导数为

$$D_{\pm}^{\alpha(t)}f \equiv \lim_{\varepsilon \to 0+} D_{\pm,\varepsilon}^{\alpha(t)}f.$$

定义 3.9 假设 $H(t) : [0,\infty) \to [a,b] \subset (0,1)$ 是一个 Hölder 连续函数, 则算子 $M_{\pm}^{H(t)}$ 定义为

$$M_{\pm}^{H(t)}f \equiv \begin{cases} K_{H(t)}D_{\pm}^{-(H(t)-\frac{1}{2})}f, & 0 < H(t) < \frac{1}{2}, \\ f, & H(t) = \frac{1}{2}, \\ K_{H(t)}I_{\pm}^{(H(t)-\frac{1}{2})}f, & \frac{1}{2} < H(t) < 1, \end{cases}$$

其中 $K_{H(t)} \equiv \Gamma\left(H(t) + \frac{1}{2}\right)\left(\int_0^\infty ((1+s)^{H(t)-\frac{1}{2}} - s^{H(t)-\frac{1}{2}})ds + \frac{1}{2H(t)}\right)^{-\frac{1}{2}}.$

从而, 多分数布朗运动有连续版本 $\langle \cdot, M_{-}^{H(t)}\boldsymbol{I}_{[0,t]}\rangle$.

3.4 双分数布朗运动

双分数布朗运动 $\{B_t^{H,K}, t \geqslant 0\}$ 就是参数为 H 和 K 的一个中心高斯过程, 且具有如下的协方差

$$R_{H,K}(t,s) = \frac{1}{2^K}((t^{2H} + s^{2H})^K - |t-s|^{2HK}),$$

其中参数 $H \in (0,1)$ 和 $K \in (0,1]$. 设 $\mathcal{H}$ 是一个 Hilbert 空间. $\mathcal{H}$ 是由示性函数 $\boldsymbol{I}_{[0,t]}$, $t \in [0,T]$ 所生成的线性子空间的完备化后所得的空间, 且具有内积

$$\begin{aligned} &\langle \boldsymbol{I}_{[0,t]}, \boldsymbol{I}_{[0,s]}\rangle_\mathcal{H} \\ &= R_{H,K}(t,s) \\ &= \int_0^T \int_0^T \boldsymbol{I}_{[0,t]}(u)\boldsymbol{I}_{[0,s]}(v)\frac{\partial^2 R_{H,K}(u,v)}{\partial u\partial v}dudv. \end{aligned} \tag{3.1}$$

在实际应用中使用空间 $\mathcal{H}$ 有时不太方便, 因此可以用其子空间 $|\mathcal{H}|$ 来代替 $\mathcal{H}$. $|\mathcal{H}|$ 是由 $[0, T]$ 上的可测函数 f 所构成的集合且

$$\| f \|_{|\mathcal{H}|}^2 \equiv \int_0^T \int_0^T \left| f(u) \| f(v) \| \frac{\partial^2 R_{H,K}(u, v)}{\partial u \partial v} \right| du dv < \infty. \tag{3.2}$$

可以证明空间 $|\mathcal{H}|$ 关于范数 $\| \cdot \|_{|\mathcal{H}|}$ 是一个 Banach 空间, 且有如下包含关系

$$L^2([0, T]) \subset |\mathcal{H}| \subset \mathcal{H}.$$

设 $I_n(f_n)$ 表示对称函数 f_n 关于 $B^{H,K}$ 的多重积分, $f_n \in \mathcal{H}^{\otimes n}$. 对于每个 $F \in L^2([0, T])$, F 的混沌分解为 $F = \sum\limits_{n=0}^{\infty} I_n(f_n)$. 设 L 为 Ornstein-Uhlenbeck 算子

$$LF = -\sum_{n=0}^{\infty} n I_n(f_n).$$

对每个 $p \in (1, \infty)$ 和 $\alpha \in \mathbb{R}$, 定义 Sobolev-Watanabe 空间 $D^{\alpha, p}$, 将其看成多项式随机变量关于范数

$$\| F \|_{\alpha, p} = \| (Id - L)^{\frac{\alpha}{2}} \|_{L^p(\Omega)} \tag{3.3}$$

的闭集合, 这里 I 表示恒等映射. 定义导数算子 D 为

$$D_t(I_n(f_n)) = n I_{n-1}(f_n(\cdot, t)). \tag{3.4}$$

我们知道随机变量 F 属于 $D^{\alpha, 2}$ 的充要条件是其混沌分解 $\sum\limits_{n=0}^{\infty} I_n(f_n)$ 满足

$$\sum_{n=0}^{\infty} (1 + n)^{\alpha} \| I_n(f_n) \|_{L^2(\Omega)}^2 < \infty. \tag{3.5}$$

导数算子 D 的对偶算子定义为 δ, 并称为散度性积分. 使用 δ 可以定义另一种类型的积分 (称为散度性积分或者 Skorohod 积分). 当满足适应性条件时, 散度性积分与经典 Itô 积分一致, 故称散度性积分为广义 Itô 积分. 使用记号

$$\delta(u) = \int_0^T u_s \delta B_s^{H,K}. \tag{3.6}$$

如果 u 是随机过程, 且具有下面混沌分解

$$u_s = \sum_{n \geqslant 0} I_n(f_n(\cdot, s)),$$

这里 $f_n(\cdot, s) \in \mathcal{H}^{\otimes(n+1)}$. 则它的 Skorohod 积分定义为

$$\int_0^T u_s \delta B_s^{H,K} = \sum_{n \geqslant 0} I_{n+1}(f_n(\cdot, s)^{(s)}), \tag{3.7}$$

这里 $f_n^{(s)}$ 表示 f_n 关于所有 $n+1$ 个变量的对称化.

3.5 次分数布朗运动

次分数布朗运动 $\{S^H, t \geqslant 0\}$ 就是参数为 H 的一个中心高斯过程, 且具有如下的协方差

$$R_H(t, s) = s^{2H} + t^{2H} - \frac{1}{2}[(t+s)^{2H} + \mid t - s \mid^{2H}],$$

其中参数 $H \in (0, 1)$.

次分数布朗运动 $\{S^H, t \geqslant 0\}$ 满足如下的性质:

(1) 自相似性, 即对每个 $a > 0$, 有 $\{S^H(at), \ t \geqslant 0\} =^d \{a^H S^H(t), \ t \geqslant 0\}$;

(2) 长相依性, 即当 $H > \dfrac{1}{2}$ 时, S^H 有长期依赖性, 也就是若令

$$r(n) = \text{cov}(S^H(1), S^H(n+1) - S^H(n)),$$

则 $\sum\limits_{n=1}^{\infty} r(n) = \infty$;

(3) 对任意的 $t \geqslant 0$ 和 $H \in (0, 1)$, $E[S_t^H]^2 = (2 - 2^{2H-1})t^{2H}$;

(4) 增量非平稳, 因为对 $s \leqslant t$, 有

$$[(2 - 2^{2H-1}) \wedge 1](t-s)^{2H} \leqslant E[(S_t^H - S_s^H)^2] \leqslant [(2 - 2^{2H-1}) \vee 1](t-s)^{2H}.$$

设 $\mathcal{H}$ 是一个 Hilbert 空间. $\mathcal{H}$ 是由示性函数 $\boldsymbol{I}[0,t], t \in [0,T]$ 所生成的线性子空间的完备化后所得的空间, 且具有内积

$$\langle \boldsymbol{I}_{[0,t]}, \boldsymbol{I}_{[0,s]} \rangle_{\mathcal{H}}$$
$$= R_H(t, s)$$
$$= \int_0^T \int_0^T \boldsymbol{I}_{[0,t]}(u) \boldsymbol{I}_{[0,s]}(v) \phi_H(u, v) du dv, \tag{3.8}$$

其中 $\phi_H(u, v) = \dfrac{\partial^2 R_H(u, v)}{\partial u \partial v} = H(2H - 1)(\mid u - v \mid^{2H-2} - \mid u + v \mid^{2H-2}) \geqslant 0$.

用子空间 $\mid \mathcal{H} \mid$ 来代替 $\mathcal{H}$. $\mid \mathcal{H} \mid$ 是由 $[0, T]$ 上的可测函数 f 所构成的集合且

$$\parallel f \parallel_{\mid \mathcal{H} \mid}^2 \equiv \int_0^T \int_0^T \mid f(u) \parallel f(v) \parallel \phi_H(u, v) \mid du dv < \infty. \tag{3.9}$$

可以证明空间 $|\mathcal{H}|$ 关于范数 $\|\cdot\|_{|\mathcal{H}|}$ 是一个 Banach 空间, 且有如下包含关系

$$L^2([0,T]) \subset |\mathcal{H}| \subset \mathcal{H}.$$

同双分数布朗运动类似可以定义导数算子 D, 导数算子 D 的对偶算子定义为 δ, 并称为散度性积分. 使用 δ 可以定义另一种类型的积分 (称为散度性积分或者 Skorohod 积分). 使用记号

$$\delta(u) = \int_0^T u_s \delta S_s^H. \tag{3.10}$$

如果 u 是随机过程, 且具有下面混沌分解

$$u_s = \sum_{n \geqslant 0} I_n(f_n(\cdot, s)),$$

这里 $f_n(\cdot, s) \in \mathcal{H}^{\otimes(n+1)}$, 则它的 Skorohod 积分定义为

$$\int_0^T u_s \delta S_s^H = \sum_{n \geqslant 0} I_{n+1}(f_n(\cdot, s)^{(s)}), \tag{3.11}$$

这里 $f_n^{(s)}$ 表示 f_n 关于所有 $n+1$ 个变量的对称化.

本章主要介绍几类常见的高斯随机过程. 从经典的布朗运动定义出发, 介绍了布朗运动的主要性质. 接着, 引出目前比较流行和常用的推广的布朗运动, 包括分数布朗运动、多分数布朗运动、双分数布朗运动、次分数布朗运动等. 在这里分别介绍了它们的定义、表示形式及 Malliavin 计算等内容.

第 4 章   高斯过程的局部时

本章主要介绍几类高斯随机过程的碰撞局部时和相交局部时. 内容包括 Wiener 积分过程的广义局部时、分数布朗运动在给定点处的碰撞局部时、d 维 N 参数的分数布朗运动的碰撞局部时、分数布朗运动的多重相交局部时、分数布朗的碰撞局部时、多分数布朗运动的碰撞局部时、次分数布朗运动的碰撞局部时、混合高斯随机过程的碰撞局部时以及分数布朗运动的加权局部时等.

4.1   Wiener 积分过程的广义局部时

本节主要利用白噪声分析的方法来讨论关于布朗运动的 Wiener 积分的广义局部时. 首先, 讨论关于布朗运动的 Wiener 积分 X_t 的相交广义局部时; 其次, 讨论关于两个相互独立的布朗运动的 Wiener 积分 $X_t^{(1)}$ 和 $X_s^{(2)}$ 的碰撞广义局部时.

4.1.1   Wiener 积分过程的相交广义局部时

设 L_T 为积分 $X_t = \int_0^t f(u) dB(u)$ 的相交广义局部时, 即一般具有如下形式的表达式:

$$L_T(s, t) = \int_0^T \int_0^T \delta(X_t - X_s) ds dt, \tag{4.1}$$

这里 $\delta(\cdot)$ 是一个 Dirac delta 函数, 且 f 是 $L^2[0, T]$ 上的一个平方可积函数. 通常利用热核 $p_\varepsilon(x) = \dfrac{1}{\sqrt{2\pi\varepsilon}} \exp\left\{-\dfrac{x^2}{2\varepsilon}\right\}$ 来逼近 Dirac delta 函数.

定理 4.1   设 $t > s > 0$, 则 Bochner 积分

$$\begin{aligned}
\delta(X_t - X_s) &= \frac{1}{2\pi} \int_{\mathbb{R}} \exp\{i\lambda(X_t - X_s)\} d\lambda \\
&= \frac{1}{2\pi} \int_{\mathbb{R}} \exp\left\{i\lambda \int_s^t f(u) dB(u)\right\} d\lambda.
\end{aligned} \tag{4.2}$$

证明   为了证明结论, 只需使用推论 2.15 即可.

首先假定 f 是一个阶梯函数, 且具有如下形式

$$f(u) = \sum_{j=1}^n a_j \boldsymbol{I}_{[t_{j-1}, t_j)}(u),$$

这里 $t_0 = s$ 和 $t_n = t$. 仅仅需要证明结论对如下等式成立

$$\delta(X_t - X_s) = \frac{1}{2\pi} \int_{\mathbb{R}} \exp\left\{i\lambda \sum_{j=1}^{n} a_j(B(t_j) - B(t_{j-1}))\right\} d\lambda. \tag{4.3}$$

事实上, 由于布朗运动具有独立增量, 即, 对任意 $s \leqslant t_1 < t_2 < \cdots < t_n = t$ 随机变量 $B(t_1), B(t_2) - B(t_1), \cdots, B(t_n) - B(t_{n-1})$ 均相互独立, 由 S-变换的定义知

$$S\left(\exp\left\{i\lambda \sum_{j=1}^{n} a_j(B(t_j) - B(t_{j-1}))\right\}\right)(g)$$

$$= E(e^{i\lambda a_1 \langle \omega + g, \mathbf{I}_{[t_0, t_1]}\rangle}) E(e^{i\lambda a_2 \langle \omega + g, \mathbf{I}_{[t_1, t_2]}\rangle}) \cdots E(e^{i\lambda a_n \langle \omega + g, \mathbf{I}_{[t_{n-1}, t_n]}\rangle})$$

$$= \exp\left\{-\frac{|\lambda|^2}{2} \sum_{j=1}^{n} a_j^2(t_j - t_{j-1})\right\} \exp\left\{i\lambda \sum_{j=1}^{n} a_j \int_{t_{j-1}}^{t_j} g(x)dx\right\},$$

对所有的 $g \in \mathcal{S}_1(\mathbb{R})$ 上式成立. 可测性条件显然.

下面验证有界性条件. 对于 $z \in \mathbb{C}$ 和 $g \in \mathcal{S}_1(\mathbb{R})$, 由 Schwarz 不等式

$$|S(\exp\{i\lambda(B(t_j) - B(t_{j-1}))\})(zg)|$$

$$\leqslant \exp\left\{-\frac{1}{4}|\lambda|^2 a_j^2(t_j - t_{j-1})\right\} \exp\left\{-\frac{1}{4}|\lambda|^2 a_j^2(t_j - t_{j-1}) + |z||\lambda| \int_{t_{j-1}}^{t_j} g(x)dx\right\}$$

$$\leqslant \exp\left\{-\frac{1}{4}|\lambda|^2 a_j^2(t_j - t_{j-1})\right\} \exp\left\{\frac{|z|^2}{t_j - t_{j-1}} \left(\int_{t_{j-1}}^{t_j} g(x)dx\right)^2\right\}$$

$$\leqslant \exp\left\{-\frac{1}{4}|\lambda|^2 a_j^2(t_j - t_{j-1})\right\} \exp\left\{|z|^2\|g(x)\|_{L^2}^2\right\},$$

其中上式中最后一项作为 λ 的函数, 第一部分在 $\mathbb{R}$ 上可积且第二部分是一个常数. 因此

$$\left|S\left(\exp\left\{i\lambda \sum_{j=1}^{n} a_j(B(t_j) - B(t_{j-1}))\right\}\right)(zg)\right|$$

$$\leqslant \exp\left\{-\frac{1}{4}C_{4,1,1}|\lambda|^2(t-s)\right\} \exp\{n|z|^2\|g\|_{L^2}^2\},$$

这里 $C_{4,1,1} = \min_{1 \leqslant j \leqslant n}\{a_j^2\}$. 于是由推论 2.15, 结论成立.

假定 $f \in L^2[0, T]$. 能够选取一个序列 $\{f_n\}_{n=1}^{\infty}$ 且该序列在 $L^2[0, T]$ 中收敛到 f. 由控制收敛定理知

$$\delta(X_t - X_s) = \lim_{n \to \infty} \frac{1}{2\pi} \int_{\mathbb{R}} \exp\left\{ i\lambda \int_s^t f_n(u) dB(u) \right\} d\lambda.$$

由第一部分的证明可见结论对 $f \in L^2[0, T]$ 同样成立. 证毕. □

为了便于估计有时需要考虑局部时的截断部分, 并且可以断言相交广义局部时 L_T 同其截断部分 $L_T^{(N)}$ 在本质上没有区别.

定理 4.2 当 $t > s > 0$, X_t 和 X_s 的截断的相交广义局部时

$$L_T^{(N)}(s, t) \equiv \int_0^T \int_0^T \delta^{(N)}(X_t - X_s) ds dt \tag{4.4}$$

是一个 Hida 广义泛函, 其中

$$\delta^{(N)}(X_t - X_s) \equiv \frac{1}{2\pi} \int_{\mathbb{R}} \exp_N\{i\lambda(X_t - X_s)\} d\lambda,$$

$$\exp_N(x) \equiv \sum_{n=N}^{\infty} \frac{x^n}{n!}.$$

证明 设 f 是一个阶梯函数且具有如下形式

$$f(u) = \sum_{j=1}^{n} a_j \boldsymbol{I}_{[t_{j-1}, t_j)}(u),$$

其中 $t_0 = s$ 和 $t_n = t$. 由定理 4.1 知

$$S(\delta^{(N)}(X_t - X_s))(g)$$

$$= \frac{1}{\left(2\pi \sum_{j=1}^{n} a_j^2(t_j - t_{j-1})\right)^{\frac{1}{2}}} \exp_N$$

$$\cdot \left\{ -\frac{\left(\sum_{j=1}^{n} a_j \int_{t_{j-1}}^{t_j} g(x) dx\right)^2}{2 \sum_{j=1}^{n} a_j^2(t_j - t_{j-1})} \right\},$$

上式对所有的 $g \in \mathcal{S}_1(\mathbb{R})$ 成立. 从而当 $z \in \mathbb{C}$, 就有

$$
\mid S(\delta^{(N)}(X_t - X_s))(zg) \mid \leqslant \frac{1}{\left(2\pi \min_{1\leqslant j\leqslant n}\{a_j^2\} \sum_{j=1}^{n}(t_j - t_{j-1})\right)^{\frac{1}{2}}}(t-s)^N
$$

$$
\cdot \exp_N\{C_{4,1,2} \mid z \mid^2 \inf_{s\leqslant x\leqslant t} \mid g(x) \mid\}^2
$$

$$
= C_{4,1,3}(t-s)^{N-\frac{1}{2}} \exp\{C_{4,1,2} \mid z \mid^2 \inf_{s\leqslant x\leqslant t} \mid g(x) \mid\}^2,
$$

选择合适的常数 $C_{4,1,2}$ 和 $C_{4,1,3}$ 使上式成立, 这里 $(t-s)^{N-\frac{1}{2}}$ 对所有正整数 N 在 $[0,T] \times [0,T]$ 上是可积的.

事实上, 有

$$
\left| \exp_N\left\{ -\frac{\left(\sum_{j=1}^{n} a_j \int_{t_{j-1}}^{t_j} zg(x)dx\right)^2}{2\sum_{j=1}^{n} a_j^2(t_j - t_{j-1})} \right\} \right|
$$

$$
\leqslant \exp_N\left\{ -\frac{\{\min_{1\leqslant j\leqslant n} a_j\}^2 \left\{\sum_{j=1}^{n}(t_j - t_{j-1})\right\}^2 \mid z \mid^2 \{\inf_{s\leqslant x\leqslant t} \mid g(x) \mid\}^2}{2\max_{1\leqslant j\leqslant n}\{a_j^2\} \sum_{j=1}^{n}(t_j - t_{j-1})} \right\}
$$

$$
\leqslant \exp_N\{C_{4,1,2}(t-s) \mid z \mid^2 \{\inf_{s\leqslant x\leqslant t} \mid g(x) \mid\}^2\}
$$

$$
\leqslant (t-s)^N \exp\{C_{4,1,2} \mid z \mid^2 \{\inf_{s\leqslant x\leqslant t} \mid g(x) \mid\}^2\}.
$$

证毕.   □

从定理 4.2 的证明过程可见, 如果取 $f(u) = \boldsymbol{I}_{[0,t]}(u), X_t$ 和 X_s 的相交广义局部时就是 B_t 和 B_s 的相交局部时. 于是, 可得以下推论.

推论 4.3 当 $t > s > 0$ 时, B_t 和 B_s 的相交局部时

$$
L_T(s,t) \quad = \quad \frac{1}{2\pi} \int_0^T \int_0^T \int_{\mathbb{R}} \exp\{i\lambda(B_t - B_s)\}d\lambda ds dt \tag{4.5}
$$

是一个 Hida 广义泛函.

4.1.2　Wiener 积分过程的碰撞广义局部时

在该小节中, 将介绍积分

$$X_t^{(1)} = \int_0^t f_1(u) dB^{(1)}(u)$$

和

$$X_s^{(2)} = \int_0^s f_2(v) dB^{(2)}(v)$$

的碰撞广义局部时 L_T, 其中 $B^{(1)}$ 和 $B^{(2)}$ 为相互独立的布朗运动且 f_1, f_2 均属于 $L^2[0, T]$.

定理 4.4　对所有的 $t, s > 0$, Bochner 积分

$$\delta(X_t^{(1)} - X_s^{(2)}) = \frac{1}{2\pi} \int_{\mathbb{R}} \exp\{i\lambda(X_t^{(1)} - X_s^{(2)})\} d\lambda \tag{4.6}$$

是一个 Hida 广义泛函.

证明　设 f_1 和 f_2 均为如下形式的阶梯函数

$$f_1(u) = \sum_{l=1}^{n} a_l \boldsymbol{I}_{[t_{l-1}, t_l]}(u),$$

$$f_2(v) = \sum_{k=1}^{m} b_k \boldsymbol{I}_{[s_{k-1}, s_k]}(v),$$

其中 $t_0 = 0, t_n = t, 0 \leqslant u < t \leqslant T = 1$ 和 $s_0 = 0, s_m = s, 0 \leqslant v < s \leqslant T = 1$. 由于 $B^{(1)}$ 和 $B^{(2)}$ 为相互独立的布朗运动, 故 $B^{(1)}(t_l) - B^{(1)}(t_{l-1})$ 和 $B^{(2)}(s_k) - B^{(2)}(s_{k-1})$ 同样为相互独立的布朗运动. 由 S-变换的定义知

$$S(\exp\{i\lambda(X_t^{(1)} - X_s^{(2)})\})(g)$$

$$= \prod_{l=1}^{n} E(e^{i\lambda a_l \langle \omega_1 + g, \boldsymbol{I}_{[t_{l-1}, t_l]} \rangle}) \prod_{k=1}^{m} E(e^{-i\lambda b_k \langle \omega_2 + g, \boldsymbol{I}_{[s_{k-1}, s_k]} \rangle})$$

$$= \left\{ \exp\left\{ -\frac{|\lambda|^2}{2} \sum_{l=1}^{n} a_l^2(t_l - t_{l-1}) \right\} \exp\left\{ i\lambda \sum_{l=1}^{n} a_l \int_{t_{l-1}}^{t_l} g(x) dx \right\} \right\}$$

$$\cdot \left\{ \exp\left\{ -\frac{|\lambda|^2}{2} \sum_{k=1}^{m} b_k^2(s_k - s_{k-1}) \right\} \exp\left\{ -i\lambda \sum_{k=1}^{m} b_k \int_{s_{k-1}}^{s_k} g(x) dx \right\} \right\},$$

对 $g \in \mathcal{S}_1(\mathbb{R})$ 上式成立.

用类似于证明定理 4.1 的方法, 对于 $z \in \mathbb{C}$ 及 $g \in \mathcal{S}_1(\mathbb{R})$, 就有

$$| S(\{\exp i\lambda(X_t^{(1)} - X_s^{(2)})\})(zg) |$$

$$\leqslant \exp\left\{-\frac{1}{4} \mid \lambda \mid^2 \left(\sum_{l=1}^n a_l^2(t_l - t_{l-1}) + \sum_{k=1}^m b_k^2(s_k - s_{k-1})\right)\right\}$$

$$\cdot \exp\{(n+m) \mid z \mid^2 \| g(x) \|_{L^2}^2\},$$

其中上式中最后一项作为 λ 的函数, 第一部分在 $\mathbb{R}$ 上可积且第二部分是一个常数, 这就暗示 $\delta(X_t^{(1)} - X_s^{(2)})$ 是一个 Hida 广义泛函. 证毕. $\square$

定理 4.5   对于 $t, s > 0$, $X_t^{(1)}$ 和 $X_s^{(2)}$ 的截断的广义局部时

$$L_T^{(N)}(s,t) = \int_0^T \int_0^T \delta^{(N)}(X_t^{(1)} - X_s^{(2)}) ds dt \tag{4.7}$$

是一个 Hida 广义泛函, 其中

$$\delta^{(N)}(X_t^{(1)} - X_s^{(2)}) \equiv \frac{1}{2\pi} \int_{\mathbb{R}} \exp_N\{i\lambda(X_t^{(1)} - X_s^{(2)})\} d\lambda,$$

$$\exp_N(x) \equiv \sum_{n=N}^{\infty} \frac{x^n}{n!}.$$

证明   设 f_1 和 f_2 为阶梯函数

$$f_1(u) = \sum_{l=1}^n a_l \boldsymbol{I}_{[t_{l-1}, t_l)}(u),$$

$$f_2(v) = \sum_{k=1}^m b_k \boldsymbol{I}_{[s_{k-1}, s_k)}(v).$$

由定理 4.4 可知, 对所有的 $g \in \mathcal{S}_1(\mathbb{R})$, 有

$$S(\delta^{(N)}(X_t^{(1)} - X_s^{(2)}))(g)$$

$$= \frac{1}{\left(2\pi\left(\sum_{l=1}^n a_l^2(t_l - t_{l-1}) + \sum_{k=1}^m b_k^2(s_k - s_{k-1})\right)\right)^{\frac{1}{2}}}$$

$$\cdot \exp_N\left\{-\frac{\left(\sum_{l=1}^n a_l \int_{t_{l-1}}^{t_l} g(x) dx - \sum_{k=1}^m b_k \int_{s_{k-1}}^{s_k} g(x) dx\right)^2}{2\left(\sum_{l=1}^n a_l^2(t_l - t_{l-1}) + \sum_{k=1}^m b_k^2(s_k - s_{k-1})\right)}\right\}.$$

因为

$$\left| \exp_N\left\{-\frac{\left(\sum_{l=1}^{n} a_l \int_{t_{l-1}}^{t_l} g(x)dx - \sum_{k=1}^{m} b_k \int_{s_{k-1}}^{s_k} g(x)dx\right)^2}{2\left(\sum_{l=1}^{n} a_l^2(t_l - t_{l-1}) + \sum_{k=1}^{m} b_k^2(s_k - s_{k-1})\right)}\right\}\right|$$

$$\leqslant \exp_N\left\{\frac{2\left(\sum_{l=1}^{n} a_l \int_{t_{l-1}}^{t_l} g(x)dx\right)\left(\sum_{k=1}^{m} \int_{s_{k-1}}^{s_k} g(x)dx\right)}{C_{4,1,4}(s+t)}\right\}$$

$$\leqslant \exp_N\left\{\frac{2\min_{1\leqslant l\leqslant n}\{a_l\}\inf_{0\leqslant x\leqslant T}\{|g(x)|\}\sum_{l=1}^{n}\int_{t_{l-1}}^{t_l}dx \min_{1\leqslant k\leqslant m}\{b_k\}\inf_{0\leqslant x\leqslant T}\{|g(x)|\}\sum_{k=1}^{m}\int_{s_{k-1}}^{s_k}dx}{C_{4,1,4}(s+t)}\right\}$$

$$\leqslant \exp_N\left\{\frac{\min_{1\leqslant l\leqslant n}\{a_l\}\min_{1\leqslant k\leqslant m}\{b_k\}\left(\inf_{0\leqslant x\leqslant T}|g(x)|\right)^2(s+t)^2}{C_{4,1,4}(s+t)}\right\}$$

$$\leqslant (s+t)^N \exp\{C_{4,1,5}\left(\inf_{0\leqslant x\leqslant T}|g(x)|\right)^2\},$$

其中 $C_{4,1,4} = \min_{1\leqslant l\leqslant n, 1\leqslant k\leqslant m}\{a_l^2, b_k^2\}$ 和 $C_{4,1,5} = \dfrac{(\max_{1\leqslant l\leqslant n, 1\leqslant k\leqslant m}\{a_l, b_k\})^2}{C_{4,1,4}}$.

从而

$$| S(\delta^{(N)}(X_t^{(1)} - X_s^{(2)}))(zg) |$$

$$\leqslant \frac{(s+t)^N}{(2\pi C_{4,1,4}(t+s))^{\frac{1}{2}}} \exp\left\{C_{4,1,5}\left(\inf_{0\leqslant x\leqslant T}|g(x)|\right)^2 |z|^2\right\}$$

$$\leqslant C_{4,1,6}(s+t)^{N-\frac{1}{2}} \exp_N\left\{C_{4,1,5}\left(\inf_{0\leqslant x\leqslant T}|g(x)|\right)^2 |z|^2\right\},$$

其中 $C_{4,1,6} = (2\pi C_{4,1,4})^{-\frac{1}{2}}$ 是一个常数且 $(s+t)^{N-\frac{1}{2}}$ 在 $[0,T] \times [0,T]$ 上可积. 证毕. $\qquad\square$

从定理 4.4 的证明过程中很容易得到如下推论.

推论 4.6 对于 $t, s > 0$, $B_t^{(1)}$ 和 $B_s^{(2)}$ 的相交局部时

$$L_T(s,t) = \frac{1}{2\pi}\int_0^T\int_0^T\int_{\mathbb{R}} \exp\{i\lambda(B_t^{(1)} - B_s^{(2)})\}d\lambda ds dt \tag{4.8}$$

是一个 Hida 广义泛函.

与文献 (Albeverio et al., 2001) 的结果相比, 我们将布朗运动的相交局部时推广到了 Wiener 积分 $X_t^{(1)}$ 和 $X_s^{(2)}$ 的情形. 换句话说, 文献 (Albeverio et al., 2001) 中一些结果可以看成本节结果的特殊情况.

4.2　分数布朗运动在给定点处的碰撞局部时

直观上, 局部时可理解为一个分数布朗运动粒子在给定点 $a \in \mathbb{R}$ 处所花费的平均时间. 一般具有如下形式:

$$L_H(a) = \int_0^T \delta(B^H(t) - a)dt, \tag{4.9}$$

其中 $\delta(\cdot)$ 是 Driac delta 函数.

定理 4.7　当 $H \in (0,1)$ 且 $a \in \mathbb{R}$, 分数布朗运动的局部时

$$\begin{aligned}
L_H(a) &\equiv \int_0^T \delta(B^H(t) - a)dt \\
&= \frac{1}{2\pi} \int_0^T \int_{\mathbb{R}} \exp\{i\lambda(B^H(t) - a)\}d\lambda dt
\end{aligned} \tag{4.10}$$

是一个 Hida 广义泛函. 进一步, 对 $\xi \in \mathcal{S}_1(\mathbb{R})$, $L_H(a)$ 的 S-变换为

$$SL_H(a)(\xi) = \int_0^T \left(\frac{1}{2\pi t^{2H}}\right)^{\frac{1}{2}} \exp\left\{-\frac{\left(\int_{\mathbb{R}} \xi(s)(M_-^H \boldsymbol{I}_{[0,t]})(s)ds - a\right)^2}{2t^{2H}}\right\} dt. \tag{4.11}$$

证明　为了证明结论, 同样只需对 (4.10) 式应用推论 2.15 即可.

对 $\xi \in \mathcal{S}_1(\mathbb{R})$, 由 S-变换的定义知

$$S(\delta(B^H(t) - a))(\xi) = \left(\frac{1}{2\pi t^{2H}}\right)^{\frac{1}{2}} \exp\left\{-\frac{\left(\int_{\mathbb{R}} \xi(s)(M_-^H \boldsymbol{I}_{[0,t]})(s)ds - a\right)^2}{2t^{2H}}\right\}.$$

从而对所有的复数 z, 有

$$
| S(\delta(B^H(t) - a))(z\xi) |
$$

$$
= \left(\frac{1}{2\pi t^{2H}}\right)^{\frac{1}{2}} \left| \exp\left\{ -\frac{\left(z \int_{\mathbb{R}} \xi(s)(M_-^H \boldsymbol{I}_{[0,t]})(s)ds - a \right)^2}{2t^{2H}} \right\} \right|
$$

$$
\leqslant \left(\frac{1}{2\pi t^{2H}}\right)^{\frac{1}{2}} \exp\left\{ -\frac{a^2}{2t^{2H}} \right\}
$$

$$
\cdot \exp\left\{ \frac{2 | z || a | \left| \int_{\mathbb{R}} \xi(s)(M_-^H \boldsymbol{I}_{[0,t]})(s)ds \right| + | z |^2 \left| \int_{\mathbb{R}} \xi(s)(M_-^H \boldsymbol{I}_{[0,t]})(s)ds \right|^2}{2t^{2H}} \right\}
$$

$$
\leqslant \left(\frac{1}{2\pi t^{2H}}\right)^{\frac{1}{2}} \exp\left\{ -\frac{a^2}{2t^{2H}} \right\} \exp\left\{ \frac{a^2 + 2 | z |^2 \left| \int_{\mathbb{R}} \xi(s)(M_-^H \boldsymbol{I}_{[0,t]})(s)ds \right|^2}{2t^{2H}} \right\}
$$

$$
= \left(\frac{1}{2\pi t^{2H}}\right)^{\frac{1}{2}} \exp\left\{ \frac{| z |^2 \left| \int_{\mathbb{R}} \xi(s)(M_-^H \boldsymbol{I}_{[0,t]})(s)ds \right|^2}{t^{2H}} \right\}.
$$

由引理 3.8 得

$$
| S(\delta(B^H(t) - a)(z\xi)) | \leqslant \left(\frac{1}{2\pi t^{2H}}\right)^{\frac{1}{2}} \exp\{C_{4,2,1}^2 | z |^2 \| \xi \|^2 t^{2-2H}\},
$$

其中上式右端中第一部分在 $[0,T]$ 上可积且第二部分有界. 则 (4.11) 式显然成立. 证毕. □

下面定理给出了分数布朗运动在给定点 a 处的局部时的混沌展开式. 为了简单起见, 我们仅仅考虑 $L_H(0)$ 的混沌展开式, 而 $a \neq 0$ 的情形类似.

定理 4.8 当 $H \in (0,1)$ 时, 局部时 $L_H(0)$ 具有如下混沌展开式

$$
L_H(0) = \sum_n \langle : \omega^{\otimes n} :, G_{H,n} \rangle, \tag{4.12}
$$

其中 $L_H(0)$ 的核函数 $G_{H,2n}$ 为

$$G_{H,2n}(s_1,\cdots,s_{2n}) = \frac{1}{n!}\left(\frac{1}{2\pi}\right)^{\frac{1}{2}}\left(-\frac{1}{2}\right)^n \int_0^T \frac{\prod_{i=1}^{2n}(M_-^H \boldsymbol{I}_{[0,t]})(s_i)}{t^{2Hn+H}}dt, \qquad (4.13)$$

且其他的核函数为 0.

证明 对于每个 $\xi \in \mathcal{S}_1(\mathbb{R})$, 由定理 4.7 可知

$$S(L_H(0))(\xi) = \int_0^T \left(\frac{1}{2\pi t^{2H}}\right)^{\frac{1}{2}} \exp\left\{-\frac{\left(\int_{\mathbb{R}}\xi(s)(M_-^H \boldsymbol{I}_{[0,t]})(s)ds\right)^2}{2t^{2H}}\right\}dt$$

$$= \left(\frac{1}{2\pi}\right)^{\frac{1}{2}}\int_0^T \frac{1}{t^H}\sum_{n=0}^{\infty}\left(-\frac{1}{2}\right)^n\left(\frac{1}{t^{2H}}\right)^n\frac{1}{n!}\left(\int_{\mathbb{R}}\xi(s)(M_-^H \boldsymbol{I}_{[0,t]})(s)ds\right)^{2n}dt$$

$$= \left(\frac{1}{2\pi}\right)^{\frac{1}{2}}\int_0^T \sum_{n=0}^{\infty}\frac{1}{n!}t^{-H-2nH}\left(-\frac{1}{2}\right)^n\left(\int_{\mathbb{R}}\xi(s)(M_-^H \boldsymbol{I}_{[0,t]})(s)ds\right)^{2n}dt.$$

与一般的混沌展开式相比较, (4.13) 式显然. 证毕.   □

定理 4.9 当 $H \in \left(0, \frac{1}{2}\right)$ 时, 分数布朗运动的局部时 $L_H(0)$ 在 (L^2) 中存在.

证明 由定理 4.8, 只需考虑 $L_H(0)$ 的混沌展开式, 即需要证明和式

$$\sum_{2n}(2n)!\mid G_{H,2n}\mid^2$$

的收敛性. 事实上, 用文献 (Albeverio, 2011) 中方法知道

$$\sum_{2n}(2n)!\mid G_{H,2n}\mid^2 = \sum_{2n}\frac{(2n)!}{(n!)^2}\frac{1}{2\pi}\left(-\frac{1}{2}\right)^{2n}\int_0^T\int_0^T t^{-H-2Hn}s^{-H-2Hn}$$

$$\cdot \prod_{i=1}^{2n}\langle M_-^H \boldsymbol{I}_{[0,t]}, M_-^H \boldsymbol{I}_{[0,s]}\rangle dtds$$

$$= \sum_{2n}\frac{(2n)!}{(n!)^2}\frac{1}{2\pi}\left(-\frac{1}{2}\right)^{2n}\int_0^T\int_0^T(ts)^{-H-2Hn}$$

$$\cdot \left[\frac{1}{2}(t^{2H}+s^{2H}-\mid t-s\mid^{2H})\right]^{2n}dtds$$

$$= \frac{1}{2\pi}\int_0^T\int_0^T[(ts)^{2H}-\frac{1}{4}(t^{2H}+s^{2H}-\mid t-s\mid^{2H})^2]^{-\frac{1}{2}}dtds.$$

同文献 (Jiang and Wang, 2007) 中方法一样, 设 $s \leqslant t, s = xt$, 这里 $x \in [0, 1]$.
则

$$(ts)^{2H} - \frac{1}{4}(t^{2H} + s^{2H} - |t - s|^{2H})^2$$

$$= \frac{1}{4}\{t^{4H}[4x^{2H} + 2(1 + x^{2H})(1 - x)^{2H} - (1 + x^{2H})^2 - (1 - x)^{4H}]\}$$

$$\equiv \frac{1}{4}t^{4H}f(x, H).$$

当 $H < \frac{1}{2}$ 时, 由事实: $x^{2H} + (1 - x)^{2H} \geqslant 1$, 发现

$$f(x, H) \geqslant x^{2H} + (1 - x)^{2H} - 1 + 2x^{2H}(1 - x)^{2H} \geqslant 2x^{2H}(1 - x)^{2H}.$$

从而, 当 $H < \frac{1}{2}$ 时, 就有

$$\int_0^T \int_0^T [(ts)^{2H} - \frac{1}{4}(t^{2H} + s^{2H} - |t - s|^{2H})^2]^{-\frac{1}{2}} dt ds$$

$$\leqslant 2^{\frac{1}{2}} \int_0^T \int_0^1 [t^{2H}x^H(1 - x)^H]^{-1} dx dt$$

$$< \infty.$$

因此, 和式

$$\sum_{2n}(2n)! \mid G_{H,2n} \mid^2 < \infty.$$

证毕.   □

4.3 d 维 N 参数的分数布朗运动的碰撞局部时

4.3.1 $(1, d)$-分数布朗运动的局部时

设 $B_t^{\overline{H}} = (B_t^{H_1}, \cdots, B_t^{H_d})$ 是一个 d 维 1 参数 $\overline{H} = (H_1, \cdots, H_d)$ 的分数布朗运动且 $d \geqslant 2$. 为了行文方便, 也称之为 $(1,d)$-分数布朗运动, 且要求每部分之间相互独立. 本小节首先证明 $\delta_\Gamma(B_t^{\overline{H}})$ 和 $\dfrac{\partial^k}{\partial x_1^{k_1} \cdots \partial x_d^{k_d}}\delta_\Gamma(B_t^{\overline{H}})$, 其中 $k_1 + \cdots + k_d = k > 1$, 均为 Hida 广义泛函. 进一步, 对 $(1,d)$-分数布朗运动的局部时

$$L(T, \Gamma, \lambda) = \int_0^T \delta_\Gamma(B_t^{\overline{H}})dt \tag{4.14}$$

给出其混沌分解, 其中 $\Gamma \subset \mathbb{R}^d$ 及 λ 是 Γ 上的曲面测度. 设 $\varphi(\cdot)$ 为 $\mathbb{R}^d$ 中的一个连续且有限的函数, 则有

$$(\delta_\Gamma, \varphi) \equiv \int_\Gamma \varphi(x)\lambda(dx). \tag{4.15}$$

命题 4.10　设 $p > 0$, $\overline{H} \in (0,1)^d$, $t > 0$ 使得 $2^p > t^{\sum_{i=1}^d H_i}$ 以及 $d \geqslant 1$, $\delta_\Gamma(B_t^{\overline{H}})$ 属于 $(\mathcal{S}_{-p})$. 进一步有, $\delta_\Gamma(B_t^{\overline{H}})$ 是一个 Hida 广义泛函.

证明　由文献 (Bakun, 2000) 中 (8)—(11) 式, 计算 $\delta_\Gamma(B_t^{\overline{H}})$ 的 S-变换如下:

$$
\begin{aligned}
S(\delta_\Gamma(B_t^{\overline{H}}))(\xi) &= \prod_{i=1}^d (2\pi t^{2H_i})^{-\frac{1}{2}} \left(\delta_\Gamma(y), \exp\left\{ -\frac{\left| \int_{\mathbb{R}^d} \xi(s)(M_-^{\overline{H}}\boldsymbol{I}_{[0,t]})(s)ds - y \right|}{2t^{2\overline{H}}} \right\} \right) \\
&= \int_\Gamma \prod_{i=1}^d (2\pi t^{2H_i})^{-\frac{1}{2}} \exp\left\{ \frac{\left| x - \int_{\mathbb{R}^d} \xi(s)(M_-^{\overline{H}}\boldsymbol{I}_{[0,t]})(s)ds \right|}{2t^{2\overline{H}}} \right\} \lambda(dx) \\
&= \prod_{i=1}^d (2\pi t^{2H_i})^{-\frac{1}{2}} \sum_{n=0}^\infty \sum_{n_1+\cdots+n_d=n} \int_\Gamma \exp\left\{ -\frac{|x|^2}{2t^{2\overline{H}}} \right\} \\
&\quad \cdot \prod_{i=1}^d \frac{H_{n_i}\left(\frac{x_i}{\sqrt{2t^{2H_i}}} \right)}{n_i!} \lambda(dx) \prod_{i=1}^d \left(\frac{\int_{\mathbb{R}} \xi_i(s)(M_-^{H_i}\boldsymbol{I}_{[0,t]})(s)ds}{\sqrt{2t^{2H_i}}} \right)^{n_i},
\end{aligned}
$$

其中 $H_n(x) = (-1)^n e^{x^2} \dfrac{d^n}{dx^n} e^{-x^2}$, $x \in \mathbb{R}^d$, $\xi \in \mathcal{S}_d(\mathbb{R})$, 且 $|\cdot|$ 是 $\mathbb{R}^d$ 中的普通距离.

设

$$
\begin{aligned}
&\Phi_{n_1,\cdots,n_d}(t) \\
&= \int_\Gamma \prod_{i=1}^d (2\pi t^{2H_i})^{-\frac{1}{2}} \prod_{i=1}^d \frac{H_{n_i}\left(\frac{x_i}{\sqrt{2t^{2H_i}}} \right)}{n_i!} \exp\left\{ -\frac{|x|^2}{2t^{2\overline{H}}} \right\} \lambda(dx) \prod_{i=1}^d \left(\frac{M_-^{H_i}\boldsymbol{I}_{[0,t]}}{\sqrt{2t^{2H_i}}} \right)^{\otimes n_i}.
\end{aligned}
$$

我们知道如下给出的序列 $\{e_n\}$:

$$e_n(t) = (2^n n! \pi)^{-\frac{1}{2}} e^{-\frac{t^2}{2}} H_n(t), \quad n \geqslant 0,$$

构成了 $L^2(\mathbb{R})$ 的一组基. A 是第 2 章中的谐振子, 且有 $Ae_n(t) = (2n+2)e_n$ 和 $\| A^{-p} \|_0 \leqslant 2^{-p}$.

由 $\| \cdot \|_p$ 范数的定义知

$$
| \Phi_{n_1,\cdots,n_d} |_{-p}^2 \leqslant 2^{-2np} \prod_{i=1}^d (2t^{2H_i})^{-1} \pi^{-\frac{d}{2}} \left(\int_\Gamma \prod_{i=1}^d e_{n_i}\left(\frac{x_i}{\sqrt{2t^{2H_i}}} \right) n_i!^{-\frac{1}{2}} \lambda(dx) \right)^2
$$

$$
\cdot \int_{\mathbb{R}^n} \prod_{i=1}^d \left[\left(\frac{(M_-^{H_i} \boldsymbol{I}_{[0,t]})(s_i)}{t^{2H_i}} \right)^2 \right]^{\otimes n_i} ds_1 \cdots ds_d
$$

$$
\leqslant 2^{-2np} \prod_{i=1}^d (2t^{2H_i})^{-1} \pi^{-\frac{d}{2}} C_{4,3,1}^2 \frac{\lambda(\Gamma)^2}{n_1! \cdots n_d!} | M_-^{H_i} \boldsymbol{I}_{[0,t]} |_0^{2n_i}
$$

$$
= 2^{-2np} \pi^{-\frac{d}{2}} C_{4,3,1}^2 \lambda(\Gamma)^2 \frac{2^{-d} t^{\sum\limits_{i=1}^d 2H_i(n_i-1)}}{n_1! \cdots n_d!},
$$

其中 $C_{4,3,1} = \max_{n,t}\{e_n(t)\}$. 因此

$$
\| \delta_\Gamma(B_t^{\overline{H}}) \|_{-p}^2 \leqslant C_{4,3,1}^2 \pi^{-\frac{d}{2}} \lambda(\Gamma)^2 2^{-d} \sum_{n=0}^\infty 2^{-2np} t^{\sum\limits_{i=1}^d 2H_i(n_i-1)} C_{n+d-1}^d.
$$

因为当 $n \to \infty$ 时, $2^p > t^{\sum\limits_{i=1}^d H_i}$ 和 $C_{n+d-1}^d \sim n^d$, 所以上述级数收敛, 即

$$
\| \delta_\Gamma(B_t^{\overline{H}}) \|_{-p}^2 < \infty.
$$

又因 $(\mathcal{S})^* = \bigcup_{p \geqslant 0}(\mathcal{S}_{-p})$ 是 $\{(\mathcal{S}_{-p}) \mid p \geqslant 0\}$ 的归纳极限, 故 $\delta_\Gamma(B_t^{\overline{H}})$ 是一个 Hida 广义泛函. 证毕.　　　　□

设 $f \in L^2(\mathbb{R}^d)$ 和 $F \in L^2(\Omega, \mathfrak{F}, P)$, 则 F 有如下的展开式:

$$
F = \sum_{n=0}^\infty F_n(f, \cdots, f), \tag{4.16}
$$

其中 F_n 是关于 f 对称的 Hilbert-Schmidt 型. F 的 k 阶随机导数定义为

$$
D_{g_1,\cdots,g_k}^k F = \sum_{n=k}^\infty \frac{n!}{(n-k)!} F_n(g_1, \cdots, g_k, f, \cdots, f), \tag{4.17}
$$

其中 $g_1, \cdots, g_k \in L^2(\mathbb{R}^d)$.

为陈述本节的主要结果需要得到类似于文献 (Bakun, 2000) 中的一些重要的引理. 这些引理在证明本节主要结果中起了非常重要的作用.

引理 4.11　在命题 4.10 的假设条件下, 对每个 $g \in L^2(\mathbb{R}^d)$, 有

$$
D_g \delta_\Gamma(B_t^{\overline{H}}) \in (\mathcal{S}_{-p}).
$$

证明　从命题 4.10 的证明过程和随机变量的随机导数的定义可以看出

$$D_g \delta_\Gamma(B_t^{\overline{H}}) = \sum_{n=0}^{\infty} n \sum_{n_1+\cdots+n_d=n} I_{n_1,\cdots,n_d}((\Phi_{n_1,\cdots,n_d}, g)).$$

容易得到

$$\| D_g \delta_\Gamma(B_t^{\overline{H}}) \|_{-p}^2 \leqslant C_{4,3,1}^2 \pi^{-\frac{d}{2}} 2^{-d} \lambda(\Gamma)^2 \mid g \mid_0^2 \sum_{n=0}^{\infty} 2^{-2np} t^{\sum_{i=1}^{d} 2(n_i-1)H_i} C_{n+d-1}^d$$

$$< \infty.$$

证毕.　　　　　　　　　　　　　　　　　　　　　　　　　　　　　　　　　　□

引理 4.12　在命题 4.10 的假设条件下, 则 $f_\varepsilon(B_t^{\overline{H}})$ 在 $(\mathcal{S}_{-p})$ 中收敛到 $\delta_\Gamma(B_t^{\overline{H}})$, 即

$$f_\varepsilon(B_t^{\overline{H}}) \to \delta_\Gamma(B_t^{\overline{H}}),$$

其中

$$f_\varepsilon(x) = \delta_\Gamma * h_\varepsilon = \int_\Gamma h_\varepsilon(x-y)\lambda(dy), \quad x,y \in \mathbb{R}^d.$$

证明　使用文献 (Bakun, 2000) 中的方法, 选择一个序列 $\{f_\varepsilon, \varepsilon > 0\}$. 当 ε 趋于 0 时, $\{f_\varepsilon, \varepsilon > 0\}$ 在 $(\mathcal{S})^*$ 中趋于 δ_Γ.

计算 $f_\varepsilon(B_t^{\overline{H}})$ 的 S-变换如下:

$$S(f_\varepsilon(B_t^{\overline{H}}))(\xi) = \prod_{i=1}^{d} (2\pi t^{2H_i})^{-\frac{1}{2}} \sum_{n=0}^{\infty} \sum_{n_1+\cdots+n_d=n} \int_{\mathbb{R}^d} f_\varepsilon(x) \prod_{i=1}^{d} \frac{H_{n_i}\left(\frac{x_i}{\sqrt{2t^{H_i}}}\right)}{n_i!}$$

$$\cdot \exp\left\{-\frac{\mid x \mid^2}{2t^{2\overline{H}}}\right\} \lambda(dx) \prod_{i=1}^{d} \left(\frac{\int_{\mathbb{R}} \xi_i(s)(M_-^{H_i} \boldsymbol{I}_{[0,t]})(s)ds}{\sqrt{2t^{2H_i}}}\right)^{n_i}.$$

设

$$\Phi_{\varepsilon,n_1,\cdots,n_d}(t)$$

$$= \int_{\mathbb{R}^d} \prod_{i=1}^{d} (2\pi^{\frac{1}{2}} t^{2H_i})^{-\frac{1}{2}} f_\varepsilon(x) \prod_{i=1}^{d} \frac{e_{n_i}\left(\frac{x_i}{\sqrt{2t^{2H_i}}}\right)}{n_i!} \exp\left\{-\frac{\mid x \mid^2}{2t^{2\overline{H}}}\right\} dx \prod_{i=1}^{d} \left(\frac{M_-^{H_i} \boldsymbol{I}_{[0,t]}}{\sqrt{2t^{2H_i}}}\right)^{\otimes n_i}.$$

类似地有

$$\| (A^{-p})^{\otimes n} \Phi_{\varepsilon,n_1,\cdots,n_d} \|_0^2 \leqslant \frac{C_{4,3,1}^2 \pi^{-\frac{d}{2}} 2^{-d} 2^{-2np} t^{\sum_{i=1}^{d} 2H_i(n_i-1)}}{n_1! \cdots n_d!} \left| \int_{\mathbb{R}^d} f_\varepsilon(x)\lambda(dx) \right|_0^2,$$

其中 $C_{4,3,1}$ 是命题 4.10 中的记号. 使用事实

$$\left| \int_{\mathbb{R}^d} f_\varepsilon(x) dx \right|_0^2 = \left| \int_{\mathbb{R}^d} \int_\Gamma h_\varepsilon(x-y) \lambda(dy) dx \right|_0^2 = \lambda(\Gamma)^2,$$

则可知

$$| \Phi_{\varepsilon, n_1, \cdots, n_d} |_{-p}^2 \leqslant \frac{C_{4,3,1}^2 \pi^{-\frac{d}{2}} 2^{-d} 2^{-2np} t^{\sum\limits_{i=1}^d 2H_i(n_i-1)}}{n_1! \cdots n_d!} \lambda(\Gamma)^2.$$

另一方面, 可以证明 $\Phi_{\varepsilon, n_1, \cdots, n_d}$ 在 $(\mathcal{S}_{-p})$ 中收敛于 $\Phi_{n_1, \cdots, n_d}$. 事实上

$$| \Phi_{\varepsilon, n_1, \cdots, n_d} - \Phi_{n_1, \cdots, n_d} |_{-p}^2$$

$$\leqslant \frac{\pi^{-\frac{d}{2}} 2^{-d} 2^{-2np}}{n_1! \cdots n_d!} \left| \left[\int_\Gamma \int_{\mathbb{R}^d} h_\varepsilon(x-y) \exp\left\{ -\frac{| x |^2}{2t^{2\overline{H}}} \right\} \right.\right.$$

$$\cdot \prod_{i=1}^d e_{n_i}\left(\frac{x_i}{\sqrt{2t^{2H_i}}} \right) dx \lambda(dy) - \int_\Gamma \int_{\mathbb{R}^d} h_\varepsilon(x-y) \exp\left\{ -\frac{| y |^2}{2t^{2\overline{H}}} \right\}$$

$$\left.\left.\cdot \prod_{i=1}^d e_{n_i}\left(\frac{y_i}{\sqrt{2t^{2H_i}}} \right) dx \lambda(dy) \right] \prod_{i=1}^d \left(\frac{M_-^{H_i} \boldsymbol{I}_{[0,t]}}{2t^{H_i}} \right)^{\otimes n_i} \right|_0^2$$

$$\leqslant \frac{\pi^{-\frac{d}{2}} 2^{-d} 2^{-2np} t^{\sum\limits_{i=1}^d 2H_i(n_i-1)}}{n_1! \cdots n_d!} \varepsilon_0 \lambda(\Gamma)^2,$$

其中 $\varepsilon_0 > 0$ 能够取得任意小.

注意到当 ε 趋于 0 时, $| \Phi_{\varepsilon, n_1, \cdots, n_d} - \Phi_{n_1, \cdots, n_d} |_{-p}^2$ 趋于 0. 故

$$\| f_\varepsilon(B_t^{\overline{H}}) - \delta_\Gamma(B_t^{\overline{H}}) \|_{-p}^2 \to 0.$$

证毕.   □

注 4.13   用文献 (Oliveira et al., 2011) 中的方法, 可以选取

$$\Phi_{\varepsilon, n_1, \cdots, n_d} = \prod_{i=1}^d (2t^{2H_i} + \varepsilon)^{-\frac{1}{2}} \pi^{-\frac{d}{4}} \int_{\mathbb{R}^d} \prod_{i=1}^d e_{n_i}\left(\frac{x_i}{\sqrt{2t^{H_i} + \varepsilon}} \right)$$

$$\cdot \exp\left\{ -\frac{| x |^2}{2t^{\overline{H}} + \varepsilon} \right\} dx \prod_{i=1}^d \left(\frac{M_-^{H_i} \boldsymbol{I}_{[0,t]}}{2t^{H_i} + \varepsilon} \right)^{\otimes n_i}.$$

当 ε 趋于 0 时, $\Phi_{\varepsilon, n_1, \cdots, n_d}$ 在 $(\mathcal{S}_{-p})$ 中趋于 $\Phi_{n_1, \cdots, n_d}$.

引理 4.14   在命题 4.10 的假设条件下, 当 ε 趋于 0 时, $\{Df_\varepsilon(B_t^{\overline{H}})\}$ 在 $(\mathcal{S}_{-p})$ 中收敛.

证明　由随机变量的随机导数的定义知, 对 $\forall \varepsilon_1, \varepsilon_2 > 0$ 和每个 $g \in L^2(\mathbb{R}^d)$, 有

$$D_g[f_{\varepsilon_1}(B_t^{\overline{H}}) - f_{\varepsilon_2}(B_t^{\overline{H}})] = \sum_{n=0}^{\infty} n \sum_{n_1 + \cdots + n_d = n} I_{n_1, \cdots, n_d}[(\Phi_{\varepsilon_1, n_1, \cdots, n_d} - \Phi_{\varepsilon_2, n_1, \cdots, n_d}, g)].$$

考虑如下的估计, 当 $\varepsilon_1, \varepsilon_2$ 趋于 0 时, 可得

$$\| D_g[f_{\varepsilon_1}(B_t^{\overline{H}}) - f_{\varepsilon_2}(B_t^{\overline{H}})] \|_{-p}^2 \leqslant C_{4,3,1}^2 2^{-d} \pi^{-\frac{1}{2}} \mid g \mid_0^2 \sum_{n=0}^{\infty} 2^{-2np} n^2 t^{\sum\limits_{i=1}^{d} 2H_i(n_i - 1)}$$

$$\cdot C_{n+d-1}^d \mid f_{\varepsilon_1}(x) - f_{\varepsilon_2}(x) \mid_0^2 \to 0.$$

证毕.　　　　　　　　　　　　　　　　　　　　　　　　　　　　　　　　　□

特别地, 当 $H = H_i = \dfrac{1}{2}$ 时, 上述结果正好为布朗运动局部时的结果 (Bakun, 2000). 与文献 (Bakun, 2000) 不同之处在于我们的证明更加具体且所得结论更加一般.

定理 4.15　如果 $g(\cdot)$ 由如下给出

$$g(\cdot) = (0, \cdots, 0, \boldsymbol{I}_{(0,t]}, 0, \cdots, 0),$$

其中示性函数 $\boldsymbol{I}_{(0,t]}$ 表示 $g(\cdot)$ 的第 i 个位置, 则

$$D_g \delta_\Gamma(B_t^{\overline{H}}) = t^{2\overline{H}} \frac{\partial}{\partial x_i} \delta_\Gamma(B_t^{\overline{H}}).$$

证明　将下式

$$D_g f_\varepsilon(B_t^{\overline{H}}) = t^{2\overline{H}} \frac{\partial}{\partial x_i} f_\varepsilon(B_t^{\overline{H}})$$

与命题 4.10、引理 4.11 及引理 4.12、引理 4.14 相结合, 结论显然. 证毕.　　　□

定理 4.16　在命题 4.10 的假设条件下, 则存在

(1) $\dfrac{\partial}{\partial x_i} \delta_\Gamma(B_t^{\overline{H}}) \in (\mathcal{S}_{-p})$;

(2) $\dfrac{\partial^k}{\partial x_1^{k_1} \cdots \partial x_d^{k_d}} \delta_\Gamma(B_t^{\overline{H}}) \in (\mathcal{S}_{-p}), k_1 + \cdots + k_d = k > 1.$

证明　由定理 4.15 知

$$\frac{\partial \delta_\Gamma(B_t^{\overline{H}})}{\partial x_i} = \frac{1}{t^{2\overline{H}}} \delta_\Gamma(B_t^{\overline{H}}).$$

易见

$$\left\| \frac{\partial \delta_\Gamma(B_t^{\overline{H}})}{\partial x_i} \right\|_{-p}^2$$

$$\leqslant C_{4,3,1}^2 \pi^{-\frac{d}{2}} 2^{-d} \lambda(\Gamma)^2 t^{-4\sum\limits_{i=1}^{d} H_i} \mid g \mid_0^2 \sum_{n=0}^{\infty} 2^{-2np} n^2 t^{\sum\limits_{i=1}^{d} 2H_i(n_i-1)} C_{n+d-1}^d$$

$$< \infty,$$

这就意味着

$$\frac{\partial}{\partial x_i} \delta_\Gamma(B_t^{\overline{H}}) \in (\mathcal{S}_{-p}).$$

使用类似于 (1) 的证明方法, 结论 (2) 同样可以得到证明. 证毕.   □

我们感兴趣的是 $L(T, \Gamma, \lambda)$ 的混沌分解. 在白噪声分析框架下, 当 $\Gamma \subset \mathbb{R}^d$ 时, 局部时可以看成一个 Hida 广义泛函. 在一定的条件下可以断言 $L(T, \Gamma, \lambda)$ 属于 (L^2) 且易得其混沌分解. 注意到我们的方法不同于文献 (Eddahbi et al., 2005) 中使用 Malliavin 计算. 在文献 (Eddahbi et al., 2005) 中, 作者用 Malliavin 计算研究了局部时属于 Sobolev-Watanabe 空间的正则性条件及混沌分解.

由推论 2.15 和引理 3.8, 可以断定 $(1,d)$-分数布朗运动的局部时是一个 Hida 广义泛函.

定理 4.17   设 $\overline{H} = (H_1, \cdots, H_d)$ 和每个正整数 $d \geqslant 1$ 满足 $\sum\limits_{i=1}^{d} [n_i - (n_i + 1)H_i] > -1$, 由如下形式给出的分数布朗运动 $B^{\overline{H}}$ 的局部时

$$L(T, \Gamma, \lambda) = \int_0^T \delta_\Gamma(B^{\overline{H}}(t)) dt \tag{4.18}$$

是一个 Hida 广义泛函, 其中 $\Gamma \subset \mathbb{R}^d$. 进一步, 对所有的 $\xi \in \mathcal{S}_d(\mathbb{R})$, $L(T, \Gamma, \lambda)$ 的 S-变换为

$$S(L(T, \Gamma, \lambda))(\xi) = \int_0^T \prod_{i=1}^{d} (2\pi t^{2H_i})^{-\frac{1}{2}} \sum_{n=0}^{\infty} \sum_{n_1+\cdots+n_d=n} \int_\Gamma \exp\left\{ -\frac{\mid x \mid^2}{2t^{2\overline{H}}} \right\}$$

$$\cdot \prod_{i=1}^{d} \frac{H_{n_i}\left(\frac{x_i}{\sqrt{2t^{2H_i}}}\right)}{n_i!} \lambda(dx) \prod_{i=1}^{d} \left(\frac{\int_{\mathbb{R}} \xi_i(s)(M_-^{H_i} \boldsymbol{I}_{[0,t]})(s) ds}{\sqrt{2t^{2H_i}}} \right)^{n_i} dt.$$

证明　为了证明上述结果, 只需要在区间 $[0,T]$ 上关于 Lebesgue 测度使用推论 2.15. 从命题 4.10 的证明过程可以看出

$$S(\delta_\Gamma(B_t^{\overline{H}}))(\xi) = \prod_{i=1}^d (2\pi t^{2H_i})^{-\frac{1}{2}} \sum_{n=0}^\infty \sum_{n_1+\cdots+n_d=n} \int_\Gamma \exp\left\{-\frac{|x|^2}{2t^{2\overline{H}}}\right\}$$

$$\cdot \prod_{i=1}^d \frac{H_{n_i}\left(\frac{x_i}{\sqrt{2t^{2H_i}}}\right)}{n_i!} \lambda(dx) \prod_{i=1}^d \left(\frac{\int_{\mathbb{R}} \xi_i(s)(M_-^{H_i}\boldsymbol{I}_{[0,t]})(s)ds}{\sqrt{2t^{2H_i}}}\right)^{n_i}.$$

为了验证有界性, 考虑 $\mathcal{S}_d(\mathbb{R})$ 上有如下形式的范数

$$\|\xi\| \equiv \left(\sum_{i=1}^d (\sup_{x\in\mathbb{R}}|\xi_i(x)| + \sup_{x\in\mathbb{R}}|\xi_i'(x)| + |\xi_i|)^2\right)^{\frac{1}{2}}, \quad \xi=(\xi_1,\cdots,\xi_d)\in\mathcal{S}_d(\mathbb{R}).$$

因此, 对于所有的复数 z 及 $\xi\in\mathcal{S}_d(\mathbb{R})$, 就有

$$|S(L(T,\Gamma,\lambda))(z\xi)|$$

$$\leqslant \sum_{n=0}^\infty \sum_{n_1+\cdots+n_d=n} \prod_{i=1}^d \frac{C_{4,3,2}(n_i)t^{-(n_i+1)H_i}}{n_i!} \Gamma(\lambda)^2 \prod_{i=1}^d \left|\int_{\mathbb{R}} \xi_i(s)(M_-^{H_i}\boldsymbol{I}_{[0,t]})(s)ds\right|^{n_i}$$

$$\leqslant \sum_{n=0}^\infty \sum_{n_1+\cdots+n_d=n} C_{4,3,3}(n_i,H_i)t^{\sum\limits_{i=1}^d[n_i-(n_i+1)H_i]} \Gamma(\lambda)^2 \|\xi\|^d,$$

其中 $C_{4,3,2}(n_i)$, $C_{4,3,3}(n_i,H_i)$ 均为常数. 如果 $\sum\limits_{i=1}^d [n_i-(n_i+1)H_i] > -1$, 则上式中最后一项的第一部分在 $[0,T]$ 可积, 且第二部分有界. 证毕. □

下面一个定理给出了 $(1,d)$-分数布朗运动 $B^{\overline{H}}$ 的局部时的混沌分解.

定理 4.18　设 $t>0$, $t\neq 1$ 和 $H_i\in(0,1)$, $i=1,\cdots,d$, 使得 $t^{\sum\limits_{i=1}^d H_i} < 1$, 则 $(1,d)$-分数布朗运动 $B^{\overline{H}}$ 的局部时 $L(T,\Gamma,\lambda)$ 在 (L^2) 中存在且有混沌分解:

$$L(T,\Gamma,\lambda) = \sum_{n=0}^\infty \sum_{n_1+\cdots+n_d=n} \int_0^T \prod_{i=1}^d (2\pi t^{2H_i})^{-\frac{1}{2}} \int_\Gamma \exp\left\{-\frac{|x|^2}{2t^{2\overline{H}}}\right\}$$

$$\cdot \prod_{i=1}^d \frac{H_{n_i}\left(\frac{x_i}{\sqrt{2t^{2H_i}}}\right)}{n_i!} \lambda(dx) \prod_{i=1}^d I_{n_i}^i \left(\left(\frac{M_-^{H_i}\boldsymbol{I}_{[0,t]}}{\sqrt{2t^{2H_i}}}\right)^{\otimes n_i}\right) dt,$$

其中 $I_{n_i}^i$ 表示关于 Wiener 过程 W^i 的多重积分.

证明 为了说明 $(1,d)$-分数布朗运动的局部时 $L(T,\Gamma,\lambda) \in (L^2)$, 使用文献 (Albeverio et al., 2011) 中定理 12 的证明方法, 只需说明和式

$$\sum_{n=0}^{\infty} \sum_{n_1+\cdots+n_d=n} n_1! \cdots n_d! \mid \Phi_{n_1,\cdots,n_d} \mid_0^2$$

收敛.

当 $t > 1$ 时, 有

$$\sum_{n=0}^{\infty} \sum_{n_1+\cdots+n_d=n} n_1! \cdots n_d! \mid \Phi_{n_1,\cdots,n_d} \mid_0^2$$

$$\leqslant \pi^{-\frac{d}{2}} C_{4,3,1}^2 \lambda(\Gamma)^2 2^{-d} \sum_{n=0}^{\infty} \sum_{n_1+\cdots+n_d=n} t^{\sum\limits_{i=1}^{d} 2H_i(n_i-1)}$$

$$\leqslant \pi^{-\frac{d}{2}} C_{4,3,1}^2 \lambda(\Gamma)^2 2^{-d} \sum_{n=0}^{\infty} t^{\sum\limits_{i=1}^{d} 2H_i(n-1)} C_{n+d-1}^d.$$

因为 $C_{n+d-1}^d \sim n^d (n \to \infty)$, 所以当 $t^{\sum\limits_{i=1}^{d} H_i} < 1$ 时, 则该级数收敛.

当 $0 < t < 1$ 时, 有

$$\sum_{n=0}^{\infty} \sum_{n_1+\cdots+n_d=n} t^{\sum\limits_{i=1}^{d} 2H_i(n_i-1)}$$

$$\leqslant t^{-\sum\limits_{i=1}^{d} 2H_i} \sum_{n=0}^{\infty} \sum_{n_1+\cdots+n_d=n} t^{2H_* \sum\limits_{i=1}^{d} n_i}$$

$$\leqslant t^{-\sum\limits_{i=1}^{d} 2H_i} \sum_{n=0}^{\infty} t^{2H_* n} C_{n+d-1}^d,$$

且当 $t^{H_*} < 1$ 时, 则该级数收敛, 其中 $H_* = \min\{H_1,\cdots,H_d\}$.

因此, 对于 $t > 0$ 且满足 $t^{\sum\limits_{i=1}^{d} H_i} < 1$, 有

$$\sum_{n=0}^{\infty} \sum_{n_1+\cdots+n_d=n} n_1! \cdots n_d! \mid \Phi_{n_1,\cdots,n_d} \mid_0^2 < \infty.$$

局部时的混沌分解式由 $\delta_\Gamma(B^{\overline{H}})$ 的展开式可得. 证毕. □

4.3.2 (N,d)-分数布朗运动的局部时

现在考虑 d 维 N 参数的分数布朗运动的局部时. 设 $N \times d$ 阵 $\overline{H} = (\overline{H}_1, \cdots, \overline{H}_d)$, 其中 $\overline{H}_i = (H_{i,1}, \cdots, H_{i,N})$ 和 $H_{i,j} \in (0,1), i = 1, \cdots, d, j = 1, \cdots, N$. 如

果 $B^{\overline{H}}$ 的分量之间相互独立, 称 $B_t^{\overline{H}} = (B_t^{\overline{H}_1}, \cdots, B_t^{\overline{H}_d})_{t \in [0,T]^N}$ 是 (N, d)-分数布朗运动. 给定 (N, d)-分数布朗运动的局部时为

$$L(T, \Gamma, \lambda) = \int_0^T \delta_\Gamma(B_t^{\overline{H}}) dt, \tag{4.19}$$

其中 $t \in [0, T]^N$ 和 $\Gamma \subset \mathbb{R}^d$.

命题 4.19　设 $p > 0$, $\overline{H} \in (0,1)^{N \times d}$, $t_j > 0$, $j = 1, \cdots, N$, 使得 $2^p > t_1^{\sum\limits_{i=1}^{d} H_{i,1}} \cdots t_N^{\sum\limits_{i=1}^{d} H_{i,N}}$ 及每个正整数 $d \geqslant 1$, 则 $\delta_\Gamma(B_t^{\overline{H}})$ 属于 $(\mathcal{S}_{-p})$. 而且, $\delta_\Gamma(B_t^{\overline{H}})$ 是一个 Hida 广义泛函.

证明　由 S-变换的定义可见

$$S(\delta_\Gamma(B_t^{\overline{H}}))(\xi) = \prod_{i=1}^{d} (2\pi \underline{t}^{2\overline{H}_i})^{-\frac{1}{2}} \left(\delta_\Gamma(y), \exp\left\{ -\frac{\left| \int_{\mathbb{R}^d} \xi(s)(M_-^{\overline{H}} \boldsymbol{I}_{[0,t]})(s) ds - y \right|}{2t^{2\overline{H}}} \right\} \right)$$

$$= \prod_{i=1}^{d} (2\pi \underline{t}^{2\overline{H}_i})^{-\frac{1}{2}} \sum_{n=0}^{\infty} \sum_{n_1 + \cdots + n_d = n} \int_\Gamma \exp\left\{ -\frac{|x|^2}{2t^{2\overline{H}}} \right\}$$

$$\cdot \prod_{i=1}^{d} \frac{H_{n_i}\left(\dfrac{x_i}{\sqrt{2\underline{t}^{2\overline{H}_i}}} \right)}{n_i!} \lambda(dx) \prod_{i=1}^{d} \left(\frac{\int_{\mathbb{R}} \xi_i(s)(M_-^{\overline{H}_i} \boldsymbol{I}_{[0,t]})(s) ds}{\sqrt{2\underline{t}^{2\overline{H}_i}}} \right)^{n_i},$$

其中 $\underline{t}^{\overline{H}_i} \equiv \prod\limits_{j=1}^{N} t_j^{H_{i,j}}$ 及任意 $\xi \in \mathcal{S}_d(\mathbb{R})$.

设

$$\Phi_{n_1, \cdots, n_d}(t) = \int_\Gamma \prod_{i=1}^{d} (2\pi \underline{t}^{2\overline{H}_i})^{-\frac{1}{2}} \prod_{i=1}^{d} \frac{H_{n_i}\left(\dfrac{x_i}{\sqrt{2\underline{t}^{2\overline{H}_i}}} \right)}{n_i!}$$

$$\cdot \exp\left\{ -\frac{|x|^2}{2t^{2\overline{H}}} \right\} \lambda(dx) \prod_{i=1}^{d} \left(\frac{M_-^{\overline{H}_i} \boldsymbol{I}_{[0,t]}}{\sqrt{2\underline{t}^{2\overline{H}_i}}} \right)^{\otimes n_i},$$

这里 $\underline{t}^{\overline{H}_i} = \prod\limits_{j=1}^{N} t_j^{H_{i,j}}$ 及 $t = (t_1, \cdots, t_N)$.

使用 4.3.1 节中的方法, 估计

$$\| \delta_\Gamma(B_t^{\overline{H}}) \|_{-p}^2 \leqslant C_{4,3,1}^2 \pi^{-\frac{d}{2}} \lambda(\Gamma)^2 \sum_{n=0}^{\infty} 2^{-2np} t^{2\sum\limits_{i=1}^{d} \overline{H}_i(n_i - 1)} C_{n+d-1}^d \cdot$$

因为 $2^p > t_1^{\sum\limits_{i=1}^{d} H_{i,1}} \cdots t_N^{\sum\limits_{i=1}^{d} H_{i,N}}$ 和当 $n \to \infty$ 时，$C_{n+d-1}^d \sim n^d$. 故上述级数收敛. 同时结合 $\delta_\Gamma(B_t^{\overline{H}}) \in (\mathcal{S}_{-p})$ 和 $(\mathcal{S})^* = \bigcup_{p \geqslant 0}(\mathcal{S}_{-p})$, 则 $\delta_\Gamma(B_t^{\overline{H}})$ 是一个 Hida 广义泛函. 证毕. $\qquad\square$

将定理 4.16 和定理 4.17 推广到多参数情形下, 可以得到类似的一些结论.

定理 4.20　在命题 4.10 的假设条件下, 则有

(1) $\dfrac{\partial}{\partial x_i}\delta_\Gamma(B_t^{\overline{H}}) \in (\mathcal{S}_{-p})$;

(2) $\dfrac{\partial^k}{\partial x_1^{k_1} \cdots \partial x_d^{k_d}}\delta_\Gamma(B_t^{\overline{H}}) \in (\mathcal{S}_{-p}), k_1 + \cdots + k_d = k > 1$.

定理 4.21　对于 $t > 0, t \neq 1$ 及 $H_{i,j} \in (0,1)$ 满足 $t^{\sum\limits_{i=1}^{d} H_{i,j}} < 1$, 则 (N,d)-分数布朗运动 $B^{\overline{H}}$ 的局部时 $L(T, \Gamma, \lambda)$ 在 (L^2) 中存在且有如下的混沌展开式:

$$L(T, \Gamma, \lambda) = \sum_{n=0}^{\infty} \sum_{n_1 + \cdots + n_d = n} \int_0^T \prod_{i=1}^{d}(2\pi \underline{t}^{2\overline{H}_i})^{-\frac{1}{2}} \int_\Gamma \exp\left\{-\frac{|x|^2}{2\underline{t}^{2\overline{H}}}\right\}$$

$$\cdot \prod_{i=1}^{d} \frac{H_{n_i}\left(\dfrac{x_i}{\sqrt{2\underline{t}^{2\overline{H}_i}}}\right)}{n_i!} \lambda(dx) \prod_{i=1}^{d} I_{n_i}^i\left(\left(\frac{M_-^{\overline{H}_i}\boldsymbol{I}_{[0,t]}}{\sqrt{2\underline{t}^{2\overline{H}_i}}}\right)^{\otimes n_i}\right) dt,$$

这里 $I_{n_i}^i$ 表示关于 Wiener 过程 W^i 的多重积分.

证明　事实上

$$\delta_\Gamma(B_t^{\overline{H}}) = \sum_{n=0}^{\infty} \sum_{n_1 + \cdots + n_d = n} \prod_{i=1}^{d}(2\pi \underline{t}^{2\overline{H}_i})^{-\frac{1}{2}} \int_\Gamma \exp\left\{\frac{-|x|^2}{2\underline{t}^{2\overline{H}}}\right\}$$

$$\cdot \prod_{i=1}^{d} \frac{H_{n_i}\left(\dfrac{x_i}{\sqrt{2\underline{t}^{2\overline{H}_i}}}\right)}{n_i!} \lambda(dx) \prod_{i=1}^{d} I_{n_i}^i\left(\left(\frac{M_-^{\overline{H}_i}\boldsymbol{I}_{[0,t]}}{\sqrt{2\underline{t}^{2\overline{H}_i}}}\right)^{\otimes n_i}\right).$$

则结论显然. 证毕. $\qquad\square$

注 4.22　Eddahbi 等 (2005) 用 Malliavin 计算给出 (N,d)-分数布朗运动的局部时的混沌分解. 这里用另外一种可以选择的方法研究了 (N,d)-分数布朗运动的局部时. 所用方法主要来源于文献 (Bakun, 2000), 在文献 (Bakun, 2000) 中作者用 S-变换来研究布朗运动的局部时. 相比较文献 (Bakun, 2000) 的工作, 我们

的结果更加一般. 特别地, 当 $N=1$ 和 $\overline{H} = \left(\dfrac{1}{2}, \cdots, \dfrac{1}{2}\right)$ 时, 我们的一些结果恰好是布朗运动的情形.

4.4　分数布朗运动的多重相交局部时

本节, 主要研究分数布朗运动的多重相交局部时. 首先需要引入记号:

$$\Delta_m \equiv \{(t_1, t_2, \cdots, t_m) \in \mathbb{R}^m : 0 < t_1 < t_2 < \cdots < t_m < 1\}.$$

定义 4.23　设 $0 < t_1 < t_2 < 1$, 对任意的 $\boldsymbol{f} \in \mathcal{S}_d(\mathbb{R})$, 定义

$$\delta^{(N)}(B^{\boldsymbol{H}}(t_2) - B^{\boldsymbol{H}}(t_1))(\boldsymbol{f})$$

$$\equiv S^{-1}\left(\left(\frac{1}{\sqrt{2\pi} \mid t_2 - t_1 \mid^H}\right)^d \exp_N\left\{-\frac{\displaystyle\sum_{i=1}^{d}\left(\displaystyle\int_{\mathbb{R}} f_i(x)(M_-^H \boldsymbol{I}_{[t_1, t_2]})(x)dx\right)^2}{2 \mid t_2 - t_1 \mid^{2H}}\right\}\right).$$

定理 4.24　对任意 $H \in (0,1)$, 任意一对正整数 $d \geqslant 1$ 和 $N \geqslant 0$ 使得 $2N(H-1) + dH < 1$, 则截断 m-元点的局部时

$$L_{H,m}^{(N)} \equiv \int_{\Delta_m} \delta^{(N)}(B^{\boldsymbol{H}}(t_2) - B^{\boldsymbol{H}}(t_1)) \cdots \delta^{(N)}(B^{\boldsymbol{H}}(t_m) - B^{\boldsymbol{H}}(t_{m-1}))d^m t \quad (4.20)$$

是一个 Hida 广义泛函.

证明　令上式中被积函数的 S-变换为

$$\Phi(t_1, t_2, \cdots, t_m)$$

$$\equiv \prod_{k=1}^{m-1}\left[\left(\frac{1}{2\pi \mid t_{k+1} - t_k \mid^{2H}}\right)^{\frac{d}{2}} \exp_N\left\{-\frac{\displaystyle\sum_{i=1}^{d}\left(\displaystyle\int_{\mathbb{R}} f_i(x)(M_-^H \boldsymbol{I}_{[t_k, t_{k+1}]})(x)dx\right)^2}{2 \mid t_{k+1} - t_k \mid^{2H}}\right\}\right].$$

同样需要引入 $\mathcal{S}_d(\mathbb{R})$ 上如下定义的范数 $\|\cdot\|$:

$$\|\boldsymbol{f}\| \equiv \left(\sum_{i=1}^{d}(\sup_{x\in\mathbb{R}} \mid f_i \mid + \sup_{x\in\mathbb{R}} \mid f_i' \mid + \mid f_i \mid)^2\right)^{\frac{1}{2}}.$$

由引理 3.8 及文献 (Mendonca and Streit, 2001) 可知

$$\left|\int_{\mathbb{R}} \boldsymbol{f}(x)(M_-^H \boldsymbol{I}_{[t_k, t_{k+1}]})(x)dx\right|^2 \leqslant C_{4,4,1}^2 \mid t_{k+1} - t_k \mid^2 \|\boldsymbol{f}\|^2,$$

这里 $C_{4,4,1}$ 是一个依赖于 H 的常数.

因此, 对任意的 $\boldsymbol{f} \in \mathcal{S}_d(\mathbb{R})$, 都有

$$| \Phi(t_1, t_2, \cdots, t_m) | \leqslant \prod_{k=1}^{m-1} \left(\frac{1}{2\pi \mid t_{k+1} - t_k \mid^{2H}} \right)^{\frac{d}{2}}$$
$$\cdot \exp_N \left\{ \frac{C_{4,4,1}^2}{2} \mid t_{k+1} - t_k \mid^{2-2H} \| \boldsymbol{f} \|^2 \right\}.$$

使用以下事实

$$\exp_N \left\{ \frac{C_{4,4,1}^2}{2} \mid t_{k+1} - t_k \mid^{2-2H} \| \boldsymbol{f} \|^2 \right\}$$
$$\leqslant \mid t_{k+1} - t_k \mid^{2N(1-H)} \exp \left\{ \frac{C_{4,4,1}^2}{2} \| \boldsymbol{f} \|^2 \right\},$$

可得

$$| \Phi(t_1, t_2, \cdots, t_m) | \leqslant \prod_{k=1}^{m-1} \left(\frac{1}{2\pi} \right)^{\frac{d}{2}} \mid t_{k+1} - t_k \mid^{2N(1-H)-dH} \exp \left\{ \frac{C_{4,4,1}^2}{2} \| \boldsymbol{f} \|^2 \right\}.$$

因为在 Δ_m 上 $\mid t_{k+1} - t_k \mid^{2N(1-H)-dH}$ 可积的充要条件为 $2N(1-H) - dH > -1$, 由推论 2.15 知, $L_{H,m}^{(N)}$ 是一个 Hida 广义泛函. 证毕. $\square$

定义 4.25 设 $d \geqslant 1$, p, s 均是非负整数满足 p, $s > \dfrac{d}{2} - \dfrac{1}{2H}$. 当 $x_1 < x_2 < x_3 < x_4$ 时, 定义

$$g_{ps}(x_1, x_2, x_3, x_4) \equiv \int_{x_2}^{x_3} (t - x_1)^{1-2pH-dH} (x_4 - t)^{1-2sH-dH} dt. \tag{4.21}$$

定义 4.26 (Mendonca and Streit, 2001) 设 $x = (x_1, x_2, \cdots, x_n) \in \mathbb{R}^n$, σ 为任意一个置换, 满足

$$x_{\sigma(1)} \leqslant x_{\sigma(2)} \leqslant \cdots \leqslant x_{\sigma(n)},$$

则对于 $p \leqslant n$ 使用记号

$$(x)_p \equiv x_{\sigma(p)}.$$

由定义 4.26 可以看出

$$x_{\sigma(1)} = \min_{1 \leqslant i \leqslant n} x_i, \quad x_{\sigma(n)} = \max_{1 \leqslant i \leqslant n} x_i.$$

对于 $t_1 < t_2 < t_3$, 由定义 4.23 知

$$
SL_{H,3}^{(N)}(\boldsymbol{f})
$$

$$
= \int_{\Delta_3} S[\delta^{(N)}(B^{\boldsymbol{H}}(t_2) - B^{\boldsymbol{H}}(t_1))](\boldsymbol{f}) S[\delta^{(N)}(B^{\boldsymbol{H}}(t_3) - B^{\boldsymbol{H}}(t_2))](\boldsymbol{f}) d^3 t
$$

$$
= \int_{\Delta_3} \left(\frac{1}{\sqrt{2\pi} \mid t_2 - t_1 \mid^H} \right)^d \left(\frac{1}{\sqrt{2\pi} \mid t_3 - t_2 \mid^H} \right)^d
$$

$$
\cdot \prod_{i=1}^{d} \left[\exp_N \left\{ -\frac{\left(\int_{\mathbb{R}} f_i(x)(M_-^H \boldsymbol{I}_{[t_1,t_2]})(x) dx \right)^2}{2 \mid t_2 - t_1 \mid^{2H}} \right\} \right.
$$

$$
\left. \cdot \exp_N \left\{ -\frac{\left(\int_{\mathbb{R}} f_i(x)(M_-^H \boldsymbol{I}_{[t_2,t_3]})(x) dx \right)^2}{2 \mid t_3 - t_2 \mid^{2H}} \right\} \right] d^3 t
$$

$$
= \sum_{p \geqslant N, s \geqslant N} \frac{(2\pi)^{-d}}{(-2)^{p+s} \boldsymbol{p}! \boldsymbol{s}!} \int_{\Delta_3} [(t_2 - t_1)^{-dH - 2pH} (t_3 - t_2)^{-dH - 2sH}]
$$

$$
\cdot \prod_{i=1}^{d} \left[\left| \int_{\mathbb{R}} f_i(u^i)(M_-^H \boldsymbol{I}_{[t_1,t_2]})(u^i) du^i \right|^{2p_i} \left| \int_{\mathbb{R}} f_i(v^i)(M_-^H \boldsymbol{I}_{[t_2,t_3]})(v^i) dv^i \right|^{2s_i} \right] d^3 t.
$$

记

$$
F_{\boldsymbol{p},\boldsymbol{s}} = \langle \varphi_{2\boldsymbol{p},2\boldsymbol{s}}, \boldsymbol{f}^{\otimes 2\boldsymbol{n}} \rangle.
$$

当 $p_i \neq 0$ 和 $s_i \neq 0$, 考虑

$$
\left| \int_{\mathbb{R}} f_i(u^i)(M_-^H \boldsymbol{I}_{[t_1,t_2]})(u^i) du^i \right|^{2p_i} \cdot \left| \int_{\mathbb{R}} f_i(v^i)(M_-^H \boldsymbol{I}_{[t_2,t_3]})(v^i) dv^i \right|^{2s_i}
$$

$$
= \int_{\mathbb{R}^{2p_i}} f_i^{\otimes 2p_i}(u^i)(M_-^H \boldsymbol{I}_{[t_1,t_2]^{2p_i}})(u^i) d^{2p_i} u^i \cdot \int_{\mathbb{R}^{2s_i}} f_i^{\otimes 2s_i}(v^i)(M_-^H \boldsymbol{I}_{[t_2,t_3]^{2s_i}})(v^i) d^{2s_i} v^i.
$$

同文献 (Mendonca and Streit, 2001) 一样, 设

$$
A_{\boldsymbol{p},\boldsymbol{s}} = \{ (w^1, \cdots, w^d) : t_1 \leqslant (w^i)_1 \leqslant (w^i)_{2p_i}
$$

$$
\leqslant t_2 \leqslant (w^i)_{2p_i+1} \leqslant (w^i)_{2n_i} \leqslant t_3, i = 1, \cdots, d \}.
$$

对于 $w = (w^1, \cdots, w^d)$, 就有

$$x_1(w) \equiv \min_i (w^i)_1 \geqslant 0,$$

$$x_2(w) \equiv \max_i (w^i)_{2p_i} \leqslant x_3(w) \equiv \min_i (w^i)_{2p_i+1},$$

$$x_4(w) \equiv \max_i (w^i)_{2n_i} \leqslant 1,$$

且记 w 为 $w \in B_{\boldsymbol{p},\boldsymbol{s}} \subseteq [0,1]^{2p+2s}$. 则

$$F_{\boldsymbol{p},\boldsymbol{s}} = \frac{(2\pi)^{-d}(2\boldsymbol{p})!(2\boldsymbol{s})!}{(-2)^n \boldsymbol{p}!\boldsymbol{s}!(2\boldsymbol{n})!} \int_{\mathbb{R}^{2n}} \prod_{i=1}^{d} (f_i^{\otimes 2n_i}(w^i)(M_-^H \boldsymbol{I}_{B_{\boldsymbol{p},\boldsymbol{s}}})(w^i)) d^{2n} w$$

$$\cdot \int_0^{x_1(w)} \int_{x_2(w)}^{x_3(w)} \int_{x_4(w)}^1 (t_2 - t_1)^{-dH-2pH}(t_3 - t_2)^{-dH-2sH} dt_3 dt_2 dt_1.$$

对于 $d = 1$ 和 p 或者 $s = 0$, 就有

$$F_{0,0} = \frac{1}{2\pi} \int_{\Delta_3} (t_2 - t_1)^{-H}(t_3 - t_2)^{-H} d^3 t$$

$$= \frac{1}{2\pi} \int_0^1 \int_0^{t_3} \int_0^{t_2} (t_2 - t_1)^{-H}(t_3 - t_2)^{-H} dt_1 dt_2 dt_3$$

$$= \frac{1}{2\pi} \frac{1}{1-H} \int_0^1 \int_0^{t_3} (t_3 - t_2)^{-H} t_2^{1-H} dt_2 dt_3,$$

$$F_{p,0} = \frac{(2\pi)^{-1}}{(-2)^p p!} \int_{\mathbb{R}^{2p}} f^{\otimes 2p}(w)(M_-^H \boldsymbol{I}_{B_{p,0}})(w)$$

$$\cdot \int_0^{x_1(w)} \int_{x_2(w)}^1 \int_{t_2}^1 (t_2 - t_1)^{-dH-2pH}(t_3 - t_2)^{-H} dt_3 dt_2 dt_1 d^{2p} w$$

$$= \frac{(2\pi)^{-1}}{(-2)^p p!} \int_{\mathbb{R}^{2p}} f^{\otimes 2p}(w)(M_-^H \boldsymbol{I}_{B_{p,0}})(w) \frac{1}{(1-H)(1-H-2pH)}$$

$$\cdot \int_{x_2}^1 (1-t_2)^{1-H}[t_2^{1-H-2pH} - (t_2 - x_1)^{1-H-2pH}] dt_2 d^{2p} w,$$

$$F_{0,s} = \frac{(2\pi)^{-1}}{(-2)^s s!} \int_{\mathbb{R}^{2s}} f^{\otimes 2s}(w)(M_-^H \boldsymbol{I}_{B_{0,s}})(w)$$

$$\cdot \int_0^1 \int_{t_1}^{x_3(w)} \int_{x_4}^1 (t_2 - t_1)^{-H}(t_3 - t_2)^{-H-2sH} dt_3 dt_2 dt_1 d^{2s} w$$

$$= \frac{(2\pi)^{-1}}{(-2)^s s!} \int_{\mathbb{R}^{2s}} f^{\otimes 2s}(w)(M_-^H \boldsymbol{I}_{B_{0,s}})(w) \frac{1}{(1-H)(1-H-2sH)}$$

$$\cdot \int_0^{x_3} t_2^{1-H}[(1-t_2)^{1-H-2sH} - (x_4 - t_2)^{1-H-2sH}] dt_2 d^{2s} w.$$

因此

$$\varphi_{2\boldsymbol{p},2\boldsymbol{s}}(w) = \frac{(2\pi)^{-d}(2\boldsymbol{p})!(2\boldsymbol{s})!}{(-2)^{n}\boldsymbol{p}!\boldsymbol{s}!(2\boldsymbol{n})!} \frac{1}{(1-dH-2pH)(1-dH-2sH)}$$

$$\cdot (M_{-}^{H}\boldsymbol{I}_{B_{\boldsymbol{p},s}})(w)(g_{p,s}(x_1,x_2,x_3,x_4) - g_{p,s}(0,x_2,x_3,x_4)$$

$$- g_{p,s}(x_1,x_2,x_3,1) + g_{p,s}(0,x_2,x_3,1)).$$

综上所述可见, 欲证结果成立.

定理 4.27　对所有的 $H \in (0,1)$ 及所有维数 $d \geqslant 1$, 相交局部时 $L_{H,3}^{(N)}$ 有展开式

$$L_{H,3}^{(N)} = \sum_{p \geqslant N, s \geqslant N} \langle : w^{\otimes 2\boldsymbol{n}} :, \varphi_{2\boldsymbol{n}} \rangle,$$

其中核函数

$$\varphi_{2\boldsymbol{n}} = \sum_{2\boldsymbol{p}+2\boldsymbol{s}=2\boldsymbol{n}} \varphi_{2\boldsymbol{p},2\boldsymbol{s}}(w)$$

为

$$\varphi_{2\boldsymbol{p},2\boldsymbol{s}}(w) = \frac{(2\pi)^{-d}(2\boldsymbol{p})!(2\boldsymbol{s})!}{(-2)^{n}\boldsymbol{p}!\boldsymbol{s}!(2\boldsymbol{n})!}$$

$$\cdot \frac{1}{(1-dH-2pH)(1-dH-2sH)}(M_{-}^{H}\boldsymbol{I}_{B_{\boldsymbol{p},s}})(w)$$

$$\cdot (g_{p,s}(x_1,x_2,x_3,x_4) - g_{p,s}(0,x_2,x_3,x_4) - g_{p,s}(x_1,x_2,x_3,1)$$

$$+ g_{p,s}(0,x_2,x_3,1)).$$

当 $d=1$ 和 p 或者 $s=0$ 时, 就有

$$\varphi_{0,0}(w) = \frac{1}{2\pi(1-H)} \int_0^1 \int_0^{t_3} (t_3-t_2)^{-H} t_2^{1-H} dt_2 dt_3,$$

$$\varphi_{p,0}(w) = \frac{(2\pi)^{-1}}{(-2)^p p!(1-H)(1-H-2pH)}$$

$$\cdot (M_{-}^{H}\boldsymbol{I}_{B_{p,0}})(w)(g_{p,0}(0,x_2,1,1) - g_{p,0}(x_1,x_2,1,1)),$$

$$\varphi_{0,s}(w) = \frac{(2\pi)^{-1}}{(-2)^s s!(1-H)(1-H-2sH)}$$

$$\cdot (M_{-}^{H}\boldsymbol{I}_{B_{0,s}})(w)(g_{0,s}(0,0,x_3,1) - g_{0,s}(0,0,x_3,x_4)).$$

4.5 分数布朗运动的碰撞局部时

本节将主要讨论两个相互独立的分数布朗运动 $B^{H_i} = \{B^{H_i}(t), t \geqslant 0\}$ $(i = 1, 2)$ 的碰撞局部时. 通常将碰撞局部时定义为如下形式:

$$L_H = \int_0^T \delta(B^{H_1}(t) - B^{H_2}(t)) dt. \tag{4.22}$$

对任意的 $\varepsilon > 0$, 定义

$$L_{H,\varepsilon} = \int_0^T p_\varepsilon(B^{H_1}(t) - B^{H_2}(t)) dt. \tag{4.23}$$

定理 4.28 假设 $H_1, H_2 \in (0, 1)$ 及每一个正整数 $d \geqslant 1$, 则两个相互独立的分数布朗运动 $B^{H_i} = \{B^{H_i}(t), t \geqslant 0\}(i = 1, 2)$ 的碰撞局部时

$$L_{H,\varepsilon} \equiv \int_I p_\varepsilon(B^{H_1}(t) - B^{H_2}(t)) dt \tag{4.24}$$

$$= \int_I \left(\frac{1}{2\pi\varepsilon}\right)^{\frac{d}{2}} \exp\left\{-\frac{(B^{H_1}(t) - B^{H_2}(t))^2}{2\varepsilon}\right\} dt \tag{4.25}$$

是一个 Hida 广义泛函. 而且, 对所有的 $\boldsymbol{f} \in \mathcal{S}_d(\mathbb{R})$, $L_{H,\varepsilon}$ 的 S-变换为

$$SL_{H,\varepsilon}(\boldsymbol{f}) = \int_I \left(\frac{1}{2\pi(\varepsilon + t^{2H_1} + t^{2H_2})}\right)^{\frac{d}{2}}$$
$$\cdot \exp\left\{-\frac{\left(\int_{\mathbb{R}} \boldsymbol{f}(s)[(M_-^{H_1}\boldsymbol{I}_{[0,t]})(s) - (M_-^{H_2}\boldsymbol{I}_{[0,t]})(s)]ds\right)^2}{2(\varepsilon + t^{2H_1} + t^{2H_2})}\right\} dt, \tag{4.26}$$

其中 (4.24) 和 (4.25) 中 $I \equiv [0, T]$.

证明 为证明此结果, 同样只需要使用推论 2.15 和引理 3.8.

假设

$$\Phi_{H,\varepsilon}(\boldsymbol{w}_1, \boldsymbol{w}_2) \equiv \left(\frac{1}{2\pi\varepsilon}\right)^{\frac{d}{2}} \exp\left\{-\frac{(B^{H_1}(t) - B^{H_2}(t))^2}{2\varepsilon}\right\}.$$

因为

$$
S\Phi_{H,\varepsilon}(\boldsymbol{f}) = \prod_{i=1}^{d} \frac{1}{(2\pi(\varepsilon + t^{2H_1} + t^{2H_2}))^{\frac{1}{2}}}
$$

$$
\cdot \exp\left\{ -\frac{\left(\int_{\mathbb{R}} f_i(s)[(M_-^{H_1}\boldsymbol{I}_{[0,t]})(s) - (M_-^{H_2}\boldsymbol{I}_{[0,t]})(s)]ds\right)^2}{2(\varepsilon + t^{2H_1} + t^{2H_2})} \right\}
$$

$$
= \left(\frac{1}{2\pi(\varepsilon + t^{2H_1} + t^{2H_2})}\right)^{\frac{d}{2}}
$$

$$
\cdot \exp\left\{ -\frac{\left(\int_{\mathbb{R}} \boldsymbol{f}(s)[(M_-^{H_1}\boldsymbol{I}_{[0,t]})(s) - (M_-^{H_2}\boldsymbol{I}_{[0,t]})(s)]ds\right)^2}{2(\varepsilon + t^{2H_1} + t^{2H_2})} \right\},
$$

所以, 对所有复数 z 及 $\boldsymbol{f} \in \mathcal{S}_d(\mathbb{R})$, 有

$$
\mid S\Phi_{H,\varepsilon}(z\boldsymbol{f}) \mid = \left(\frac{1}{2\pi(\varepsilon + t^{2H_1} + t^{2H_2})}\right)^{\frac{d}{2}}
$$

$$
\cdot \left|\exp\left\{ -z^2 \frac{\left(\int_{\mathbb{R}} \boldsymbol{f}(s)[(M_-^{H_1}\boldsymbol{I}_{[0,t]})(s) - (M_-^{H_2}\boldsymbol{I}_{[0,t]})(s)]ds\right)^2}{2(\varepsilon + t^{2H_1} + t^{2H_2})} \right\}\right|
$$

$$
\leqslant \left(\frac{1}{2\pi(\varepsilon + t^{2H_1} + t^{2H_2})}\right)^{\frac{d}{2}}
$$

$$
\cdot \exp\left\{ \frac{\mid z \mid^2 \left|\int_{\mathbb{R}} \boldsymbol{f}(s)[(M_-^{H_1}\boldsymbol{I}_{[0,t]})(s) - (M_-^{H_2}\boldsymbol{I}_{[0,t]})(s)]ds\right|^2}{2(\varepsilon + t^{2H_1} + t^{2H_2})} \right\}.
$$

为验证有界性条件, 需要考虑在 $\mathcal{S}_d(\mathbb{R})$ 上某个定义为如下形式的范数 $\|\cdot\|$, 即

$$
\|\boldsymbol{f}\| \equiv \left(\sum_{i=1}^{d}(\sup_{x\in\mathbb{R}}\mid f_i(x)\mid + \sup_{x\in\mathbb{R}}\mid f_i'(x)\mid + \mid f_i\mid)^2\right)^{\frac{1}{2}},
$$

$$
\boldsymbol{f} = (f_1, \cdots, f_d) \in \mathcal{S}_d(\mathbb{R}).
$$

由引理 3.8 知

$$\left| \int_{\mathbb{R}} \boldsymbol{f}(s)(M_-^{H_1} \boldsymbol{I}_{[0,t]})(s)ds - \int_{\mathbb{R}} \boldsymbol{f}(s)(M_-^{H_2} \boldsymbol{I}_{[0,t]})(s)ds \right|^2$$

$$\leqslant 2 \left\{ \left(\int_{\mathbb{R}} \boldsymbol{f}(s)(M_-^{H_1} \boldsymbol{I}_{[0,t]})(s)ds \right)^2 + \left(\int_{\mathbb{R}} \boldsymbol{f}(s)(M_-^{H_2} \boldsymbol{I}_{[0,t]})(s)ds \right)^2 \right\}$$

$$\leqslant 2(C_{4,5,2}^2 t^2 + C_{4,5,3}^2 t^2) \parallel \boldsymbol{f} \parallel^2$$

$$\leqslant C_{4,5,1} t^2 \parallel \boldsymbol{f} \parallel^2,$$

其中 $C_{4,5,1}, C_{4,5,2}, C_{4,5,3}$ 均为常数. 故

$$\mid S\Phi_{H,\varepsilon}(z\boldsymbol{f}) \mid \leqslant \left(\frac{1}{2\pi(\varepsilon + t^{2H_1} + t^{2H_2})} \right)^{\frac{d}{2}} \exp \left\{ \frac{\mid z \mid^2 C_{4,5,1} t^2 \parallel \boldsymbol{f} \parallel^2}{2(\varepsilon + t^{2H_1} + t^{2H_2})} \right\},$$

其中上式右端中的第一部分在 I 上可积, 第二部分有界. 因而, 由推论 2.15 可见

$$SL_{H,\varepsilon}(\boldsymbol{f})$$

$$= \int_I \prod_{i=1}^d \frac{1}{(2\pi(\varepsilon + t^{2H_1} + t^{2H_2}))^{\frac{1}{2}}}$$

$$\cdot \exp \left\{ -\frac{\left(\int_{\mathbb{R}} f_i(s)[(M_-^{H_1} \boldsymbol{I}_{[0,t]})(s) - (M_-^{H_2} \boldsymbol{I}_{[0,t]})(s)]ds \right)^2}{2(\varepsilon + t^{2H_1} + t^{2H_2})} \right\} dt$$

$$= \int_I \left(\frac{1}{2\pi(\varepsilon + t^{2H_1} + t^{2H_2})} \right)^{\frac{d}{2}}$$

$$\cdot \exp \left\{ -\frac{\left(\int_{\mathbb{R}} \boldsymbol{f}(s)[(M_-^{H_1} \boldsymbol{I}_{[0,t]})(s) - (M_-^{H_2} \boldsymbol{I}_{[0,t]})(s)]ds \right)^2}{2(\varepsilon + t^{2H_1} + t^{2H_2})} \right\} dt.$$

证毕. $\square$

定理 4.29 假设 $H_1, H_2 \in (0,1)$, 每个正整数 $d \geqslant 1$ 及 $\varepsilon > 0$, 碰撞局部时 $L_{H,\varepsilon}$ 有如下的混沌分解:

$$L_{H,\varepsilon} = \sum_m \sum_k \langle : \boldsymbol{w}_1^{\otimes m} : \otimes : \boldsymbol{w}_2^{\otimes k} :, \boldsymbol{G}_{m,k,\varepsilon} \rangle,$$

其中 $L_{H,\varepsilon}$ 的核函数 $\boldsymbol{G_{m,k,\varepsilon}}$ 为

$$
\boldsymbol{G_{m,k,\varepsilon}}(u_1,\cdots,u_m,v_1,\cdots,v_k)
$$

$$
= (-1)^k \left(\frac{1}{2\pi}\right)^{\frac{d}{2}} \left(-\frac{1}{2}\right)^{\frac{m+k}{2}} \frac{1}{\left(\frac{m+k}{2}\right)!} \frac{(\boldsymbol{m}+\boldsymbol{k})!}{\boldsymbol{m}!\boldsymbol{k}!}
$$

$$
\cdot \int_I \left(\frac{1}{\varepsilon + t^{2H_1} + t^{2H_2}}\right)^{\frac{d+m+k}{2}} \prod_{i=1}^m (M_-^{H_1}\boldsymbol{I}_{[0,t]})(u_i) \prod_{j=1}^k (M_-^{H_2}\boldsymbol{I}_{[0,t]})(v_j)dt.
$$

当 $m+k \neq 0$ 时, $\boldsymbol{m}+\boldsymbol{k}$ 为偶数时, 上述结论成立. 且其他的情况时核函数均为 0.

证明　给定 $\boldsymbol{f} \in \mathcal{S}_d(\mathbb{R})$, 计算 $L_{H,\varepsilon}$ 的 S-变换如下:

$$
SL_{H,\varepsilon}(\boldsymbol{f})
$$

$$
= \int_I \prod_{i=1}^d \frac{1}{(2\pi(\varepsilon + t^{2H_1} + t^{2H_2}))^{\frac{1}{2}}}
$$

$$
\cdot \exp\left\{-\frac{\left(\int_{\mathbb{R}} f_i(s)[(M_-^{H_1}\boldsymbol{I}_{[0,t]})(s) - (M_-^{H_2}\boldsymbol{I}_{[0,t]})(s)]ds\right)^2}{2(\varepsilon + t^{2H_1} + t^{2H_2})}\right\}dt
$$

$$
= \left(\frac{1}{\pi}\right)^{\frac{d}{2}} \int_I \sum_{n \geqslant 0} \left\{(-1)^n \left(\frac{1}{2(\varepsilon + t^{2H_1} + t^{2H_2})}\right)^{n+\frac{d}{2}} \sum_{n_1,\cdots,n_d} \frac{1}{n_1!\cdots n_d!}\right.
$$

$$
\cdot \prod_{i=1}^d \sum_{m_i+k_i=2n_i} \frac{(m_i+k_i)!}{m_i!k_i!} \left(\int_{\mathbb{R}} f_i(s)(M_-^{H_1}\boldsymbol{I}_{[0,t]})(s)ds\right)^{m_i}
$$

$$
\left. \cdot \left(-\int_{\mathbb{R}} f_i(s)(M_-^{H_2}\boldsymbol{I}_{[0,t]})(s)ds\right)^{k_i}dt\right\}
$$

$$
= \left(\frac{1}{\pi}\right)^{\frac{d}{2}} \int_I \sum_{n \geqslant 0} \sum_{n_1,\cdots,n_d} \sum_{m_i+k_i=2n_i} \left\{\prod_{i=1}^d (-1)^{\frac{m_i+k_i}{2}} \left(\frac{1}{2(\varepsilon + t^{2H_1} + t^{2H_2})}\right)^{\frac{1}{2}+\frac{m_i+k_i}{2}}\right.
$$

$$
\left. \cdot \frac{1}{\frac{m_i+k_i}{2}!}\right\} \left\{\prod_{i=1}^d (-1)^{k_i} \frac{(m_i+k_i)!}{m_i!k_i!} \left(\int_{\mathbb{R}} f_i(s)(M_-^{H_1}\boldsymbol{I}_{[0,t]})(s)ds\right)^{m_i}\right.
$$

$$
\left. \cdot \left(\int_{\mathbb{R}} f_i(s)(M_-^{H_2}\boldsymbol{I}_{[0,t]})(s)ds\right)^{k_i}\right\}dt.
$$

类似地, 与一般混沌展开式相比较, 结论显然. 证毕.　　　　　□

定理 4.30 假设 $t > 0$, Bochner 积分

$$\delta(B^{H_1}(t) - B^{H_2}(t)) \equiv \left(\frac{1}{2\pi}\right)^d \int_{\mathbb{R}^d} \exp\{i\lambda(B^{H_1} - B^{H_2})\}d\lambda \tag{4.27}$$

是一个 Hida 广义泛函. 对所有的 $\boldsymbol{f} \in \mathcal{S}_d(\mathbb{R})$, (4.27) 式的 S-变换为

$$S(\delta(B^{H_1}(t) - B^{H_2}(t)))(\boldsymbol{f})$$

$$\equiv \left(\frac{1}{2\pi(t^{2H_1} + t^{2H_2})}\right)^{\frac{d}{2}} \exp\left\{-\frac{\left(\int_{\mathbb{R}} \boldsymbol{f}(s)[(M_-^{H_1}\boldsymbol{I}_{[0,t]})(s) - (M_-^{H_2}\boldsymbol{I}_{[0,t]})(s)]ds\right)^2}{2(t^{2H_1} + t^{2H_2})}\right\}.$$

证明 因 $B^{H_1}(t)$ 和 $B^{H_2}(t)$ 是两个相互独立的分数布朗运动, 所以

$$Se^{i\lambda(B^{H_1}(t) - B^{H_2}(t))}(\boldsymbol{f})$$

$$= E(e^{i\lambda\langle \boldsymbol{w}_1 + \boldsymbol{f}, M_-^{H_1}\boldsymbol{I}_{[0,t]}\rangle})E(e^{-i\lambda\langle \boldsymbol{w}_2 + \boldsymbol{f}, M_-^{H_2}\boldsymbol{I}_{[0,t]}\rangle})$$

$$= \exp\left\{-\frac{1}{2}|\lambda|^2(t^{2H_1} + t^{2H_2})\right\}$$

$$\cdot \exp\left\{i\lambda\left(\int_{\mathbb{R}} \boldsymbol{f}(s)[(M_-^{H_1}\boldsymbol{I}_{[0,t]})(s) - (M_-^{H_2}\boldsymbol{I}_{[0,t]})(s)]ds\right)\right\}.$$

同样需使用推论 2.15 来证明此结论. 可测性显然, 有界性条件验证如下:

$$|Se^{i\lambda(B^{H_1}(t) - B^{H_2}(t))}(z\boldsymbol{f})|$$

$$= \exp\left\{-\frac{1}{2}|\lambda|^2(t^{2H_1} + t^{2H_2})\right\}$$

$$\cdot \exp\left\{i\lambda z\left(\int_{\mathbb{R}} \boldsymbol{f}(s)[(M_-^{H_1}\boldsymbol{I}_{[0,t]})(s) - (M_-^{H_2}\boldsymbol{I}_{[0,t]})(s)]ds\right)\right\}$$

$$\leqslant \exp\left\{-\frac{1}{4}|\lambda|^2(t^{2H_1} + t^{2H_2})\right\}\exp\left\{-\frac{1}{4}|\lambda|^2(t^{2H_1} + t^{2H_2}) + |z||\lambda|\right.$$

$$\left.\cdot\left|\int_{\mathbb{R}} \boldsymbol{f}(s)[(M_-^{H_1}\boldsymbol{I}_{[0,t]})(s) - (M_-^{H_2}\boldsymbol{I}_{[0,t]})(s)]ds\right|\right\}.$$

因为

$$-\frac{1}{4}|\lambda|^2(t^{2H_1} + t^{2H_2}) + \left|z||\lambda|\right|\int_{\mathbb{R}} \boldsymbol{f}(s)[(M_-^{H_1}\boldsymbol{I}_{[0,t]})(s) - (M_-^{H_2}\boldsymbol{I}_{[0,t]})(s)]ds\right|$$

$$= -\left(\frac{|z|}{(t^{2H_1} + t^{H_2})^{\frac{1}{2}}}\left|\int_{\mathbb{R}} \boldsymbol{f}(s)[(M_-^{H_1}\boldsymbol{I}_{[0,t]})(s) - (M_-^{H_2}\boldsymbol{I}_{[0,t]})(s)]ds\right|\right.$$

$$-\frac{|\lambda|}{2}(t^{2H_1}+t^{2H_2})^{\frac{1}{2}}\Big)^2$$

$$+\frac{|z|^2}{t^{2H_1}+t^{2H_2}}\left|\int_{\mathbb{R}}\boldsymbol{f}(s)[(M_-^{H_1}\boldsymbol{I}_{[0,t]})(s)-(M_-^{H_2}\boldsymbol{I}_{[0,t]})(s)]ds\right|^2,$$

所以上式中后面指数部分的界估计如下:

$$\exp\left\{\frac{|z|^2}{t^{2H_1}+t^{2H_2}}\left|\int_{\mathbb{R}}\boldsymbol{f}(s)[(M_-^{H_1}\boldsymbol{I}_{[0,t]})(s)-(M_-^{H_2}\boldsymbol{I}_{[0,t]})(s)]ds\right|^2\right\}.$$

从而

$$\begin{aligned}|\,Se^{i\lambda(B^{H_1}(t)-B^{H_2}(t))}(z\boldsymbol{f})\,| &\leqslant \exp\left\{-\frac{1}{4}|\,\lambda\,|^2(t^{2H_1}+t^{2H_2})\right\}\exp\left\{\frac{|z|^2}{t^{2H_1}+t^{2H_2}}\right.\\ &\left.\cdot\left|\int_{\mathbb{R}}\boldsymbol{f}(s)[(M_-^{H_1}\boldsymbol{I}_{[0,t]})(s)-(M_-^{H_2}\boldsymbol{I}_{[0,t]})(s)]ds\right|^2\right\}\\ &\leqslant \exp\left\{-\frac{1}{4}|\,\lambda\,|^2(t^{2H_1}+t^{2H_2})\right\}\\ &\cdot\exp\left\{\frac{|z|^2}{t^{2H_1}+t^{2H_2}}C_{4,5,1}t^2\parallel\boldsymbol{f}\parallel^2\right\}.\end{aligned}$$

上式中最后一项作为 λ 的函数在 $\mathbb{R}^d$ 上是可积的且第二部分是常数. 证毕. $\qquad\square$

同样为了便于估计和保证在高维时局部时存在, 需要考虑碰撞局部时的截断部分 $L_H^{(N)}$.

定理 4.31 假设 $H_1, H_2 \in (0,1)$, 每个正整数 $d \geqslant 1$ 和 $N \geqslant 0$ 满足

$$2N(H_i-1)+dH_i<1\quad(i=1,2),$$

Bochner 积分

$$L_H^{(N)}\equiv\int_I\delta^{(N)}(B^{H_1}(t)-B^{H_2}(t))dt\tag{4.28}$$

是一个 Hida 广义泛函.

证明 由定理 4.30, $\delta^{(N)}$ 的 S-变换为

$$S(\delta^{(N)}(B^{H_1}(t)-B^{H_2}(t)))(\boldsymbol{f})$$

$$=\left(\frac{1}{2\pi(t^{2H_1}+t^{2H_2})}\right)^{\frac{d}{2}}\exp_N\left\{-\frac{\left(\int_{\mathbb{R}}\boldsymbol{f}(s)[(M_-^{H_1}\boldsymbol{I}_{[0,t]})(s)-(M_-^{H_2}\boldsymbol{I}_{[0,t]})(s)]ds\right)^2}{2(t^{2H_1}+t^{2H_2})}\right\}$$

$$\tag{4.29}$$

且是一个可测函数.

为验证有界性条件, 考虑

$$\mid S(\delta^{(N)}(B^{H_1}(t) - B^{H_2}(t)))(z\boldsymbol{f}) \mid \leqslant \left(\frac{1}{2\pi(t^{2H_1} + t^{2H_2})}\right)^{\frac{d}{2}}$$
$$\cdot \exp_N \left\{ C_{4,5,1} \mid z \mid^2 \frac{t^2}{t^{2H_1} + t^{2H_2}} \parallel \boldsymbol{f} \parallel^2 \right\}.$$

由估计式

$$\exp_N \left\{ C_{4,5,1} \mid z \mid^2 \frac{t^2}{t^{2H_1} + t^{2H_2}} \parallel \boldsymbol{f} \parallel^2 \right\} \leqslant \left(\frac{t^2}{t^{2H_1} + t^{2H_2}}\right)^N \exp\{C_{4,5,1} \mid z \mid^2 \parallel \boldsymbol{f} \parallel^2\},$$

可见

$$\mid S(\delta^{(N)}(B^{H_1}(t) - B^{H_2}(t)))(z\boldsymbol{f}) \mid \leqslant \left(\frac{1}{2\pi}\right)^{\frac{d}{2}} \frac{t^{2N}}{(t^{2H_1} + t^{2H_2})^{\frac{d}{2}+N}}$$
$$\cdot \exp\{C_{4,5,1} \mid z \mid^2 \parallel \boldsymbol{f} \parallel^2\}.$$

当 $2N(H_i - 1) + dH_i < 1, i = 1, 2$ 时, $\dfrac{t^{2N}}{(t^{2H_1} + t^{2H_2})^{\frac{d}{2}+N}}$ 在 I 上可积. 证毕. □

定理 4.32 假设 $H_1, H_2 \in (0, 1)$, 每个正整数 $d \geqslant 1$ 和 $N \geqslant 0$ 满足 $2N(H_i - 1) + dH_i < 1(i = 1, 2)$. 对于 $\boldsymbol{n} \in \mathbb{N}^d$ 且 $n \geqslant N$, $L_H^{(N)}$ 的核函数是

$$\boldsymbol{G}_{\boldsymbol{m},\boldsymbol{k}}(u_1, \cdots, u_m, v_1, \cdots, v_k)$$
$$= (-1)^k \left(\frac{1}{2\pi}\right)^{\frac{d}{2}} \left(-\frac{1}{2}\right)^{\frac{m+k}{2}} \frac{1}{(\frac{m+k}{2})!} \frac{(\boldsymbol{m} + \boldsymbol{k})!}{\boldsymbol{m}!\boldsymbol{k}!}$$
$$\cdot \int_I \left(\frac{1}{t^{2H_1} + t^{2H_2}}\right)^{\frac{d+m+k}{2}} \prod_{i=1}^m (M_-^{H_1} \boldsymbol{I}_{[0,t]})(u_i) \prod_{j=1}^k (M_-^{H_2} \boldsymbol{I}_{[0,t]})(v_j) dt, \qquad (4.30)$$

其余情形下的核函数 $\boldsymbol{G}_{\boldsymbol{m},\boldsymbol{k}}$ 为 0.

证明 由推论 2.15 知截断局部时 $L_H^{(N)}$ 的 S-变换在 (4.29) 上两端进行积分得到.

故, 给定 $\boldsymbol{f} = (f_1, \cdots, f_d) \in \mathcal{S}_d(\mathbb{R})$, 就有

$$SL_H^{(N)}(\boldsymbol{f}) = \left(\frac{1}{\pi}\right)^{\frac{d}{2}} \int_I \sum_{n \geqslant N}$$
$$\cdot \left\{ (-1)^n \left(\frac{1}{2(t^{2H_1} + t^{2H_2})}\right)^{n+\frac{d}{2}} \right\} \sum_{n_1, \cdots, n_d} \frac{1}{n_1! \cdots n_d!}$$

$$\cdot \prod_{i=1}^{d} \sum_{m_i+k_i=2n_i} \frac{(m_i+k_i)!}{m_i!k_i!} \left(\int_{\mathbb{R}} f_i(s)(M_-^{H_1} \boldsymbol{I}_{[0,t]})(s)ds \right)^{m_i}$$

$$\cdot \left(\int_{\mathbb{R}} f_i(s)(M_-^{H_2} \boldsymbol{I}_{[0,t]})(s)ds \right)^{k_i} dt$$

$$= \left(\frac{1}{\pi} \right)^{\frac{d}{2}} \int_I \sum_{n \geqslant N} \sum_{n_1, \cdots, n_d} \sum_{m_i+k_i=2n_i}$$

$$\cdot \left\{ \prod_{i=1}^{d} (-1)^{\frac{m_i+k_i}{2}} \left(\frac{1}{2(t^{2H_1}+t^{2H_2})} \right)^{\frac{1}{2}+\frac{m_i+k_i}{2}} \frac{1}{\frac{m_i+k_i}{2}!} \right\}$$

$$\cdot \left\{ \prod_{i=1}^{d} (-1)^{k_i} \frac{(m_i+k_i)!}{m_i!k_i!} \left(\int_{\mathbb{R}} f_i(s)(M_-^{H_1} \boldsymbol{I}_{[0,t]})(s)ds \right)^{m_i} \right.$$

$$\left. \cdot \left(\int_{\mathbb{R}} f_i(s)(M_-^{H_2} \boldsymbol{I}_{[0,t]})(s)ds \right)^{k_i} \right\}.$$

证毕. □

定理 4.33 假设 $H_1, H_2 \in (0,1)$, 每个正整数 $d \geqslant 1$ 和 $N \geqslant 0$ 满足

$$2N(H_i-1)+dH_i < 1 (i=1,2).$$

当 ε 趋于 0 时, 截断局部时 $L_{H,\varepsilon}^{(N)}$ 在 $(\mathcal{S})^*$ 中强收敛于截断局部时 $L_H^{(N)}$.

证明 因 $L_{H,\varepsilon}^{(N)}$ 的 S-变换为

$$SL_{H,\varepsilon}^{(N)}(\boldsymbol{f}) = \int_I \left(\frac{1}{2\pi(\varepsilon+t^{2H_1}+t^{2H_2})} \right)^{\frac{d}{2}}$$

$$\cdot \exp_N \left\{ -\frac{\left(\int_{\mathbb{R}} \boldsymbol{f}(s)[(M_-^{H_1} \boldsymbol{I}_{[0,t]})(s) - (M_-^{H_2} \boldsymbol{I}_{[0,t]})(s)]ds \right)^2}{2(\varepsilon+t^{2H_1}+t^{2H_2})} \right\} dt.$$

同时, 注意到 $L_{H,\varepsilon}^{(N)}$ 是一个 Hida 广义泛函. 事实上,

$$| S(p_\varepsilon^{(N)}(B^{H_1}(t)-B^{H_2}(t)))(z\boldsymbol{f}) |$$

$$\leqslant \left(\frac{1}{2\pi(\varepsilon+t_1^{2H_1}+t^{2H_2})} \right)^{\frac{d}{2}}$$

$$\cdot \exp_N \left\{ |z|^2 \frac{\left(\int_{\mathbb{R}} \boldsymbol{f}(s)[(M_-^{H_1} \boldsymbol{I}_{[0,t]})(s) - (M_-^{H_2} \boldsymbol{I}_{[0,t]})(s)]ds\right)^2}{2(\varepsilon + t^{2H_1} + t^{2H_2})} \right\}$$

$$\leqslant \left(\frac{1}{2\pi}\right)^{\frac{d}{2}} \frac{t^N}{(t^{2H_1} + t^{2H_2})^{\frac{d}{2}+N}} \exp\{C_{4,5,1} |z|^2 \|\boldsymbol{f}\|^2\}.$$

故 $L_{H,\varepsilon}^{(N)}$ 是一个 Hida 广义泛函. 对每个复数 z 和 $\boldsymbol{f} \in \mathcal{S}_d(\mathbb{R})$, 有

$$|SL_{H,\varepsilon}^{(N)}(z\boldsymbol{f})| \leqslant \left(\frac{1}{2\pi}\right)^{\frac{d}{2}} \int_I \frac{t^N}{(t^{2H_1} + t^{2H_2})^{\frac{d}{2}+N}} \exp\{C_{4,5,1} |z|^2 \|\boldsymbol{f}\|^2\}dt$$

$$= \left(\frac{1}{2\pi}\right)^{\frac{d}{2}} \exp\{C_{4,5,1} |z|^2 \|\boldsymbol{f}\|^2\} \int_I \frac{t^N}{(t^{2H_1} + t^{2H_2})^{\frac{d}{2}+N}}dt.$$

另一方面, 由推论 2.15 和定理 4.31 知

$$SL_H^{(N)}(\boldsymbol{f}) = \int_I \left(\frac{1}{2\pi(t^{2H_1} + t^{2H_2})}\right)^{\frac{d}{2}}$$

$$\cdot \exp_N \left\{ -\frac{\left(\int_{\mathbb{R}} \boldsymbol{f}(s)[(M_-^{H_1} \boldsymbol{I}_{[0,t]})(s) - (M_-^{H_2} \boldsymbol{I}_{[0,t]})(s)]ds\right)^2}{2(t^{2H_1} + t^{2H_2})} \right\} dt.$$

在上面不等式中取 $z = 1$ 且由控制收敛准则知, 当 ε 趋于 0 时, $SL_{H,\varepsilon}^{(N)}(\boldsymbol{f})$ 收敛到 $SL_H^{(N)}(\boldsymbol{f})$. 由推论 2.14, 可得所要收敛结果. 证毕. □

定理 4.34 设 $H_1, H_2 \in (0,1)$ 满足 $\min\{H_1, H_2\} < \frac{1}{2d}$ 和 $\max\{H_1, H_2\} < \frac{1}{2}$, 当 ε 趋于 0 时, $L_{H,\varepsilon}$ 在 (L^2) 中收敛到 L_H.

证明 由定理 4.29 和定理 4.32, 只需分别考虑 $L_{H,\varepsilon}$ 和 L_H 的混沌分解即可. 由文献 (Oliveira et al., 2011) 可以得到

$$I_1 \equiv \sum_m \sum_k \boldsymbol{m}!\boldsymbol{k}! |\boldsymbol{G}_{\boldsymbol{m},\boldsymbol{k},\varepsilon}|^2_{(L^2(\mathbb{R}))^{\otimes(m+n)}}$$

$$= \sum_m \sum_k \boldsymbol{m}!\boldsymbol{k}! \left(\frac{1}{2\pi}\right)^d \frac{(-1)^{m+3k}}{\left(\frac{\boldsymbol{m}+\boldsymbol{k}}{2}!\right)^2} \left(\frac{1}{2}\right)^{m+k} \left(\frac{(\boldsymbol{m}+\boldsymbol{k})!}{\boldsymbol{m}!\boldsymbol{k}!}\right)^2$$

$$\cdot \int_0^T \int_0^T \prod_{j=1}^d \left(\frac{1}{(\varepsilon + t^{2H_1} + t^{2H_2})(\varepsilon + t'^{2H_1} + t'^{2H_2})}\right)^{\frac{m_j+k_j+1}{2}}$$

$$\cdot \langle M_-^{H_1} \boldsymbol{I}_{[0,t]}, M_-^{H_1} \boldsymbol{I}_{[0,t']}\rangle^{m_j} \langle M_-^{H_2} \boldsymbol{I}_{[0,t]}, M_-^{H_2} \boldsymbol{I}_{[0,t']}\rangle^{k_j} dtdt'.$$

用相同的方法 (Wang et al., 2011; Oliveiraet al., 2011) 知

$$I_1 = \left(\frac{1}{2\pi}\right)^d \int_0^T \int_0^T \left((\varepsilon + t^{2H_1} + t^{2H_2})(\varepsilon + t'^{2H_1} + t'^{2H_2}) \right.$$
$$\left. - \frac{1}{4}(t^{2H_1} + t'^{2H_1} - |t-t'|^{2H_1} + t^{2H_2} + t'^{2H_2} - |t-t'|^{2H_2})^2 \right)^{-\frac{d}{2}} dt dt'.$$

当 ε 趋于 0 时, $G_{m,k,\varepsilon}$ 趋于 $G_{m,k}$.

用类似的方法 (Jiang and Wang, 2007; Wang et al., 2011; Oliveira et al., 2011) 可得

$$I_2 = \left(\frac{1}{2\pi}\right)^d \int_0^T \int_0^T \left((t^{2H_1} + t^{2H_2})(t'^{2H_1} + t'^{2H_2}) \right.$$
$$\left. - \frac{1}{4}(t^{2H_1} + t'^{2H_1} - |t-t'|^{2H_1} + t^{2H_2} + t'^{2H_2} - |t-t'|^{2H_2})^2 \right)^{-\frac{d}{2}} dt dt'$$
$$= \left(\frac{1}{2\pi}\right)^d \int_0^T \int_0^T (a_t a_{t'} - \rho_{t,t'}^2)^{-\frac{d}{2}} dt dt',$$

其中

$$a_t = t^{2H_1} + t^{2H_2}, \quad a_{t'} = t'^{2H_1} + t'^{2H_2},$$
$$\rho_{t,t'} = \frac{1}{2}\left(t^{2H_1} + t'^{2H_1} - |t-t'|^{2H_1} + t^{2H_2} + t'^{2H_2} - |t-t'|^{2H_2}\right).$$

设 $t' \leqslant t$ 和 $t' = xt$, 其中 $0 \leqslant t, t' \leqslant T, x \in [0,1]$ 及设

$$a_{x,t} = x^{2H_1} t^{2H_1} + x^{2H_2} t^{2H_2},$$

$$\widetilde{\rho}_{x,t} = \frac{1}{2}(t^{2H_1} + x^{2H_1} t^{2H_1} - |1-x|^{2H_1} t^{2H_1} + t^{2H_2} + x^{2H_2} t^{2H_2} - |1-x|^{2H_2} t^{2H_2}).$$

则

$$a_t a_{t'} - \rho_{t',t}^2 = a_t a_{x,t} - \widetilde{\rho}_{x,t}^2$$
$$= \frac{1}{4}[t^{4H_1} f(x, H_1) + t^{4H_2} f(x, H_2) + t^{2H_1+2H_2} g(x, H_1, H_2)],$$

其中

$$f(x, H) = 4x^{2H} + 2(1 + x^{2H})(1-x)^{2H} - (1 + x^{2H})^2 - (1-x)^{4H},$$

$$g(x, H_1, H_2) = 4x^{2H_1} + 4x^{2H_2} - 2[(1 + x^{2H_1}) - (1-x)^{2H_1}][(1 + x^{2H_2}) - (1-x)^{2H_2}].$$

故当 $\max\{H_1, H_2\} < \dfrac{1}{2}$ 时, 就有

$$a_t a_{x,t} - \widetilde{\rho}_{x,t}^2 \geqslant \frac{1}{2}(x^{2H_1}t^{2H_1} + x^{2H_2}t^{2H_2})[(1-x)^{2H_1}t^{2H_1} + (1-x)^{2H_2}t^{2H_2}].$$

因此, 当 $\min\{H_1, H_2\} < \dfrac{1}{2d}$ 及 $\max\{H_1, H_2\} < \dfrac{1}{2}$ 时, 有

$$\begin{aligned}
I_2 &\leqslant \left(\frac{1}{2\pi}\right)^d \int_0^T \int_0^1 \left\{ \frac{1}{2}(x^{2H_1}t^{2H_1} + x^{2H_2}t^{2H_2}) \right. \\
&\qquad \left. \cdot [(1-x)^{2H_1}t^{2H_1} + (1-x)^{2H_2}t^{2H_2}] \right\}^{-\frac{d}{2}} dx dt \\
&\leqslant (2^{\frac{3}{2}}\pi)^{-d} \int_0^T \int_0^1 [x^{-\min\{H_1,H_2\}} t^{-\min\{H_1,H_2\}} \\
&\qquad \cdot (1-x)^{-\min\{H_1,H_2\}} t^{-\min\{H_1,H_2\}}]^d dx dt \\
&= (2^{\frac{3}{2}}\pi)^{-d} \int_0^T \int_0^1 [(x(1-x))^{-\min\{H_1,H_2\}} t^{-2\min\{H_1,H_2\}}]^d dx dt \\
&< +\infty.
\end{aligned}$$

证毕. □

4.6 多分数布朗运动的碰撞局部时

4.6.1 多分数布朗运动的碰撞局部时的存在性

这一小节主要研究两个相互独立的多分数布朗运动 $B^{H_i(t)} = \{B^{H_i}(t), t \geqslant 0\}(i = 1, 2)$ 的碰撞局部时. 一般可定义为如下形式:

$$L_T = \int_0^T \delta(B^{H_1(t)}(t) - B^{H_2(t)}(t))dt. \tag{4.31}$$

对任意的 $\varepsilon > 0$, 定义

$$L_{T,\varepsilon} = \int_0^T p_\varepsilon(B^{H_1(t)}(t) - B^{H_2(t)}(t))dt. \tag{4.32}$$

引理 4.35 设 $H(t) : [0, \infty) \to [a, b] \subset (0, 1)$ 是一个 Hölder 连续函数且给定 $f \in \mathcal{S}_1(\mathbb{R})$. 则存在依赖于 t 的常数 $C_{4,6,1}$ 满足

$$\left| \int_{\mathbb{R}} f(x)(M_-^{H(t)} \boldsymbol{I}_{[0,t]})(x)dx \right| \leqslant C_{4,6,1} t \| f \|, \tag{4.33}$$

这里 $\| f \| \equiv \sup_{x \in \mathbb{R}} | f(x) | + \sup_{x \in \mathbb{R}} | f'(x) | + | f |$.

证明   使用文献 (Drumond et al., 2008; Bender, 2003) 中的方法来证明该引理.

因为 $M_-^{H(t)}$ 和 $M_+^{H(t)}$ 是对偶算子, 所以

$$\int_{\mathbb{R}} f(x)(M_-^{H(t)}\boldsymbol{I}_{[0,t]})(x)dx = \int_0^t (M_+^{H(t)}f)(x)dx.$$

当 $0 < H(t) < \dfrac{1}{2}$ 时, 可得

$$\max_{x\in\mathbb{R}} \mid (M_+^{H(t)}f)(x) \mid \leqslant \frac{\left(\dfrac{1}{2} - H(t)\right) K_{H(t)}}{\Gamma\left(H(t) + \frac{1}{2}\right)}$$

$$\times \left\{ \frac{1}{H(t) + \dfrac{1}{2}} \max_{x\in\mathbb{R}} \mid f'(x) \mid \frac{2}{\dfrac{1}{2} - H(t)} \max_{x\in\mathbb{R}} \mid f(x) \mid \right\}.$$

当 $\dfrac{1}{2} < H(t) < 1$ 时, 有

$$\max_{x\in\mathbb{R}} \mid (M_+^{H(t)}f)(x) \mid \leqslant \frac{2K_{H(t)}}{\Gamma\left(H(t) + \dfrac{1}{2}\right)} \{\max_{x\in\mathbb{R}} \mid f(x) \mid + \mid f \mid\}.$$

因此

$$\max_{x\in\mathbb{R}} \mid (M_+^{H(t)}f)(x) \mid \leqslant 2 \left\{ \int_0^\infty ((1+s)^{H(t)-\frac{1}{2}} - s^{H(t)-\frac{1}{2}})^2 ds + \frac{1}{2H(t)} \right\}^{-\frac{1}{2}} \parallel f \parallel.$$

由于当 $x > 0$ 时, $\Gamma(x)$ 是一个连续函数, 故 $\Gamma\left(H(t) + \dfrac{1}{2}\right)$ 在区间 $\left[a + \dfrac{1}{2}, b + \dfrac{1}{2}\right]$ 内有界, 即存在常数 $C_{4,6,2}$ 及 $C_{4,6,3}$ 满足

$$C_{4,6,2} \leqslant \Gamma\left(H(t) + \frac{1}{2}\right) \leqslant C_{4,6,3}.$$

又因为由如下形式给出的

$$g : (0,1) \to \mathbb{R}^+,$$

即

$$g(x) = \left[\Gamma\left(x + \frac{1}{2}\right)\right]^{-2} \left\{ \int_{-\infty}^1 [(1-s)^{x-\frac{1}{2}} - (-s)^{x-\frac{1}{2}}]^2 ds + \frac{1}{2x} \right\}$$

是一个连续函数 (Boufoussi et al., 2010), 故存在常数 $C_{4,6,4}$ 和 $C_{4,6,5}$ 使得

$$C_{4,6,4} \leqslant g(H(t)) \leqslant C_{4,6,5},$$

这里 $C_{4,6,4} = \min_{u \in [s,t]} g(u)$ 和 $C_{4,6,5} = \max_{u \in [s,t]} g(u)$.

因此

$$\max_{x \in \mathbb{R}} | (M_+^{H(t)} f)(x) | \leqslant C_{4,6,1} \| f \|,$$

其中 $C_{4,6,1} = 2 C_{4,6,2}^{-1} C_{4,6,4}^{-\frac{1}{2}}$. 证毕. □

引理 4.35 在证明多分数布朗运动的碰撞局部时是一个 Hida 广义泛函时起了非常重要的作用. 使用该引理及文献 (Wang et al., 2011) 和 (Oliveira et al., 2011) 中的方法, 可以将文献 (Wang et al., 2011) 和 (Oliveira et al., 2011) 中的一些重要的结果 (如文献 (Wang et al., 2011) 中定理 4 和定理 7 或 (Oliveira et al., 2011) 中命题 5) 推广到多分数布朗运动情形下.

定理 4.36 设 $H(t) : [0, \infty) \to [a, b] \subset (0, 1)$ 是一个 Hölder 连续函数, 则 Bochner 积分

$$\delta(B^{H_1(t)}(t) - B^{H_2(t)}(t)) \equiv \left(\frac{1}{2\pi} \right)^d \int_{\mathbb{R}^d} \exp\{i\lambda(B^{H_1(t)} - B^{H_2(t)})\} d\lambda \qquad (4.34)$$

是一个 Hida 广义泛函. 并且对所有的 $\boldsymbol{f} \in \boldsymbol{S}_d(\mathbb{R})$, 上述 Bochner 积分的 S-变换为

$$
\begin{aligned}
&S(\delta(B^{H_1(t)}(t) - B^{H_2(t)}(t)))(\boldsymbol{f}) \\
&\equiv \left(\frac{1}{2\pi(t^{2H_1(t)} + t^{2H_2(t)})} \right)^{\frac{d}{2}} \\
&\quad \cdot \exp\left\{ -\frac{\left(\int_{\mathbb{R}} \boldsymbol{f}(s)[(M_-^{H_1(t)} \boldsymbol{I}_{[0,t]})(s) - (M_-^{H_2(t)} \boldsymbol{I}_{[0,t]})(s)] ds \right)^2}{2(t^{2H_1(t)} + t^{2H_2(t)})} \right\}.
\end{aligned}
$$

证明 只要验证 (4.34) 式中的被积函数的 S-变换满足推论 2.15 即可. 由已知条件可积性显然. 接下来证明有界性条件.

事实上, 因为 $B^{H_1(t)}(t)$ 和 $B^{H_2(t)}(t)$ 是两个相互独立的多分数布朗运动, 所以

$$Se^{i\lambda(B^{H_1(t)}(t)-B^{H_2(t)}(t))}(\boldsymbol{f})$$

$$= E(e^{i\lambda\langle\boldsymbol{w}_1+\boldsymbol{f},M_-^{H_1(t)}\boldsymbol{I}_{[0,t]}\rangle})E(e^{-i\lambda\langle\boldsymbol{w}_2+\boldsymbol{f},M_-^{H_2(t)}\boldsymbol{I}_{[0,t]}\rangle})$$

$$= \exp\left\{-\frac{1}{2}|\lambda|^2(t^{2H_1(t)}+t^{2H_2(t)})\right\}$$

$$\cdot\exp\left\{i\lambda\left(\int_{\mathbb{R}}\boldsymbol{f}(s)[(M_-^{H_1(t)}\boldsymbol{I}_{[0,t]})(s)-(M_-^{H_2(t)}\boldsymbol{I}_{[0,t]})(s)]ds\right)\right\}.$$

从而

$$|Se^{i\lambda(B^{H_1(t)}(t)-B^{H_2(t)})(t)}(z\boldsymbol{f})|$$

$$\leqslant \exp\left\{-\frac{1}{4}|\lambda|^2(t^{2H_1(t)}+t^{2H_2(t)})\right\}\exp\left\{-\frac{1}{4}|\lambda|^2(t^{2H_1(t)}+t^{2H_2(t)})+|z||\lambda|\right.$$

$$\left.\cdot\left|\int_{\mathbb{R}}\boldsymbol{f}(s)[(M_-^{H_1(t)}\boldsymbol{I}_{[0,t]})(s)-(M_-^{H_2(t)}\boldsymbol{I}_{[0,t]})(s)]ds\right|\right\},$$

因为

$$-\frac{1}{4}|\lambda|^2(t^{2H_1(t)}+t^{2H_2(t)})+\left|z||\lambda||\int_{\mathbb{R}}\boldsymbol{f}(s)[(M_-^{H_1(t)}\boldsymbol{I}_{[0,t]})(s)\right.$$

$$\left.-(M_-^{H_2(t)}\boldsymbol{I}_{[0,t]})(s)]ds\right|$$

$$= -\left(\frac{|z|}{(t^{2H_1(t)}+t^{2H_2(t)})^{\frac{1}{2}}}\left|\int_{\mathbb{R}}\boldsymbol{f}(s)[(M_-^{H_1(t)}\boldsymbol{I}_{[0,t]})(s)\right.\right.$$

$$\left.\left.-(M_-^{H_2(t)}\boldsymbol{I}_{[0,t]})(s)]ds\right|-\frac{|\lambda|}{2}(t^{2H_1(t)}+t^{2H_2(t)})^{\frac{1}{2}}\right)^2$$

$$+\frac{|z|^2}{t^{2H_1(t)}+t^{2H_2(t)}}\left|\int_{\mathbb{R}}\boldsymbol{f}(s)[(M_-^{H_1(t)}\boldsymbol{I}_{[0,t]})(s)-(M_-^{H_2(t)}\boldsymbol{I}_{[0,t]})(s)]ds\right|^2,$$

其中上式最后一项中的指数部分的界为

$$\exp\left\{\frac{|z|^2}{t^{2H_1(t)}+t^{2H_2(t)}}\left|\int_{\mathbb{R}}\boldsymbol{f}(s)[(M_-^{H_1(t)}\boldsymbol{I}_{[0,t]})(s)-(M_-^{H_2}\boldsymbol{I}_{[0,t]})(s)]ds\right|^2\right\}.$$

为了说明有界性条件, 同样需要考虑定义在 $\mathcal{S}_d(\mathbb{R})$ 上的范数

$$\|\boldsymbol{f}\|\equiv\left(\sum_{i=1}^d(\sup_{x\in\mathbb{R}}|f_i(x)|+\sup_{x\in\mathbb{R}}|f_i'(x)|+|f_i|)^2\right)^{\frac{1}{2}},\quad \boldsymbol{f}=(f_1,\cdots,f_d)\in\mathcal{S}_d(\mathbb{R}).$$

因此

$$| Se^{i\lambda(B^{H_1(t)}(t) - B^{H_2(t)}(t))}(z\boldsymbol{f}) |$$

$$\leqslant \exp\left\{-\frac{1}{4}|\lambda|^2(t^{2H_1(t)} + t^{2H_2(t)})\right\}$$

$$\cdot \exp\left\{\frac{|z|^2}{t^{2H_1(t)} + t^{2H_2(t)}}\left|\int_{\mathbb{R}} \boldsymbol{f}(s)[(M_-^{H_1(t)}\boldsymbol{I}_{[0,t]})(s) - (M_-^{H_2(t)}\boldsymbol{I}_{[0,t]})(s)]ds\right|^2\right\}$$

$$\leqslant \exp\left\{-\frac{1}{4}|\lambda|^2(t^{2H_1(t)} + t^{2H_2(t)})\right\}$$

$$\cdot \exp\left\{\frac{|z|^2}{t^{2H_1(t)} + t^{2H_2(t)}} C_{4,6,6} t^2 \|\boldsymbol{f}\|^2\right\},$$

其中 $C_{4,6,6}$ 是一个常数. 上式最后一项中第一部分作为 λ 的函数在 $\mathbb{R}^d$ 上可积, 且第二部分是常数. 于是, 由推论 2.15 和 S-变换的定义, 可见结论成立. 证毕. $\square$

同分数布朗运动的碰撞局部时一样, 为了保证在高维时局部时的存在性, 同样需要考虑用高斯热核来正则化 (Hu and Nualart, 2007; Oliveira et al., 2011). 另一方面, 由下面的定理可以看出 L_T 与其截断部分 $L_T^{(N)}$ 一样.

定理 4.37 设 $H_i(t) : [0, \infty) \to [a_i, b_i] \subset (0, 1)$ 是一个 Hölder 连续函数以及每个正整数 $d \geqslant 1(i = 1, 2)$, 则两个相互独立的多分数布朗运动 $B^{H_1(t)}$ 和 $B^{H_2(t)}$ 的局部时

$$L_{T,\varepsilon} \equiv \int_0^T p_\varepsilon(B^{H_1(t)}(t) - B^{H_2(t)}(t))dt$$

$$= \int_0^T \left(\frac{1}{2\pi\varepsilon}\right)^{\frac{d}{2}} \exp\left\{-\frac{(B^{H_1(t)}(t) - B^{H_2(t)}(t))^2}{2\varepsilon}\right\} dt$$

是一个 Hida 广义泛函. 对所有的 $\boldsymbol{f} \in \mathcal{S}_d(\mathbb{R}), L_{T,\varepsilon}$ 的 S-变换为

$$SL_{T,\varepsilon}(\boldsymbol{f}) = \int_0^T \left(\frac{1}{2\pi(\varepsilon + t^{2H_1(t)} + t^{2H_2(t)})}\right)^{\frac{d}{2}}$$

$$\cdot \exp\left\{-\frac{(\int_{\mathbb{R}} \boldsymbol{f}(s)[(M_-^{H_1(t)}\boldsymbol{I}_{[0,t]})(s) - (M_-^{H_2(t)}\boldsymbol{I}_{[0,t]})(s)]ds)^2}{2(\varepsilon + t^{2H_1(t)} + t^{2H_2(t)})}\right\} dt. \tag{4.35}$$

进一步, 对每个 $N \geqslant 0$, 当 ε 趋于 0 时, 截断局部时 $L_{T,\varepsilon}^{(N)}$ 在 $(\mathcal{S})^*$ 中强收敛到 $L_T^{(N)}$.

证明 设

$$\Phi_{T,\varepsilon}(\boldsymbol{w}_1, \boldsymbol{w}_2) \equiv \left(\frac{1}{2\pi\varepsilon}\right)^{\frac{d}{2}} \exp\left\{-\frac{(B^{H_1(t)}(t) - B^{H_2(t)}(t))^2}{2\varepsilon}\right\}.$$

由 S-变换的定义可知

$$S\Phi_{T,\varepsilon}(\boldsymbol{f}) = \left(\frac{1}{2\pi(\varepsilon + t^{2H_1(t)} + t^{2H_2(t)})}\right)^{\frac{d}{2}}$$

$$\cdot \exp\left\{-\frac{\left(\int_{\mathbb{R}} \boldsymbol{f}(s)[(M_-^{H_1(t)}\boldsymbol{I}_{[0,t]})(s) - (M_-^{H_2(t)}\boldsymbol{I}_{[0,t]})(s)]ds\right)^2}{2(\varepsilon + t^{2H_1(t)} + t^{2H_2(t)})}\right\}.$$

因此, 对任何复数 z 和 $\boldsymbol{f} \in \mathcal{S}_d(\mathbb{R})$, 均有

$$|S\Phi_{T,\varepsilon}(z\boldsymbol{f})| \leqslant \left(\frac{1}{2\pi(\varepsilon + t^{2H_1(t)} + t^{2H_2(t)})}\right)^{\frac{d}{2}}$$

$$\cdot \exp\left\{\frac{|z|^2 \left|\int_{\mathbb{R}} \boldsymbol{f}(s)[(M_-^{H_1(t)}\boldsymbol{I}_{[0,t]})(s) - (M_-^{H_2(t)}\boldsymbol{I}_{[0,t]})(s)]ds\right|^2}{2(\varepsilon + t^{2H_1(t)} + t^{2H_2(t)})}\right\}.$$

由引理 4.35 可得

$$\left|\int_{\mathbb{R}} \boldsymbol{f}(s)(M_-^{H_1(t)}\boldsymbol{I}_{[0,t]})(s) - \int_{\mathbb{R}} \boldsymbol{f}(s)(M_-^{H_2(t)}\boldsymbol{I}_{[0,t]})(s)ds\right|^2$$

$$\leqslant C_{4,6,6}t^2 \parallel \boldsymbol{f} \parallel^2.$$

因此

$$|S\Phi_{T,\varepsilon}(z\boldsymbol{f})| \leqslant \left(\frac{1}{2\pi(\varepsilon + t^{2H_1(t)} + t^{2H_2(t)})}\right)^{\frac{d}{2}} \exp\left\{\frac{|z|^2 C_{4,6,6}t^2 \parallel \boldsymbol{f} \parallel^2}{2(\varepsilon + t^{2H_1(t)} + t^{2H_2(t)})}\right\}.$$

上面不等式中右端中的第一部分在 $[0,T]$ 上可积且第二部分有界. 故由推论 2.15,
可以证明 $L_{T,\varepsilon}$ 是一个 Hida 广义泛函以及 (4.35) 式成立.

下面证明 $L_{T,\varepsilon}^{(N)}$ 的强收敛性.

由截断指数函数序列的定义, 截断的多分数布朗运动的局部时可定义为

$$L_T^{(N)} \equiv \int_0^T \delta^{(N)}(B^{H_1(t)}(t) - B^{H_2(t)}(t))dt,$$

其中 $\delta^{(N)}$ 表示 δ 的截断部分. 通常用

$$p_\varepsilon^{(N)}(x) = \frac{1}{\sqrt{2\pi\varepsilon}} \exp_N\left\{-\frac{x^2}{2\varepsilon}\right\}$$

来逼近 $\delta^{(N)}$.

计算 $L_{T,\varepsilon}^{(N)}$ 的 S-变换如下:

$$SL_{T,\varepsilon}^{(N)}(\boldsymbol{f}) = \int_0^T \left(\frac{1}{2\pi(\varepsilon + t^{2H_1(t)} + t^{2H_2(t)})}\right)^{\frac{d}{2}}$$

$$\cdot \exp_N\left\{-\frac{\left(\int_{\mathbb{R}} \boldsymbol{f}(s)[(M_-^{H_1(t)}\boldsymbol{I}_{[0,t]})(s) - (M_-^{H_2(t)}\boldsymbol{I}_{[0,t]})(s)]ds\right)^2}{2(\varepsilon + t^{2H_1(t)} + t^{2H_2(t)})}\right\}dt.$$

注意到 $L_{T,\varepsilon}^{(N)}$ 是一个 Hida 广义泛函.

事实上

$$|S(p_\varepsilon^{(N)}(B^{H_1(t)}(t) - B^{H_2(t)}(t)))(z\boldsymbol{f})|$$

$$\leqslant \left(\frac{1}{2\pi(\varepsilon + t^{2H_1(t)} + t^{2H_2(t)})}\right)^{\frac{d}{2}}$$

$$\cdot \exp_N\left\{|z|^2 \frac{\left(\int_{\mathbb{R}} \boldsymbol{f}(s)[(M_-^{H_1(t)}\boldsymbol{I}_{[0,t]})(s) - (M_-^{H_2(t)}\boldsymbol{I}_{[0,t]})(s)]ds\right)^2}{2(\varepsilon + t^{2H_1(t)} + t^{2H_2(t)})}\right\}$$

$$\leqslant \left(\frac{1}{2\pi}\right)^{\frac{d}{2}} \frac{t^N}{(t^{2H_1(t)} + t^{2H_2(t)})^{\frac{d}{2}+N}} \exp\{C_{4,6,7}|z|^2\|\boldsymbol{f}\|^2\}.$$

对每个复数 z 和 $\boldsymbol{f} \in \mathcal{S}_d(\mathbb{R})$, 都有

$$|SL_{T,\varepsilon}^{(N)}(z\boldsymbol{f})| \leqslant \left(\frac{1}{2\pi}\right)^{\frac{d}{2}} \int_0^T \frac{t^N}{(t^{2H_1(t)} + t^{2H_2(t)})^{\frac{d}{2}+N}} \exp\{C_{4,6,7}|z|^2\|\boldsymbol{f}\|^2\}dt$$

$$\leqslant \left(\frac{1}{2\pi}\right)^{\frac{d}{2}} \exp\{C_{4,6,7}|z|^2\|\boldsymbol{f}\|^2\} \int_0^T \frac{t^N}{(t^{2H_1(t)} + t^{2H_2(t)})^{\frac{d}{2}+N}}dt,$$

其中 $C_{4,6,7}$ 为 $[a,b]$ 上的一个常数.

另一方面, 有

$$SL_T^{(N)}(\boldsymbol{f}) = \int_0^T \left(\frac{1}{2\pi(t^{2H_1(t)} + t^{2H_2(t)})}\right)^{\frac{d}{2}}$$

$$\cdot \exp_N\left\{-\frac{\left(\int_{\mathbb{R}} \boldsymbol{f}(s)[(M_-^{H_1(t)}\boldsymbol{I}_{[0,t]})(s) - (M_-^{H_2(t)}\boldsymbol{I}_{[0,t]})(s)]ds\right)^2}{2(t^{2H_1(t)} + t^{2H_2(t)})}\right\}dt.$$

由控制收敛定理知, 当 ε 趋于 0 时,$SL_{T,\varepsilon}^{(N)}(\boldsymbol{f})$ 收敛到 $SL_T^{(N)}(\boldsymbol{f})$. 再次使用推论 2.14, 就可得需要的收敛性 (也可参考文献 (Oliveira et al., 2011) 中定理 12 的证明过程). 证毕. □

使用多分数布朗运动的局部非确定性 (Boufoussi et al., 2006) 并使用 (Jiang and Wang 2007) 和 (Yan and Shen 2010) 中的方法, 多分数布朗运动的局部时在空间 L^2 中存在.

引理 4.38 (Boufoussi et al., 2006)　*对任何的整数 $m \geqslant 1$, 存在 $\delta > 0$ 和 $M_m > 0$ 使得*

$$E[B^{H(t)}(t) - B^{H(s)}(s)]^m \geqslant M_m \mid t - s \mid^{m(H(t) \wedge H(s))},$$

对所有满足 $\mid t - s \mid < \delta$ 的 s, t 上式成立.

定理 4.39　*设 $H_i(t) : [0, \infty) \to [a_i, b_i] \subset (0, 1), i = 1, 2$, 是一个 Hölder 连续函数. 则当 ε 趋于 0 时, $L_{T,\varepsilon}$ 在空间 L^2 中收敛. 而且, 若记此极限为 L_T, 则 $L_T \in L^2$.*

证明　首先证明对任意的 $\varepsilon > 0$, $L_{T,\varepsilon} \in L^2$.

事实上, 直接计算

$$E[L_{T,\varepsilon}^2] = \frac{1}{4\pi^2} \int_0^T \int_0^T \int_{\mathbb{R}^2} E[\exp\{i\xi(B_t^{H_1(t)} - B_t^{H_2(t)}) + i\eta(B_s^{H_1(s)} - B_s^{H_2(s)})\}]$$
$$\cdot \exp\left\{-\frac{\varepsilon(\xi^2 + \eta^2)}{2}\right\} d\xi d\eta ds dt$$
$$= \frac{1}{4\pi^2} \int_0^T \int_0^T \int_{\mathbb{R}^2} \exp\left\{-\frac{1}{2}\sigma_{s,t}^2\right\} \exp\left\{-\frac{\varepsilon(\xi^2 + \eta^2)}{2}\right\} d\xi d\eta ds dt,$$

其中 $\sigma_{s,t}^2 = \mathrm{Var}(\xi(B_t^{H_1(t)} - B_t^{H_2(t)}) + \eta(B_s^{H_1(s)} - B_s^{H_2(s)}))$. 由多分数布朗运动的局部非确定性和引理 4.38 知

$$\sigma_{s,t}^2 \geqslant C_{4,6,8}[\xi^2(t-s)^{2(H_1(t) \wedge H_1(s))} + (\xi + \eta)^2 s^{2H_1(s)}$$
$$+ \xi^2(t-s)^{2(H_2(t) \wedge H_2(s))} + (\xi + \eta)^2 s^{2H_2(s)}],$$

这里 $C_{4,6,8}$ 是一个常数. 因此

$$E[L_{T,\varepsilon}^2]$$
$$\leqslant \frac{1}{4\pi^2} \int_0^T \int_0^T \int_{\mathbb{R}^2} \exp\left\{-\frac{C_{4,6,8}}{2}[\xi^2(t-s)^{2(H_1(t) \wedge H_1(s))} + (\xi + \eta)^2 s^{2H_1(s)}\right.$$
$$\left. + \xi^2(t-s)^{2(H_2(t) \wedge H_2(s))} + (\xi + \eta)^2 s^{2H_2(s)}]\right\} d\xi d\eta ds dt$$

$$= C_{4,6,9} \int_0^T \int_0^T [((t-s)^{2(H_1(t) \wedge H_1(s))}$$

$$+ (t-s)^{2(H_2(t) \wedge H_2(s))})(s^{2H_1(s)} + s^{2H_2(s)})]^{-\frac{1}{2}} ds dt$$

$$\leqslant C_{4,6,9} \int_0^T \int_0^T (t-s)^{-\frac{1}{2}(H_1(t) \wedge H_1(s) + H_2(t) \wedge H_2(s))} s^{-\frac{1}{2}(H_1(s) + H_2(s))} ds dt$$

$$< \infty,$$

这就意味着 $L_{T,\varepsilon}^2 \in L^2$.

其次说明 $\{L_{T,\varepsilon}\}$ 是 L^2 中的柯西序列. 对任意的 $\varepsilon, \theta > 0$, 有

$$E[|L_{T,\varepsilon} - L_{T,\theta}|^2]$$

$$= \frac{1}{4\pi^2} \int_0^T \int_0^T \int_{\mathbb{R}^2} E[\exp\{i\xi(B_t^{H_1(t)} - B_t^{H_2(t)}) + i\eta(B_s^{H_1(s)} - B_s^{H_2(s)})\}]$$

$$\cdot (e^{-\frac{\varepsilon}{2}\xi^2} - e^{-\frac{\theta}{2}\xi^2})(e^{-\frac{\varepsilon}{2}\eta^2} - e^{-\frac{\theta}{2}\eta^2}) d\xi d\eta ds dt$$

$$= \frac{1}{4\pi^2} \int_0^T \int_0^T \int_{\mathbb{R}^2} \exp\left\{-\frac{1}{2}\sigma_{s,t}^2\right\} \left(1 - \exp\left\{-\frac{|\varepsilon - \theta||\xi|^2}{2}\right\}\right)$$

$$\cdot \left(1 - \exp\left\{-\frac{|\varepsilon - \theta||\eta|}{2}\right\}\right) \exp\left\{-\frac{\varepsilon \wedge \theta}{2}(\xi^2 + \eta^2)\right\} d\xi d\eta ds dt.$$

由控制收敛定理知道, 当 ε 趋于 0 时,

$$E[|L_{T,\varepsilon} - L_{T,\theta}|^2] \to 0,$$

这意味着 $L_{T,\varepsilon}$ 是 L^2 中的柯西序列, 即 $\lim_{\varepsilon \to 0} L_{T,\varepsilon}$ 存在. 因此 $L_T = \lim_{\varepsilon \to 0} L_{T,\varepsilon} \in L^2$. 证毕. □

4.6.2 多分数布朗运动的碰撞局部时的正则性

下面研究多分数布朗运动的局部时的正则性. 定理 4.40 和定理 4.41 的主要思路分别来源于文献 (Jiang and Wang, 2007) 中的定理 4.1 和文献 (Yan et al., 2009) 中的定理 3.2(或者也可以参看文献 (Yan and Shen, 2010) 中的定理 4.1).

定理 4.40 设 $H_i(t) : [0, \infty) \to [a_i, b_i] \subset (0, 1)$, $i = 1, 2$, 是一个 Hölder 连续函数, 则多分数布朗运动的碰撞局部时 L_t 是一个 Hölder 连续函数且阶数为

$$1 - \max_{u \in (s,t)} \{H_1(u), H_2(u)\},$$

即, 存在常数 $C_{4,6,10}$ 使得

$$E[|L_t - L_s|] \leqslant C_{4,6,10} |t - s|^{1 - \max_{u \in (s,t)} \{H_1(u), H_2(u)\}}.$$

证明　设

$$L_t = \int_0^t \delta(B_u^{H_1(u)} - B_u^{H_2(u)})du$$

和

$$L_{t,\varepsilon} = \int_0^t p_\varepsilon(B_u^{H_1(u)} - B_u^{H_2(u)})du,$$

这里 p_ε 是标准正态分布的密度函数.

考虑

$$E[|\, L_{t,\varepsilon} - L_{s,\varepsilon}\, |]$$

$$= \frac{1}{2\pi} \int_s^t \int_{\mathbb{R}} E[\exp\{i\xi(B_u^{H_1(u)} - B_u^{H_2(u)})\}] \exp\{-\varepsilon \mid \xi^2 \mid\}d\xi du$$

$$= \frac{1}{2\pi} \int_s^t \int_{\mathbb{R}} \exp\left\{-\frac{1}{2}\xi^2(\mathrm{Var}(B_u^{H_1(u)}) + \mathrm{Var}(B_u^{H_2(u)}))\right\} \exp\{-\varepsilon \mid \xi^2 \mid\}d\xi du$$

$$\leqslant \frac{1}{2\pi} \int_s^t \int_{\mathbb{R}} \exp\left\{-\frac{1}{2}\xi^2(u^{2H_1(u)} + u^{2H_2(u)})\right\} d\xi du$$

$$= \frac{1}{2\pi} \int_s^t \int_{\mathbb{R}} \sqrt{\frac{2}{u^{2H_1(u)} + u^{2H_2(u)}}} \exp\{-x^2\}dx du$$

$$= \frac{1}{\sqrt{2\pi}} \int_s^t \sqrt{\frac{1}{u^{2H_1(u)} + u^{2H_2(u)}}} du$$

$$\leqslant \frac{1}{\sqrt{2\pi}} \int_s^t u^{-\max_{u \in (s,t)}\{H_1(u),H_2(u)\}} du$$

$$\leqslant \frac{1}{\sqrt{2\pi}} \frac{t^{1-\max_{u \in (s,t)}\{H_1(u),H_2(u)\}} - s^{1-\max_{u \in (s,t)}\{H_1(u),H_2(u)\}}}{1 - \max_{u \in (s,t)}\{H_1(u),H_2(u)\}}$$

$$\leqslant C_{4,6,10} \mid t - s \mid^{1-\max_{u \in (s,t)}\{H_1(u),H_2(u)\}},$$

其中 $C_{4,6,10} = \dfrac{1}{\sqrt{2\pi}(1 - \max\limits_{u \in (s,t)}\{H_1(u),H_2(u)\})}$.

由 Fatou 引理可得

$$E[|\, L_t - L_s\, |] = \lim_{\varepsilon \to 0} E[|\, L_{t,\varepsilon} - L_{s,\varepsilon}\, |]$$

$$= E\left[\lim_{\varepsilon \to 0} \mid L_{t,\varepsilon} - L_{s,\varepsilon} \mid\right]$$

$$\leqslant C_{4,6,10} \mid t - s \mid^{1-\max_{u \in (s,t)}\{H_1(u),H_2(u)\}}.$$

于是 L_t 是一个 Hölder 连续函数且阶数为 $1 - \max\limits_{u \in (s,t)}\{H_1(u),H_2(u)\}$. 证毕.　　□

定理 4.41 设 $H_i(t) : [0, \infty) \to [a_i, b_i] \subset (0, 1), i = 1, 2,$ 是一个 Hölder 连续函数, 则

$$E[\mid L_t - L_s \mid^2] \leqslant C_{4,6,12} \mid t - s \mid^{2-2\beta},$$

其中 $C_{4,6,12}$ 是一个常数和 $\beta = \min_{s \leqslant u \leqslant t} \{H_1(u), H_2(u)\}$.

证明 记

$$\sigma_{r,l}^2$$
$$= \mathrm{Var}(\xi(B_r^{H_1(r)} - B_r^{H_2(r)}) + \eta(B_l^{H_1(l)} - B_l^{H_2(l)}))$$
$$= \mathrm{Var}(\xi(B_r^{H_1(r)} - B_l^{H_1(l)}) + (\xi + \eta)B_l^{H_1(l)} - \xi(B_r^{H_2(r)} - B_l^{H_2(l)}) - (\xi + \eta)B_l^{H_2(l)}).$$

由多分数布朗运动的局部非确定性和引理 4.38 知

$$\sigma_{r,l}^2 \geqslant C_{4,6,11}[\xi^2(r-l)^{2(H_1(r) \wedge H_1(l))}$$
$$+ (\xi + \eta)^2 l^{2H_1(l)} + \xi^2(r-l)^{2(H_2(r) \wedge H_2(l))} + (\xi + \eta)^2 l^{2H_2(l)}],$$

这里 $C_{4,6,11}$ 是一个常数.

考虑

$$E[\mid L_{t,\varepsilon} - L_{s,\varepsilon} \mid^2] = \frac{2}{(2\pi)^2} \int_s^t \int_s^r \int_{\mathbb{R}^2} e^{-\frac{1}{2}\sigma_{r,l}^2} e^{-\frac{\xi}{2}(\xi^2 + \eta^2)} d\xi d\eta dr dl$$
$$\leqslant \frac{2}{(2\pi)^2} \int_s^t \int_s^r \int_{\mathbb{R}^2} e^{-\frac{1}{2}\sigma_{r,l}^2} d\xi d\eta dr dl$$
$$\leqslant C_{4,6,12} \int_s^t \int_s^r [((r-l)^{2(H_1(r) \wedge H_1(l))} + (r-l)^{2(H_2(r) \wedge H_2(l))})$$
$$\cdot (l^{2H_1(l)} + l^{2H_2(l)})]^{-\frac{1}{2}} dl dr$$
$$\leqslant C_{4,6,12} \int_s^t \int_s^r (r-l)^{-\beta} l^{-\beta} dl dr$$
$$\leqslant C_{4,6,12}(t-s)^{2-2\beta},$$

其中 $C_{4,6,12}$ 是一个正常数以及 $\beta = \min_{s \leqslant u \leqslant t} \{H_1(u), H_2(u)\}$.

类似于定理 4.40 的证明, 可以得到

$$E[\mid L_t - L_s \mid^2] \leqslant C_{4,6,12} \mid t - s \mid^{2-2\beta}.$$

证毕. □

4.7　次分数布朗运动的碰撞局部时

本节主要考虑两个相互独立的参数属于 $\left(-\dfrac{1}{2}, \dfrac{1}{2}\right)$ 的次分数布朗运动的碰撞局部时. 首先, 证明该局部时在白噪声分析框架下是一个 Hida 广义泛函, 并获得该局部时的混沌分解和核函数. 最后, 证明它在空间 (L^2) 中存在的条件.

假设两个相互独立的次分数布朗运动分别为

$$S^{k_1} = \{S^{k_1}(t), t \geqslant 0\},$$

$$S^{k_2} = \{S^{k_2}(t), t \geqslant 0\},$$

其中指数 $k_i \in \left(-\dfrac{1}{2}, \dfrac{1}{2}\right)$. 对每个 $i = 1, 2$, $S_t^{k_i}$ 是一个高斯随机过程且有如下表示形式

$$S_t^{k_i} = \frac{1}{c(k_i)} \int_{\mathbb{R}} [(t-s)_+^{k_i} + (t+s)_-^{k_i} - 2(-s)_+^{k_i}] dW_s, \tag{4.36}$$

其中 $c(k_i) = \left[2\left(\displaystyle\int_0^\infty ((1+s)^{k_i} - s^{k_i})^2 + \frac{1}{2k_i+1}\right)\right]^{\frac{1}{2}}$, $a_+ = \max\{a, 0\}, a_- = \max\{-a, 0\}$ 和 W 是一个布朗运动. 事实上, 次分数布朗运动是广义的布朗运动, 也是特殊的自相似高斯随机过程.

常常利用 Dirac delta 函数来逼近热核

$$p_\varepsilon(x) = \frac{1}{\sqrt{2\pi\varepsilon}} \exp\left\{-\frac{x^2}{2\varepsilon}\right\}.$$

对任何 $\varepsilon > 0$, 定义

$$L_{k,\varepsilon} = \int_I p_\varepsilon(S^{k_1}(t) - S^{k_2}(t)) dt, \tag{4.37}$$

其中 $I = [0, T]$.

使用分数型积分算子和奇延拓 $I_\pm^k$, 可以给出次分数布朗运动 S_t^k 的新的表示形式.

引理 4.42　对任意的 $k \in \left(-\dfrac{1}{2}, \dfrac{1}{2}\right)$, 次分数布朗运动 S_t^k 有连续版本 $\left\langle \cdot, \dfrac{1}{c(k)} \right.$ $\left. \cdot I_-^k \boldsymbol{I}_{[0,t)}^o \right\rangle$, 其中 $\boldsymbol{I}_{[0,t)}^o$ 表示奇延拓 $\boldsymbol{I}_{[0,t)}$ 及 $c(k) = \left[2\left(\displaystyle\int_0^\infty ((1+s)^k - s^k)^2 + \frac{1}{2k+1}\right)\right]^{\frac{1}{2}}$.

证明 设 $f : \mathbb{R}^+ \to \mathbb{R}$, 定义奇延拓函数 $f^o(x)$ 如下:

$$\begin{cases} -f(-x), & x < 0 \\ f(x), & x \geqslant 0. \end{cases} \tag{4.38}$$

对于给定的 $\alpha \in (0,1)$, 得到

$$(I_-^\alpha f)(x) \equiv \frac{1}{\Gamma(\alpha)} \int_x^\infty f(t)(t-x)^{\alpha-1} dt = \frac{1}{\Gamma(\alpha)} \int_0^\infty f(x+t)t^{\alpha-1} dt,$$

$$(I_+^\alpha f)(x) \equiv \frac{1}{\Gamma(\alpha)} \int_{-\infty}^x f(t)(x-t)^{\alpha-1} dt = \frac{1}{\Gamma(\alpha)} \int_0^\infty f(x-t)t^{\alpha-1} dt,$$

对所有的 $x \in \mathbb{R}$ 成立. 对任意参数 $k \in \left(0, \dfrac{1}{2}\right)$, 使用 Weyl 型分数积分将 S_t^k 表示为

$$S_t^k = \frac{\Gamma(k+1)}{c(k)} \int_{\mathbb{R}} I_-^k(\boldsymbol{I}_{[0,t)}^o)(s) dW_s, \tag{4.39}$$

其中 W 是一个 Wiener 过程. (4.39) 变为

$$I_-^k(\boldsymbol{I}_{[0,t)}^o)(s) = \frac{1}{\Gamma(k+1)}[(t-s)_+^k + (t+s)_-^k - 2(-s)_+^k]. \tag{4.40}$$

另一方面, 除了用分数型积分算子 $I_\pm^\alpha$ 之外, 也可以使用分数型导数算子来得到次分数布朗运动的一个连续版本. 对任意 $\alpha \in (0,1)$ 及任意 $\varepsilon > 0$, 有

$$(D_{\pm,\varepsilon}^\alpha f)(x) \equiv \frac{\alpha}{\Gamma(1-\alpha)} \int_\varepsilon^\infty \frac{f(x) - f(x \mp t)}{t^{\alpha+1}} dt.$$

如果该积分存在, 则 Marchaud 型分数导数算子为 $D_\pm^\alpha f \equiv \lim_{\varepsilon \to 0+} D_{\pm,\varepsilon}^\alpha f$. 在此情况下, 次分数布朗运动 S_t^k 就有连续版本 $\left\langle \cdot, \dfrac{1}{c(k)} D_-^{-k} \boldsymbol{I}_{[0,t)}^o \right\rangle$. 利用等式 $I_-^\alpha = D_-^{-\alpha}$, 可以得到类似形式的连续版本.

综上所述, 当 $k \in \left(0, \dfrac{1}{2}\right)$ 时, 次分数布朗运动就有连续版本 $\left\langle \cdot, \dfrac{1}{c(k)} I_-^k \boldsymbol{I}_{[0,t)}^o \right\rangle$.

当 $k \in \left(-\dfrac{1}{2}, 0\right)$ 时, 可以进行类似地讨论. 证毕. □

为了讨论次分数布朗运动碰撞局部时的存在性, 使用文献 (Bender and Elliott, 2003) 和 (Drumond et al., 2008) 中研究分数布朗运动碰撞局部的技巧, 建立如下有用的估计.

引理 4.43 设 $k \in \left(-\dfrac{1}{2}, \dfrac{1}{2}\right)$ 及 $f \in \mathcal{S}_1(\mathbb{R})$ 给定, 则存在非负常数 C_k 使得

$$\left|\int_{\mathbb{R}} f(x) \frac{1}{c(k)} (I_-^k \boldsymbol{I}_{[s,t)}^o)(x) dx\right| \leqslant C_k \mid t - s \mid \parallel f \parallel, \tag{4.41}$$

其中 $c(k) = \left[2\left(\int_0^\infty ((1+s)^k - s^k)^2 + \dfrac{1}{2k+1}\right)\right]^{\frac{1}{2}}$, C_k 是不依赖于 f 的常数和 $\parallel f \parallel \equiv \sup_{x \in \mathbb{R}} \mid f(x) \mid + \sup_{x \in \mathbb{R}} \mid f'(x) \mid$.

证明 注意到次分数布朗运动 $\{S_t^k, t \geqslant 0\}$ 有如下表示

$$S_t^k = \frac{1}{c(k)} \int_{\mathbb{R}} [(t-s)_+^k + (t+s)_-^k - 2(-s)_+^k] dW_s, \tag{4.42}$$

其中 $\{W_t, t \geqslant 0\}$ 是布朗运动, $c(k) = \left[2\left(\int_0^\infty ((1+s)^k - s^k)^2 + \dfrac{1}{2k+1}\right)\right]^{\frac{1}{2}}$. 由引理 4.42, (4.42) 改写为

$$S_t^k = \frac{\Gamma(k+1)}{c(k)} \int_{\mathbb{R}} I_-^k (\boldsymbol{I}_{[0,t)}^o)(s) dW_s. \tag{4.43}$$

对 $s \leqslant t$ 和给定 $f \in \mathcal{S}_1(\mathbb{R})$, 就有

$$\int_{\mathbb{R}} f(x) \frac{1}{c(k)} (I_-^k \boldsymbol{I}_{[s,t)}^o)(x) dx$$

$$= \frac{1}{c(k)} \left[\int_0^\infty f(-x)(I_-^k \boldsymbol{I}_{[s,t)})(x) dx + \int_0^\infty f(x)(I_-^k \boldsymbol{I}_{[s,t)})(x) dx\right]$$

$$= \frac{1}{c(k)} \left[\int_0^\infty (f(-x) + f(x))(I_-^k \boldsymbol{I}_{[s,t)})(x) dx\right].$$

因为 I_-^k 和 I_+^k 是对偶算子, 则

$$\frac{1}{c(k)} \left[\int_0^\infty (f(-x) + f(x))(I_-^k \boldsymbol{I}_{[s,t)})(x) dx\right]$$

$$= \frac{1}{c(k)} \left[\int_s^t (I_+^k (f(-x) + f(x))(x) dx\right]$$

$$\leqslant \frac{1}{c(k)} \mid t - s \mid \sup_{x \in \mathbb{R}^+} \mid I_+^k (f(-x) + f(x)) \mid.$$

下面对 k 分几种不同情形分别进行估计.

第一步. 对 $0 < k < \dfrac{1}{2}$, 有

$$\int_0^\infty \mid f(u) \mid \mid x - u \mid^{k-1} du$$

$$\leqslant \int_{\mathbb{R}} \mid f(u) \mid \mid x - u \mid^{k-1} du$$

$$= \int_{|u-x|<1} \mid f(u) \mid \mid x - u \mid^{k-1} du + \int_{|u-x|\geqslant 1} \mid f(u) \mid \mid x - u \mid^{k-1} du$$

$$\equiv \Delta_{4,7,1} + \Delta_{4,7,2},$$

其中

$$\Delta_{4,7,1} \equiv \int_{|u-x|<1} \mid f(u) \mid \mid x - u \mid^{k-1} du$$

$$< \max_{x \in \mathbb{R}} \mid f(x) \mid \int_{|u-x|<1} \mid x - u \mid^{k-1} du$$

$$= \max_{x \in \mathbb{R}} \mid f(x) \mid \int_{-1}^{1} \mid u \mid^{k-1} du$$

$$= \frac{2}{k} \max_{x \in \mathbb{R}} \mid f(x) \mid .$$

进一步, 得到

$$\Delta_{4,7,2} \leqslant \int_{|u-x|\geqslant 1} \mid f(u) \mid du \leqslant \parallel f \parallel_{L^1(\mathbb{R})} .$$

由 (Drumond et al., 2008) 中引理 6 的证明过程和 Schwarz 不等式, 另一积分项变为

$$\int_{|u-x|>1} \mid f(u) \mid \mid u - x \mid^{k-1} du.$$

因此

$$\int_0^\infty \mid f(u) \mid \mid u - x \mid^{k-1} du \leqslant \frac{2}{k} \max_{x \in \mathbb{R}} \mid f(x) \mid + \parallel f \parallel_{L^1(\mathbb{R})} .$$

使用类似的方法, 获得估计

$$\int_0^\infty \mid f(-u) \mid \mid -u - x \mid^{k-1} du$$

$$\leqslant \int_{|u+x|<1} \mid f(-u) \mid \mid u + x \mid^{k-1} du + \int_{|u+x|\geqslant 1} \mid f(-u) \mid \mid u + x \mid^{k-1} du$$

$$\equiv \Delta_{4,7,3} + \Delta_{4,7,4},$$

其中

$$\Delta_{4,7,3} \equiv \int_{|u+x|<1} \mid f(-u) \mid \mid u+x \mid^{k-1} du$$

和

$$\Delta_{4,7,4} \equiv \int_{|u+x|\geqslant 1} \mid f(-u) \mid \mid u+x \mid^{k-1} du.$$

进一步估计得到

$$\Delta_{4,7,3} \leqslant \max\{f(-x)\} \int_{-1}^{1} \mid u \mid^{k-1} du$$

$$= \frac{2}{k} \max_{x\in\mathbb{R}} \mid f(-x) \mid$$

和

$$\Delta_{4,7,4} \leqslant \int_{\mathbb{R}} \mid f(-u) \mid du = \parallel f(-u) \parallel_{L^1(\mathbb{R})}.$$

固定 $x \in \mathbb{R}$ 和 $0 < k < \dfrac{1}{2}$, 则

$$\int_0^\infty \mid f(u) \mid \mid u-x \mid^{k-1} du + \int_0^\infty \mid f(-u) \mid \mid -u-x \mid^{k-1} du$$

$$\leqslant \frac{2}{k} \max_{x\in\mathbb{R}} \mid f(x) \mid + \parallel f \parallel_{L^1(\mathbb{R})} + \frac{2}{k} \max_{x\in\mathbb{R}} \mid f(-x) \mid + \parallel f \parallel_{L^1(\mathbb{R})}$$

$$\leqslant 2 \left(\frac{2}{k} \max_{x\in\mathbb{R}} \mid f(x) \mid + \parallel f \parallel_{L^1(\mathbb{R})} \right).$$

因此

$$\int_{\mathbb{R}} f(x) \frac{1}{c(k)} (I_-^k \boldsymbol{I}_{[s,t)}^o)(x) dx$$

$$\leqslant C_{k,1} \mid t-s \mid \left(\frac{2}{k} \max_{x\in\mathbb{R}} \mid f(x) \mid + \parallel f \parallel_{L^1(\mathbb{R})} \right),$$

其中 $C_{k,1} = 2(c(k)\Gamma(k))^{-1}$ 且依赖于 k.

第二步. 当 $-\dfrac{1}{2} < k < 0$ 时, 由 (Bender, 2003) 中的定理 2.3 的证明得

$$\sup_{x\in\mathbb{R}^+} \mid (I_+^k f)(x) \mid \leqslant C_{k,2} \frac{-2}{k} \sup_{x\in\mathbb{R}^+} \mid f(x) \mid + \frac{1}{k+1} \sup_{x\in\mathbb{R}^+} \mid f'(x) \mid, \quad x > 0,$$

$$\sup_{x\in\mathbb{R}^+} \mid (I_+^k f)(-x) \mid \leqslant C_{k,3} \frac{-2}{k} \sup_{x\in\mathbb{R}^+} \mid f(-x) \mid + \frac{1}{k+1} \sup_{x\in\mathbb{R}^+} \mid f'(-x) \mid, \quad x > 0,$$

其中 $C_{k,2}$ 和 $C_{k,3}$ 均为依赖于 k 的常数. 从而, 证明了存在常数 $C_{k,4}$ 使得

$$\sup_{x \in \mathbb{R}} | (I_+^k f)(x) | \leqslant C_{k,4} \frac{-2}{k} \sup_{x \in \mathbb{R}} | f(x) | + \frac{1}{k+1} \sup_{x \in \mathbb{R}} | f'(x) |, \quad x \in \mathbb{R}.$$

因此, 对任意参数 $k \in \left(-\frac{1}{2}, \frac{1}{2} \right)$, 有

$$\int_{\mathbb{R}} f(x) \frac{1}{c(k)} (I_-^k \boldsymbol{I}_{[s,t)}^o)(x) dx \leqslant C_k | t - s | \|\, f \,\|,$$

其中 $\|\, f \,\| \equiv \sup_{x \in \mathbb{R}} | f(x) | + \sup_{x \in \mathbb{R}} | f'(x) |$ 以及 C_k 为不依赖于 f 的常数.
证毕. $\qquad\qquad\qquad\qquad\qquad\qquad\qquad\qquad\qquad\qquad\qquad\qquad\qquad\qquad$ $\square$

定理 4.44 对每个 $k_1, k_2 \in \left(-\frac{1}{2}, \frac{1}{2} \right)$ 和任何正整数 $d \geqslant 1$ 使得

$$\left(\min\{k_1, k_2\} + \frac{1}{2} \right) d < 1,$$

两个相互独立的 S^{k_1} 和 S^{k_2} 的碰撞局部时

$$L_{k,\varepsilon} \equiv \int_I p_\varepsilon(S^{k_1}(t) - S^{k_2}(t)) dt$$

$$= \int_I \left(\frac{1}{2\pi\varepsilon} \right)^{\frac{d}{2}} \exp \left\{ -\frac{(S^{k_1}(t) - S^{k_2}(t))^2}{2\varepsilon} \right\} dt,$$

是一个 Hida 广义泛函. 进一步, $L_{k,\varepsilon}$ 有如下表示

$$L_{k,\varepsilon} = \sum_{\boldsymbol{m}} \sum_{\boldsymbol{l}} \langle :\boldsymbol{w}_1^{\otimes \boldsymbol{m}} : \otimes : \boldsymbol{w}_2^{\otimes \boldsymbol{l}} :, \boldsymbol{G_{m,l}} \rangle,$$

其中核函数

$$\boldsymbol{G_{m,l}}(u_1, \cdots, u_m, v_1, \cdots, v_l)$$

$$= (-1)^l \left(\frac{1}{2\pi} \right)^{\frac{d}{2}} \left(-\frac{1}{2} \right)^{\frac{m+l}{2}} \frac{1}{\left(\frac{m+l}{2} \right)!} \frac{(\boldsymbol{m}+\boldsymbol{l})!}{\boldsymbol{m}!\boldsymbol{l}!}$$

$$\cdot \int_I \left(\frac{1}{\varepsilon + (2 - 2^{2k_1}) t^{2k_1+1} + (2 - 2^{2k_2}) t^{2k_2+1}} \right)^{\frac{d+m+l}{2}} dt$$

$$\cdot \prod_{i=1}^m \left(\frac{1}{c(k_1)} I_-^{k_1} \boldsymbol{I}_{[0,t)}^o \right) (u_i) \prod_{j=1}^l \left(\frac{1}{c(k_2)} I_-^{k_2} \boldsymbol{I}_{[0,t)}^o \right) (v_j),$$

对 $\boldsymbol{m} + k \neq 0, \boldsymbol{m} + \boldsymbol{l}$ 为偶数时成立; 其他情形核函数均为 0.

证明 只需要使用推论 2.15 即可证明该结果.

事实上, 记

$$\Phi_{k,\varepsilon}(\boldsymbol{w}_1, \boldsymbol{w}_2) \equiv \left(\frac{1}{2\pi\varepsilon}\right)^{\frac{d}{2}} \exp\left\{-\frac{(S^{k_1}(t) - S^{k_2}(t))^2}{2\varepsilon}\right\}.$$

由 S-变换的定义知

$$S\Phi_{k,\varepsilon}(\boldsymbol{f})$$

$$= \left(\frac{1}{2\pi[\varepsilon + (2 - 2^{2k_1})t^{2k_1+1} + (2 - 2^{2k_2})t^{2k_2+1}]}\right)^{\frac{d}{2}}$$

$$\cdot \exp\left\{-\frac{\left(\int_{\mathbb{R}} \boldsymbol{f}(s)\left[\left(\frac{1}{c(k_1)}I_-^{k_1}\boldsymbol{I}_{[0,t)}^o\right)(s) - \left(\frac{1}{c(k_2)}I_-^{k_2}\boldsymbol{I}_{[0,t)}^o\right)(s)\right]ds\right)^2}{2[\varepsilon + (2 - 2^{2k_1})t^{2k_1+1} + (2 - 2^{2k_2})t^{2k_2+1}]}\right\},$$

对任何的复值 z 和 $\boldsymbol{f} \in \mathcal{S}_d(\mathbb{R})$, 有

$$|S\Phi_{k,\varepsilon}(z\boldsymbol{f})|$$

$$\leqslant \left(\frac{1}{2\pi[\varepsilon + (2 - 2^{2k_1})t^{2k_1+1} + (2 - 2^{2k_2})t^{2k_2+1}]}\right)^{\frac{d}{2}}$$

$$\cdot \exp\left\{\frac{|z|^2\left|\int_{\mathbb{R}} \boldsymbol{f}(s)\left[\left(\frac{1}{c(k_1)}I_-^{k_1}\boldsymbol{I}_{[0,t)}^o\right)(s) - \left(\frac{1}{c(k_2)}I_-^{k_2}\boldsymbol{I}_{[0,t)}^o\right)(s)\right]ds\right|^2}{2[\varepsilon + (2 - 2^{2k_1})t^{2k_1+1} + (2 - 2^{2k_2})t^{2k_2+1}]}\right\}.$$

为了验证推论 2.15 的条件, 在空间 $\mathcal{S}_d(\mathbb{R})$ 中引入如下定义的范数 $\|\cdot\|$

$$\|\boldsymbol{f}\| \equiv \left(\sum_{i=1}^d (\sup_{x\in\mathbb{R}} |f_i(x)| + \sup_{x\in\mathbb{R}} |f_i'(x)|)^2\right)^{\frac{1}{2}}, \quad \boldsymbol{f} = (f_1, \cdots, f_d) \in \mathcal{S}_d(\mathbb{R}).$$

由引理 4.43 知

$$\left|\int_{\mathbb{R}} \boldsymbol{f}(s)\left(\frac{1}{c(k_1)}I_-^{k_1}\boldsymbol{I}_{[0,t)}^o\right)(s)ds - \int_{\mathbb{R}} \boldsymbol{f}(s)\left(\frac{1}{c(k_2)}I_-^{k_2}\boldsymbol{I}_{[0,t)}^o\right)(s)ds\right|^2$$

$$\leqslant 2\left\{\left(\int_{\mathbb{R}} \boldsymbol{f}(s)\left(\frac{1}{c(k_1)}I_-^{k_1}\boldsymbol{I}_{[0,t)}^o\right)(s)ds\right)^2 + \left(\int_{\mathbb{R}} \boldsymbol{f}(s)\left(\frac{1}{c(k_2)}I_-^{k_2}\boldsymbol{I}_{[0,t)}^o\right)(s)ds\right)^2\right\}$$

$$\leqslant 2(C_{k_1}^2 t^2 + C_{k_2}^2 t^2)\|\boldsymbol{f}\|^2$$

$$\leqslant C_{k,0}t^2\|\boldsymbol{f}\|^2,$$

其中 $C_{k,0}$, C_{k_1} 和 C_{k_2} 是非负常数. 于是

$$| S\Phi_{k,\varepsilon}(z\boldsymbol{f}) |\leqslant \left(\frac{1}{2\pi[\varepsilon + (2 - 2^{2k_1})t^{2k_1+1} + (2 - 2^{2k_2})t^{2k_2+1}]}\right)^{\frac{d}{2}}$$
$$\cdot \exp\left\{\frac{| z |^2 C_{k,0}t^2 \parallel \boldsymbol{f} \parallel^2}{2[\varepsilon + (2 - 2^{2k_1})t^{2k_1+1} + (2 - 2^{2k_2})t^{2k_2+1}]}\right\},$$

其中 $\left(\min\{k_1,k_2\} + \dfrac{1}{2}\right) d < 1$.

计算 $L_{H,\varepsilon}$ 如下

$$SL_{k,\varepsilon}(\boldsymbol{f})$$
$$= \left(\frac{1}{\pi}\right)^{\frac{d}{2}} \int_I \sum_{n\geqslant 0}\left\{(-1)^n \left(\frac{1}{2[\varepsilon + (2 - 2^{2k_1})t^{2k_1+1} + (2 - 2^{2k_2})t^{2k_2+1}]}\right)^{n+\frac{d}{2}}\right.$$
$$\cdot \sum_{n_1,\cdots,n_d} \frac{1}{n_1!\cdots n_d!} \prod_{i=1}^d \sum_{m_i+l_i=2n_i} \frac{(m_i + l_i)!}{m_i!l_i!}\left(\int_{\mathbb{R}} f_i(s)\left(\frac{1}{c(k_1)}I_-^{k_1}\boldsymbol{I}_{[0,t)}^o\right)(s)ds\right)^{m_i}$$
$$\left.\cdot \left(-\int_{\mathbb{R}} f_i(s)\left(\frac{1}{c(k_2)}I_-^{k_2}\boldsymbol{I}_{[0,t)}^o\right)(s)\right)^{l_i}ds\right\}dt$$
$$= \left(\frac{1}{\pi}\right)^{\frac{d}{2}} \int_I \sum_{n\geqslant 0}\sum_{n_1,\cdots,n_d}\sum_{m_i+l_i=2n_i}\left\{\prod_{i=1}^d (-1)^{\frac{m_i+l_i}{2}}\right.$$
$$\left.\cdot \left(\frac{1}{2[\varepsilon + (2 - 2^{2k_1})t^{2k_1+1} + (2 - 2^{2k_2})t^{2k_2+1}]}\right)^{\frac{1}{2}+\frac{m_i+l_i}{2}} \frac{1}{\frac{m_i+l_i}{2}!}\right\}$$
$$\cdot \left\{\prod_{i=1}^d (-1)^{l_i}\frac{(m_i + l_i)!}{m_i!l_i!}\left(\int_{\mathbb{R}} f_i(s)\left(\frac{1}{c(k_1)}I_-^{k_1}\boldsymbol{I}_{[0,t)}^o\right)(s)ds\right)^{m_i}\right.$$
$$\left.\cdot \left(\int_{\mathbb{R}} f_i(s)\left(\frac{1}{c(k_2)}I_-^{k_2}\boldsymbol{I}_{[0,t)}^o\right)(s)\right)^{l_i}ds\right\}dt.$$

与一般函数的混沌分解相比较, 可获得想要的核函数

$$\boldsymbol{G}_{\boldsymbol{m},\boldsymbol{l}}(u_1,\cdots,u_m,v_1,\cdots,v_l)$$
$$= (-1)^l \left(\frac{1}{2\pi}\right)^{\frac{d}{2}} \left(-\frac{1}{2}\right)^{\frac{m+l}{2}} \frac{1}{(\frac{m+l}{2})!}\frac{(\boldsymbol{m} + \boldsymbol{l})!}{\boldsymbol{m}!\boldsymbol{l}!}$$
$$\cdot \int_I \left(\frac{1}{\varepsilon + (2 - 2^{2k_1})t^{2k_1+1} + (2 - 2^{2k_2})t^{2k_2+1}}\right)^{\frac{d+m+l}{2}}dt$$
$$\cdot \prod_{i=1}^m \left(\frac{1}{c(k_1)}I_-^{k_1}\boldsymbol{I}_{[0,t)}^o\right)(u_i)\prod_{j=1}^l \left(\frac{1}{c(k_2)}I_-^{k_2}\boldsymbol{I}_{[0,t)}^o\right)(v_j),$$

对 $m + k \neq 0, m + l$ 为偶数时成立; 其他情形核函数均为 0. 证毕.   □

跟前面其他类型的高斯随机过程一样, 在考虑局部时的存在性时, 需要对正则化函数的局部时进行截断, 以保证在高维情形下存在. 下面对次分数布朗运动的碰撞局部时 L_k 进行截断, 获得截断局部时 $L_k^{(N)}$ 的一些结果.

命题 4.45   对任意的 $k_1, k_2 \in \left(-\dfrac{1}{2}, \dfrac{1}{2}\right)$, 任意的正常数 $d \geqslant 1$ 和 $N \geqslant 0$ 满足

$$(d + 2N) \min\{k_1, k_2\} + \frac{d}{2} - N < 1,$$

则 Bochner 积分

$$L_k^{(N)} \equiv \int_I \delta^{(N)}(S^{k_1}(t) - S^{k_2}(t))dt$$

是一个 Hida 广义泛函.

证明   记指数函数的截断形式为

$$\exp_N(x) \equiv \sum_{n=N}^{\infty} \frac{x^n}{n!}.$$

对每个 $t > 0$, 则 Bochner 积分

$$\delta(S^{k_1}(t) - S^{k_2}(t)) \equiv \left(\frac{1}{2\pi}\right)^d \int_{\mathbb{R}^d} \exp\{i\lambda(S^{k_1} - S^{k_2})\}d\lambda \tag{4.44}$$

是一个 Hida 广义泛函. 由 S-变换的定义知, (4.44) 式的 S-变换为

$$S(\delta(S^{k_1}(t) - S^{k_2}(t)))(\boldsymbol{f})$$

$$\equiv \left(\frac{1}{2\pi[(2 - 2^{2k_1})t^{2k_1+1} + (2 - 2^{2k_2})t^{2k_2+1}]}\right)^{\frac{d}{2}}$$

$$\cdot \exp\left\{-\frac{\left(\int_{\mathbb{R}} \boldsymbol{f}(s)\left[\left(\frac{1}{c(k_1)}I_-^{k_1}\boldsymbol{I}_{[0,t)}^o\right)(s) - \left(\frac{1}{c(k_2)}I_-^{k_2}\boldsymbol{I}_{[0,t)}^o\right)(s)\right]ds\right)^2}{2[(2 - 2^{2k_1})t^{2k_1+1} + (2 - 2^{2k_2})t^{2k_2+1}]}\right\},$$

对所有的 $\boldsymbol{f} \in \mathcal{S}_d(\mathbb{R})$ 成立.

事实上, 由于 $S^{k_1}(t)$ 和 $S^{k_2}(t)$ 相互独立, 故

$$Se^{i\lambda(S^{k_1}(t) - S^{k_2}(t))}(\boldsymbol{f})$$

$$= E\left(e^{i\lambda\left\langle \boldsymbol{w}_1 + \boldsymbol{f}, \frac{1}{c(k_1)}I_-^{k_1}\boldsymbol{I}_{[0,t)}^o\right\rangle}\right) E\left(e^{-i\lambda\left\langle \boldsymbol{w}_2 + \boldsymbol{f}, \frac{1}{c(k_2)}I_-^{k_2}\boldsymbol{I}_{[0,t)}^o\right\rangle}\right)$$

$$= \exp\left\{-\frac{1}{2}|\lambda|^2((2-2^{2k_1})t^{2k_1+1} + (2-2^{2k_2})t^{2k_2+1})\right\}$$

$$\cdot \exp\left\{i\lambda\left(\int_{\mathbb{R}} \boldsymbol{f}(s)\left[\left(\frac{1}{c(k_1)}I_-^{k_1}\boldsymbol{I}_{[0,t)}^o\right)(s) - \left(\frac{1}{c(k_2)}I_-^{k_2}\boldsymbol{I}_{[0,t)}^o\right)(s)\right]ds\right)\right\}.$$

能够验证积分满足推论 2.15 中的条件, 于是 $\delta^{(N)}$ 的 S-变换如下给出

$$S(\delta^{(N)}(S^{k_1}(t) - S^{k_2}(t)))(\boldsymbol{f})$$

$$= \left(\frac{1}{2\pi((2-2^{2k_1})t^{2k_1+1} + (2-2^{2k_2})t^{2k_2+1})}\right)^{\frac{d}{2}}$$

$$\cdot \exp_N\left\{-\frac{\left(\int_{\mathbb{R}} \boldsymbol{f}(s)\left[\left(\frac{1}{c(k_1)}I_-^{k_1}\boldsymbol{I}_{[0,t)}^o\right)(s) - \left(\frac{1}{c(k_2)}I_-^{k_2}\boldsymbol{I}_{[0,t)}^o\right)(s)\right]ds\right)^2}{(2-2^{2k_1})t^{2k_1+1} + (2-2^{2k_2})t^{2k_2+1}}\right\},$$

且是一个可测函数. 为了验证有界性条件, 考虑

$$|S(\delta^{(N)}(S^{k_1}(t) - S^{k_2}(t)))(z\boldsymbol{f})|$$

$$\leqslant \left(\frac{1}{2\pi((2-2^{2k_1})t^{2k_1+1} + (2-2^{2k_2})t^{2k_2+1})}\right)^{\frac{d}{2}}$$

$$\cdot \exp_N\left\{C_{k,0}|z|^2\frac{\|\boldsymbol{f}\|^2}{(2-2^{2k_1})t^{2k_1+1} + (2-2^{2k_2})t^{2k_2+1}}\right\},$$

其中指数部分 $\exp_N$ 可如下进行估计

$$\exp_N\left\{C_{k,0}|z|^2\frac{t^2}{(2-2^{2k_1})t^{2k_1+1} + (2-2^{2k_2})t^{2k_2+1}}\|\boldsymbol{f}\|^2\right\}$$

$$\leqslant \left(\frac{t^2}{(2-2^{2k_1})t^{2k_1+1} + (2-2^{2k_2})t^{2k_2+1}}\right)^N \exp\{C_{k,0}|z|^2\|\boldsymbol{f}\|^2\}.$$

如果满足

$$(d+2N)\min\{k_1, k_2\} + \frac{d}{2} - N < 1,$$

则

$$\frac{t^{2N}}{((2-2^{2k_1})t^{2k_1+1} + (2-2^{2k_2})t^{2k_2+1})^{\frac{d}{2}+N}}$$

在 I 上可积. 证毕. □

下面讨论次分数布朗运动的截断局部时的存在性问题, 即验证该局部时属于空间 $(\mathcal{S})^*$ 的条件.

定理 4.46　对任意的 $k_1, k_2 \in \left(-\dfrac{1}{2}, \dfrac{1}{2}\right)$, 正整数 $d \geqslant 1$ 和 $N \geqslant 0$ 满足

$$(d + 2N)\min\{k_1, k_2\} + \frac{d}{2} - N < 1,$$

则 $L_{k,\varepsilon}^{(N)}$ 在 $(\mathcal{S})^*$ 中强收敛于 $L_k^{(N)}$.

　　证明　由 S-变换的定义可见

$$SL_{k,\varepsilon}^{(N)}(\boldsymbol{f})$$

$$= \int_I \left(\frac{1}{2\pi(\varepsilon + (2 - 2^{2k_1})t^{2k_1+1} + (2 - 2^{2k_2})t^{2k_2+1})}\right)^{\frac{d}{2}}$$

$$\cdot \exp_N\left\{-\frac{\left(\int_{\mathbb{R}} \boldsymbol{f}(s)\left[\left(\frac{1}{c(k_1)}I_-^{k_1}\boldsymbol{I}_{[0,t)}^o\right)(s) - \left(\frac{1}{c(k_2)}I_-^{k_2}\boldsymbol{I}_{[0,t)}^o\right)(s)\right]ds\right)^2}{2[\varepsilon + (2 - 2^{2k_1})t^{2k_1+1} + (2 - 2^{2k_2})t^{2k_2+1}]}\right\}dt$$

和

$$|\, S(p_\varepsilon(S^{k_1}(t) - S^{k_2}(t)))(z\boldsymbol{f})\,|$$

$$\leqslant \left(\frac{1}{2\pi}\right)^{\frac{d}{2}}\frac{t^N}{((2 - 2^{2k_1})t^{2k_1+1} + (2 - 2^{2k_2})t^{2k_2+1})^{\frac{d}{2}+N}}\exp\{C_{k,0}\,|\,z\,|^2\|\,\boldsymbol{f}\,\|^2\},$$

很容易看出 $L_{k,\varepsilon}^{(N)}$ 是一个 Hida 广义泛函. 对任意的复值 z 和任意的 $\boldsymbol{f} \in \mathcal{S}_d(\mathbb{R})$, 有

$$|\, SL_{k,\varepsilon}^{(N)}(z\boldsymbol{f})\,|$$

$$\leqslant \left(\frac{1}{2\pi}\right)^{\frac{d}{2}}\exp\{C_{k,0}\,|\,z\,|^2\|\,\boldsymbol{f}\,\|^2\}\int_I\frac{t^N}{[(2 - 2^{2k_1})t^{2k_1+1} + (2 - 2^{2k_2})t^{2k_2+1}]^{\frac{d}{2}+N}}dt.$$

　　另一方面, 有

$$SL_k^{(N)}(\boldsymbol{f})$$

$$= \int_I \left(\frac{1}{2\pi((2 - 2^{2k_1})t^{2k_1+1} + (2 - 2^{2k_2})t^{2k_2+1})}\right)^{\frac{d}{2}}$$

$$\cdot \exp_N\left\{-\frac{\left(\int_{\mathbb{R}} ds\,\boldsymbol{f}(s)\left[\left(\frac{1}{c(k_1)}I_-^{k_1}\boldsymbol{I}_{[0,t)}^o\right)(s) - \left(\frac{1}{c(k_2)}I_-^{k_2}\boldsymbol{I}_{[0,t)}^o\right)(s)\right]\right)^2}{2[(2 - 2^{2k_1})t^{2k_1+1} + (2 - 2^{2k_2})t^{2k_2+1}]}\right\}dt.$$

$$(4.45)$$

在 (4.45) 式中取 $z = 1$, 当 $\varepsilon \to 0$ 时, 使用控制收敛定理知 $SL_{k,\varepsilon}^{(N)}(\boldsymbol{f})$ 收敛到 $SL_k^{(N)}(\boldsymbol{f})$. 由推论 2.14 可见, $L_{k,\varepsilon}^{(N)}$ 在 $(\mathcal{S})^*$ 中强收敛于 $L_k^{(N)}$. 证毕. □

为了讨论次分数布朗运动的碰撞局部时在空间 (L^2) 中的存在性问题, 需要介绍以下几个必要的引理.

引理 4.47 对每个 $u \in \left(\dfrac{1}{2}, 1\right)$, $f(k)$ 关于 $k \in \left(-\dfrac{1}{2}, \dfrac{1}{2}\right)$ 是递减函数, 其中

$$f(k) = (2 - 2^{2k})^2 \left(\frac{s}{t}\right)^{2k+1} - \left(1 + \left(\frac{s}{t}\right)^{2k+1} - \frac{1}{2}\left[\left(1 + \frac{s}{t}\right)^{2k+1} + \left|1 - \frac{s}{t}\right|^{2k+1}\right]\right)^2.$$
(4.46)

证明 做变量代换 $u = \dfrac{s}{t}$, 将 (4.46) 改写为

$$f(k) = (2 - 2^{2k})^2 u^{2k+1} - \left(1 + u^{2k+1} - \frac{1}{2}[(1+u)^{2k+1} + |1 - u|^{2k+1}]\right)^2.$$

为了讨论函数 $f(k)$ 的一些特征, 求其导数

$$\begin{aligned}
f'(k) = {}& -2^{2k+1}(2 - 2^{2k})\ln 4 u^{2k+1} + 2(2 - 2^{2k})^2 u^{2k+1}\ln u \\
& - 2\left(1 + u^{2k+1} - \frac{1}{2}[(1+u)^{2k+1} + (1-u)^{2k+1}]\right) 2u^{2k+1}\ln u \\
& - 2\left(1 + u^{2k+1} - \frac{1}{2}[(1+u)^{2k+1} + (1-u)^{2k+1}]\right)(1+u)^{2k+1}\ln(1+u) \\
& + 2\left(1 + u^{2k+1} - \frac{1}{2}[(1+u)^{2k+1} + (1-u)^{2k+1}]\right)(1-u)^{2k+1}\ln(1-u).
\end{aligned}$$

引入以下一些记号

$$A_1 \equiv -2^{2k+1}(2 - 2^{2k})\ln 4 u^{2k+1} < 0,$$

$$A_2 \equiv 2(2 - 2^{2k})^2 u^{2k+1}\ln u < 0,$$

$$A_3 \equiv -2\left(1 + u^{2k+1} - \frac{1}{2}[(1+u)^{2k+1} + (1-u)^{2k+1}]\right) 2u^{2k+1}\ln u > 0,$$

$$A_4 \equiv -2\left(1 + u^{2k+1} - \frac{1}{2}[(1+u)^{2k+1} + (1-u)^{2k+1}]\right)(1+u)^{2k+1}\ln(1+u) < 0,$$

$$A_5 \equiv 2\left(1 + u^{2k+1} - \frac{1}{2}[(1+u)^{2k+1} + (1-u)^{2k+1}]\right)(1-u)^{2k+1}\ln(1-u) < 0.$$

欲证 $f'(k) < 0$. 下面验证

$$\begin{aligned}
B \equiv {}& [-u^{2k+1}\ln u - (1+u)^{2k+1}\ln(1+u)] \\
& + [-u^{2k+1}\ln u + (1-u)^{2k+1}\ln(1-u)] < 0.
\end{aligned}$$

先验证第一部分是负的. 事实上, 有

$$B_1 \equiv u^{2k+1}\mathrm{ln}u + (1+u)^{2k+1}\mathrm{ln}(1+u)$$

$$= u^{2k+1}\mathrm{ln}u + \sum_{n=0}^{2k+1} \mathrm{C}_{2k+1}^n u^{2k+1-n}\mathrm{ln}(1+u)$$

$$= u^{2k+1}\mathrm{ln}u + u^{2k+1}\mathrm{ln}(1+u) + \sum_{n=1}^{2k+1} u^{2k+1-n}\mathrm{ln}(1+u).$$

由

$$u^{2k+1}\mathrm{ln}u + u^{2k+1}\mathrm{ln}(1+u) = u^{2k+1}(\mathrm{ln}u + \mathrm{ln}(1+u)) > 0, \sum_{n=1}^{2k+1} u^{2k+1-n}\mathrm{ln}(1+u) > 0,$$

故 B 中第一部分非负.

注意到 $y = \mathrm{ln}u$ 是一个单调递增函数, 且有

$$u^{2k+1}\mathrm{ln}u + u^{2k+1}\mathrm{ln}(1+u) = u^{2k+1}(\mathrm{ln}u + \mathrm{ln}(1+u)) > 0, \sum_{n=1}^{2k+1} u^{2k+1-n}\mathrm{ln}(1+u) > 0.$$

因此 $B_1 > 0$. 对于 $u \in \left(\dfrac{1}{2}, 1\right)$, 得到 $u > 1 - u$. 对于 $\alpha \equiv 2k+1 \in (0, 2)$, $y = u^\alpha$ 也是单调递增函数. 于是

$$B_2 \equiv u^{2k+1}\mathrm{ln}u - (1-u)^{2k+1}\mathrm{ln}(1-u) \geqslant (1-u)^{2k+1}\mathrm{ln}\dfrac{u}{1-u} > 0.$$

注意到 B 非负, 则 $f'(k) < 0$. 从而, $f(k)$ 关于 $k \in \left(-\dfrac{1}{2}, \dfrac{1}{2}\right)$ 是一个单调递减函数. 证毕. $\qquad\qquad\square$

引理 4.48　对每个 $k \in \left(-\dfrac{1}{2}, \dfrac{1}{2}\right)$ 和任意 $\varepsilon > 0$, 有

$$0 < \triangle_{4,7,5} < 1,$$

其中

$$\triangle_{4,7,5} \equiv \dfrac{\left(\begin{array}{l} t^{2k_1+1} + t'^{2k_1+1} - \dfrac{1}{2}[(t+t')^{2k_1+1} + \mid t - t'\mid^{2k_1+1}] \\ + t^{2k_2+1} + t'^{2k_2+1} - \dfrac{1}{2}[(t+t')^{2k_2+1} + \mid t - t'\mid^{2k_2+1}] \end{array}\right)^2}{\begin{array}{l} (\varepsilon + (2 - 2^{2k_1})t^{2k_1+1} + (2 - 2^{2k_2})t^{2k_2+1}) \\ \cdot(\varepsilon + (2 - 2^{2k_1})t'^{2k_1+1} + (2 - 2^{2k_2})t'^{2k_2+1}) \end{array}}$$

证明 对每个 $k \in \left(0, \dfrac{1}{2}\right)$, 由 (Bojdecki, 2004) 知, 存在 $C_h(s,t) < R_h(s,t)$, 其中 $C_h(s,t)$ 和 $R_h(s,t)$ 为次分数布朗运动和分数布朗运动的协方差函数. 于是

$$0 < \Delta_{4,7,5}$$
$$< \frac{\frac{1}{2}[t^{2k_1+1} + t'^{2k_1+1} - |t-t'|^{2k_1+1}] + \frac{1}{2}[t^{2k_2+1} + t'^{2k_2+1} - |t-t'|^{2k_2+1}]}{((2-2^{2k_1})t^{2k_1+1} + (2-2^{2k_2})t^{2k_2+1})((2-2^{2k_1})t'^{2k_1+1} + (2-2^{2k_2})t'^{2k_2+1})}$$
$$\leqslant 1.$$

另一方面, 对任意的 $k \in \left(-\dfrac{1}{2}, 0\right)$ 和 $\forall \varepsilon > 0$, 将 $\Delta_{4,7,5}$ 改写为如下形式

$$\begin{aligned}
\Delta_{4,7,5} &= \frac{(E[S_t^{k_1} S_{t'}^{k_1}] + E[S_t^{k_2} S_{t'}^{k_2}])^2}{(\varepsilon + \mathrm{Var}(S_t^{k_1}) + \mathrm{Var}(S_t^{k_2}))(\varepsilon + \mathrm{Var}(S_{t'}^{k_1}) + \mathrm{Var}(S_{t'}^{k_2}))} \\
&= \frac{(E[S_t^{k_1} S_{t'}^{k_1}] + E[S_t^{k_2} S_{t'}^{k_2}])^2}{(\varepsilon + E[(S_t^{k_1})^2] + E[(S_t^{k_2})^2])(\varepsilon + E[(S_{t'}^{k_1})^2] + E[(S_{t'}^{k_2})^2])} \\
&< \frac{(E[S_t^{k_1} S_{t'}^{k_1}] + E[S_t^{k_2} S_{t'}^{k_2}])^2}{(E[(S_t^{k_1})^2] + E[(S_t^{k_2})^2])(E[(S_{t'}^{k_1})^2] + E[(S_{t'}^{k_2})^2])}.
\end{aligned}$$

为了完成证明, 只需要证明

$$\begin{aligned}
&(E[S_t^{k_1} S_{t'}^{k_1}] + E[S_t^{k_2} S_{t'}^{k_2}])^2 \\
&\leqslant (E[(S_t^{k_1})^2] + E[(S_t^{k_2})^2])(E[(S_{t'}^{k_1})^2] + E[(S_{t'}^{k_2})^2]).
\end{aligned} \tag{4.47}$$

事实上, 对所有的 $x, y, z, h \in \mathbb{R}^+$, (4.47) 式可以通过结论

$$(xy + zy)^2 \leqslant (x^2 + z^2)(y^2 + h^2)$$

来验证. 证毕. $\qquad\square$

由引理 4.47 和引理 4.48, 可以获得如下结果.

定理 4.49 对任何一对 $k_1, k_2 \in \left(-\dfrac{1}{2}, \dfrac{1}{2}\right)$ 和任意正整数 $d \geqslant 1$ 满足 $d < \dfrac{1}{2(k_1 \vee k_2) + 1}$, 则当 ε 趋于 0 时, $L_{k,\varepsilon}$ 在空间 (L^2) 中收敛到 L_k.

证明 由定理 4.44 和命题 4.45, 考虑 $L_{k_1,k_2,\varepsilon}$, L_{k_1,k_2} 在空间 (L^2) 中的混沌分解. 只需要证明: 当 $\varepsilon \to 0$ 时, 和式

$$\sum_m \sum_l m!l! \, | \, \boldsymbol{G}_{\boldsymbol{k_1}, \boldsymbol{k_2}, \varepsilon, \boldsymbol{l}} \, |^2_{(L^2(\mathbb{R}))^{\otimes(m+l)}} \tag{4.48}$$

和

$$\sum_{\boldsymbol{m}} \sum_{\boldsymbol{l}} \boldsymbol{m}! \boldsymbol{l}! \mid \boldsymbol{G}_{\boldsymbol{k}_1, \boldsymbol{k}_2, \boldsymbol{m}, \boldsymbol{l}} \mid_{(L^2(\mathbb{R}))^{\otimes(m+l)}}^2 \tag{4.49}$$

收敛.

以下分几步分别进行说明.

第一步. 考虑和式 (4.48) 在 (L^2) 中收敛.

$$I_1 \equiv \sum_{\boldsymbol{m}} \sum_{\boldsymbol{l}} \boldsymbol{m}! \boldsymbol{l}! \mid \boldsymbol{G}_{\boldsymbol{m}, \boldsymbol{l}, \varepsilon} \mid_{(L^2(\mathbb{R}))^{\otimes(m+l)}}^2$$

$$= \sum_{\boldsymbol{m}} \sum_{\boldsymbol{l}} \boldsymbol{m}! \boldsymbol{l}! \left(\frac{1}{2\pi}\right)^d \frac{(-1)^{m+3l}}{\left(\frac{m+l}{2}!\right)^2} \left(\frac{1}{2}\right)^{m+l} \left(\frac{(m+l)!}{m!l!}\right)^2$$

$$\cdot \int_0^T \int_0^T \prod_{j=1}^d \left\{ \frac{1}{(\varepsilon + (2 - 2^{2k_1})t^{2k_1+1} + (2 - 2^{2k_2})t^{2k_2+1})} \right.$$

$$\left. \cdot \frac{1}{(\varepsilon + (2 - 2^{2k_1})t'^{2k_1+1} + (2 - 2^{2k_2})t'^{2k_2+1})} \right\}^{m_j+l_j+1}$$

$$\cdot \left\langle \frac{1}{c(k_1)} I_-^{k_1} \boldsymbol{I}_{[0,t)}^o, \frac{1}{c(k_1)} I_-^{k_1} \boldsymbol{I}_{[0,t')}^0 \right\rangle^{m_j} \left\langle \frac{1}{c(k_2)} I_-^{k_2} \boldsymbol{I}_{[0,t)}^o, \frac{1}{c(k_2)} I_-^{k_2} \boldsymbol{I}_{[0,t')}^o \right\rangle^{l_j} dt dt'.$$

对 $i = 1, 2$, 有

$$\left\langle \frac{1}{c(k_i)} I_-^{k_i} \boldsymbol{I}_{[0,t)}^o, \frac{1}{c(k_i)} I_-^{k_i} \boldsymbol{I}_{[0,t')}^o \right\rangle = t^{2k_i+1} + t'^{2k_i+1} - \frac{1}{2}[(t+t')^{2k_i+1} + \mid t - t' \mid^{2k_i+1}],$$

因此

$$I_1 = \left(\frac{1}{2\pi}\right)^d \int_0^T \int_0^T \prod_{j=1}^d \left\{ \frac{1}{\varepsilon + (2 - 2^{2k_1})t^{2k_1+1} + (2 - 2^{2k_2})t^{2k_2+1}} \right\}^{-\frac{1}{2}}$$

$$\cdot \left\{ \frac{1}{\varepsilon + (2 - 2^{2k_1})t'^{2k_1+1} + (2 - 2^{2k_2})t'^{2k_2+1}} \right\}^{-\frac{1}{2}}$$

$$\cdot \sum_{n=0}^\infty \frac{1}{4^n n!} \sum_{n_1, \cdots, n_d} \frac{n!}{n_1! \cdots n_d!} \prod_{j=1}^d \frac{(2n_j)!}{n_j!}$$

$$\cdot \left(\frac{1}{\begin{array}{c}(\varepsilon + (2 - 2^{2k_1})t^{2k_1+1} + (2 - 2^{2k_2})t^{2k_2+1})\\ \cdot (\varepsilon + (2 - 2^{2k_1})t'^{2k_1+1} + (2 - 2^{2k_2})t'^{2k_2+1})\end{array}} \right)^{n_j}$$

$$\cdot \left(t^{2k_1+1} + t'^{2k_1+1} - \frac{1}{2}[(t+t')^{2k_1+1} + \mid t - t' \mid^{2k_1+1}] \right.$$

$$\left. + t^{2k_2+1} + t'^{2k_2+1} - \frac{1}{2}[(t+t')^{2k_2+1} + \mid t - t' \mid^{2k_2+1}] \right)^{2n_j} dtdt'.$$

使用文献 (Oliveira et al., 2011) 中的定理 12 和引理 4.48, 积分 I_1 能够改写为

$$\sum_{n=0}^{\infty} \frac{(-1)^n}{n!} \prod_{i=0}^{n-1} \left(-\frac{1}{2} - i \right) \Delta_{4,7,5}^n,$$

其中

$$\triangle_{4,7,5} \equiv \frac{\left(\begin{array}{c} t^{2k_1+1} + t'^{2k_1+1} - \frac{1}{2}[(t+t')^{2k_1+1} + \mid t - t' \mid^{2k_1+1}] \\ + t^{2k_2+1} + t'^{2k_2+1} - \frac{1}{2}[(t+t')^{2k_2+1} + \mid t - t' \mid^{2k_2+1}] \end{array} \right)^2}{\begin{array}{c} (\varepsilon + (2-2^{2k_1})t^{2k_1+1} + (2-2^{2k_2})t^{2k_2+1}) \\ \cdot (\varepsilon + (2-2^{2k_1})t'^{2k_1+1} + (2-2^{2k_2})t'^{2k_2+1}) \end{array}}.$$

与函数 $[1 - \triangle_{4,7,5}]^{-\frac{d}{2}}$ 的泰勒展开式进行比较, I_1 变为

$$\left(\frac{1}{2\pi} \right)^d \int_0^T \int_0^T \left[(\varepsilon + (2-2^{2k_1})t^{2k_1+1} + (2-2^{2k_2})t^{2k_2+1}) \right.$$

$$\cdot (\varepsilon + (2-2^{2k_1})t'^{2k_1+1} + (2-2^{2k_2})t'^{2k_2+1}) - \left[t^{2k_1+1} + t'^{2k_1+1} - \frac{1}{2}[(t+t')^{2k_1+1} \right.$$

$$\left. + \mid t - t' \mid^{2k_1+1}] + t^{2k_2+1} + t'^{2k_2+1} - \frac{1}{2}[(t+t')^{2k_2+1} + \mid t - t' \mid^{2k_2+1}] \right]^d dtdt'$$

$$< +\infty,$$

即证得 $L_{k_1,k_2,\varepsilon} \in (L^2)$.

第二步. 考虑和式 (4.49) 在 (L^2) 中收敛. 类似地, 取 $\varepsilon = 0$, 获得 $G_{k_1,k_2,m,l}$ 等于 $G_{k_1,k_2,\varepsilon,m,l}$. 于是

$$I_2 \equiv \sum_m \sum_l m! l! \mid G_{m,l} \mid_{(L^2(\mathbb{R}))^{\otimes(m+l)}}^2$$

$$= \left(\frac{1}{2\pi} \right)^d \int_0^T \int_0^T dtdt' \left[((2-2^{2k_1})t^{2k_1+1} + (2-2^{2k_2})t^{2k_2+1})((2-2^{2k_1})t'^{2k_1+1} \right.$$

$$+ (2 - 2^{2k_2})t'^{2k_2+1}) - \left[t^{2k_1+1} + t'^{2k_1+1} - \frac{1}{2}[(t+t')^{2k_1+1} + |t-t'|^{2k_1+1}] \right.$$

$$\left. + t^{2k_2+1} + t'^{2k_2+1} - \frac{1}{2}[(t+t')^{2k_2+1} + |t-t'|^{2k_2+1}] \right]^d.$$

当用高斯序列来逼近 δ 函数时, 使用文献 (Nualart et al., 2007) 和文献 (Oliveira et al., 2011) 中相类似的技巧, 需要考虑奇异点. 很容易看到

$$((2 - 2^{2k_1})t^{2k_1+1} + (2 - 2^{2k_2})t^{2k_2+1})((2 - 2^{2k_1})t'^{2k_1+1} + (2 - 2^{2k_2})t'^{2k_2+1})$$

$$- \left[t^{2k_1+1} + t'^{2k_1+1} - \frac{1}{2}[(t+t')^{2k_1+1} + |t-t'|^{2k_1+1}] + t^{2k_2+1} + t'^{2k_2+1} \right.$$

$$\left. - \frac{1}{2}[(t+t')^{2k_2+1} + |t-t'|^{2k_2+1}] \right]^2$$

$$\geqslant (2 - 2^{2k_1})(tt')^{2k_1+1} + (2 - 2^{2k_2})(tt')^{2k_2+1}) - \left(t^{2k_1+1} + t'^{2k_1+1} - \frac{1}{2}[(t+t')^{2k_1+1} \right.$$

$$\left. + |t-t'|^{2k_1+1}] \right)^2 + \left(t^{2k_2+1} + t'^{2k_2+1} - \frac{1}{2}[(t+t')^{2k_2+1} + |t-t'|^{2k_2+1}] \right)^2.$$

记

$$\varphi_k(s,t) \equiv (2 - 2^{2k})^2(st)^{2k+1} - \left(s^{2k+1} + t^{2k+1} - \frac{1}{2}[(s+t)^{2k+1} + |s-t|^{2k+1}] \right)^2.$$

$\varphi_k(s,t)$ 关于变量 s 和 t 是阶数为 $4k+2$ 的齐次函数. 对 $0 < s < t < T$, 就有

$$\varphi_k(s,t) = t^{4k+2}\left((2 - 2^{2k})^2\left(\frac{s}{t}\right)^{2k+1} - \left(1 + \left(\frac{s}{t}\right)^{2k+1} \right. \right.$$

$$\left. \left. - \frac{1}{2}\left[\left(1 + \frac{s}{t}\right)^{2k+1} + \left|1 - \frac{s}{t}\right|^{2k+1} \right] \right)^2 \right)$$

$$\equiv t^{4k+2}f(k).$$

使用 Fubini 定理和事实

$$\lambda^{-\frac{d}{2}} = \frac{1}{\Gamma\left(\dfrac{d}{2}\right)} \int_0^{+\infty} e^{-\lambda z} z^{\frac{d}{2}-1}dz,$$

为了简单起见, 取 $T = 1$, 则 I_2 变为

$$I_3 \equiv \frac{1}{\Gamma\left(\dfrac{d}{2}\right)} \int_0^\infty z^{\frac{d}{2}-1} \int_0^1 \int_0^t e^{-z(\varphi_{k_1}(t,t') + \varphi_{k_2}(t,t'))}dtdt'dz. \tag{4.50}$$

对所有的 $z \in [0,1]$, (4.50) 式中积分在 0 点的某邻域中收敛. 由引理 4.47, 得到

$$
\varphi_{k_1}(t,t') + \varphi_{k_2}(t,t')
$$

$$
= t^{4k_1+2}(2-2^{2k_1})^2 \left[\left(\frac{t'}{t} \right)^{2k_1+1} - \left(1 + \left(\frac{t'}{t} \right)^{2k_1+1} - \frac{1}{2} \left[\left(1 + \frac{t'}{t} \right)^{2k_1+1} \right. \right. \right.
$$

$$
\left. \left. \left. + \left| 1 - \frac{t'}{t} \right|^{2k_1+1} \right] \right)^2 \right] + t^{4k_2+2}(2-2^{2k_2})^2 \left[\left(\frac{t'}{t} \right)^{2k_2+1} - \left(1 + \left(\frac{t'}{t} \right)^{2k_2+1} \right. \right.
$$

$$
\left. \left. - \frac{1}{2} \left[\left(1 + \frac{t'}{t} \right)^{2k_2+1} + \left| 1 - \frac{t'}{t} \right|^{2k_2+1} \right] \right)^2 \right]
$$

$$
\equiv t^{4k_1+2}(2-2^{2k_1})^2 f(k_1) + t^{4k_2+2}(2-2^{2k_2})^2 f(k_2)
$$

$$
\geqslant 2\min\{(2-2^{2k_1})^2, (2-2^{2k_2})^2\} t^{4(k_1 \vee k_2)+2} f(k_1 \vee k_2).
$$

因此

$$
I_3 \leqslant \int_1^\infty z^{\frac{d}{2}-1} \int_0^1 \int_0^t \exp\{-2z
$$

$$
\cdot (\min\{(2-2^{2k_1})^2, (2-2^{2k_2})^2\}) t^{4(k_1 \vee k_2)+2} f(k_1 \vee k_2)\} dt dt' dz.
$$

对比

$$
g_k(t,t') \equiv \exp\{-2(\min\{(2-2^{2k_1})^2, (2-2^{2k_2})^2\}) t^{4(k_1 \vee k_2)+2} f(k_1 \vee k_2)\}
$$

关于 t 和 t' 的齐次性, 获得估计

$$
I_3 \leqslant \int_1^\infty z^{\frac{d}{2}-1} \int_0^1 \int_0^t e^{-z g_k(t,t')} dt dt' dz
$$

$$
= \int_1^\infty z^{\frac{d}{2}-1-\frac{1}{2(k_1 \vee k_2)+1}} \left(\int_0^{z^{\frac{1}{4(k_1 \vee k_2)+2}}} \int_0^x e^{-z g_k(x,y)} dy dx \right) dz.
$$

使用 $\{(x,y) : 0 < x < z^{\frac{1}{4(k_1 \vee k_2)+2}}, 0 < y < x\} \subset \{(x,y) : x^2 + y^2 \leqslant 2z^{\frac{1}{4(k_1 \vee k_2)+2}}\}$, 做极坐标变换得到

$$
\int_0^{z^{\frac{1}{4(k_1 \vee k_2)+2}}} \int_0^x e^{-g_k(x,y)} dy dx \leqslant \int_0^{\frac{\pi}{4}} \int_0^{\sqrt{2}z^{\frac{1}{4(k_1 \vee k_2)+2}}} r
$$

$$
\cdot \exp\{-r^{4(k_1 \vee k_2)+2} g_k(\theta)\} dr d\theta. \tag{4.51}
$$

取 $x = r^{4(k_1 \vee k_2)+1} g_k(\theta)$, 则 (4.51) 式中最后一个积分等于

$$
\int_0^{z^{\frac{1}{4(k_1 \vee k_2)+2}}} \int_0^x e^{-g_k(x,y)} dy dx
$$

$$
= \frac{1}{4(k_1 \vee k_2)+1} \int_0^{\frac{\pi}{4}} g_k(\theta)^{\frac{1}{4(k_1 \vee k_2)+2}} \gamma((4(k_1 \vee k_2)+2)^{-1}, 2^{4(k_1 \vee k_2)+2} z g_k(\theta)) d\theta,
$$

其中 $\gamma(\alpha, x) = \int_0^x e^{-y} y^{\alpha-1} dy$. 应用 (Nualart and Drtiz-Latorr, 2007) 中的引理 2, 对所有的 $\varepsilon < \alpha, \alpha > 0$ 以及 $x > 0$, 有

$$
\gamma(\alpha, x) \leqslant K(\alpha) x^\varepsilon,
$$

其中 $K(\alpha) \equiv \frac{1}{\alpha} \vee \Gamma(\alpha)$ 和 $\Gamma(\alpha) = \gamma(\alpha, +\infty)$.

因此, 对所有的 $\varepsilon < \dfrac{1}{2(k_1 \vee k_2)+1}$, 就有

$$
I_3 \leqslant K^2 \left(\frac{1}{2(k_1 \vee k_2)+1} \right) \frac{2^{\varepsilon[2(k_1 \vee k_2)+1]}}{4(k_1 \vee k_2)+2}
$$

$$
\cdot \int_1^{+\infty} z^{\frac{d}{2}-1-\frac{1}{2(k_1 \vee k_2)+1}+\varepsilon} \int_0^{\frac{\pi}{4}} g_k(\cos\theta, \sin\theta)^{\varepsilon - \frac{1}{2(k_1 \vee k_2)+1}} d\theta dz. \tag{4.52}
$$

当 $\varepsilon < \min \left\{ \dfrac{1}{2(k_1 \vee k_2)+1}, \dfrac{d}{2} - \dfrac{1}{2(k_1 \vee k_2)+1} \right\}$ 时, (4.52) 中关于变量 z 的积分项收敛. 同时, 关于变量 θ 的积分也收敛. 于是, (4.52) 式中积分收敛. 证毕. □

4.8 布朗运动和次分数布朗运动混合过程的碰撞局部时

本节主要介绍由布朗运动和次分数布朗运动混合随机过程的碰撞局部时问题. 首先, 在白噪声分析框架下, 验证混合随机过程的局部时是一个 Hida 广义泛函. 其次, 利用 S-变换得到混合局部时的混沌分解. 最后, 讨论混合过程的碰撞局部时的正则化条件.

布朗运动 $\{B_t, t \geqslant 0\}$ 和次分数布朗运动 $\{S_t^k, t \geqslant 0\}$ 混合随机过程的碰撞局部时定义为

$$
L_k(T, b) = \int_0^T \delta(\alpha_1 B_t + \beta_1 S_t^k - b) dt, \tag{4.53}
$$

其中 b 是某固定点, $T > 0$, $\delta(x)$ 是 Dirac delta 函数, α_1 和 β_1 是两个常数且满足 $(\alpha_1, \beta_1) \neq (0,0)$. 事实上, 碰撞局部时 $L_k(T, b)$ 刻画了混合随机过程在 $[0, T]$ 上所花费的平均时间.

定理 4.50 对每个 $k \in \left(-\frac{1}{2}, \frac{1}{2}\right)$ 和给定 $b \in \mathbb{R}$, 混合随机过程的碰撞局部时

$$
\begin{aligned}
L_{k,\varepsilon}(T, b) &= \int_0^T p_\varepsilon(\alpha_1 B_t + \beta_1 S_t^k - b) dt \\
&= \frac{1}{(2\pi\varepsilon)^{\frac{d}{2}}} \int_0^T \exp\left\{-\frac{(\alpha_1 B_t + \beta_1 S_t^k - b)^2}{2\varepsilon}\right\} dt
\end{aligned} \tag{4.54}
$$

是一个 Hida 广义泛函. 进一步, $L_{k,\varepsilon}(T, b)$ 的 S-变换计算为

$$
\begin{aligned}
&S(L_{k,\varepsilon}(T, b))(\boldsymbol{f}) \\
&= \int_0^T \frac{1}{(2\pi(\varepsilon + \alpha_1^2 t + \beta_1^2(2 - 2^{2k})t^{2k+1}))^{\frac{d}{2}}} \\
&\quad \cdot \exp\left\{-\frac{\left(\alpha_1 \int_0^t \boldsymbol{f}(s)ds + \beta_1 \int_{\mathbb{R}} \boldsymbol{f}(s)\left(\frac{1}{c(k)} I_-^k \boldsymbol{I}_{[0,t)}^o\right)(s)ds - b\right)^2}{2(\varepsilon + \alpha_1^2 t + \beta_1^2(2 - 2^{2k})t^{2k+1})}\right\} dt, \tag{4.55}
\end{aligned}
$$

对所有的 $\boldsymbol{f} = (\boldsymbol{f}_1, \boldsymbol{f}_2) = (f_{1,1}, \cdots, f_{1,d}, f_{2,1}, \cdots, f_{2,d}) \in \mathcal{S}_{2d}(\mathbb{R})$ 成立.

证明 设

$$
\Phi_{k,\varepsilon}(\vec{\omega}) \equiv \left(\frac{1}{2\pi\varepsilon}\right)^{\frac{d}{2}} \exp\left\{-\frac{(\alpha_1 B_t + \beta_1 S_t^k - b)^2}{2\varepsilon}\right\},
$$

其中 $\vec{\omega} = (\vec{\omega}_1, \vec{\omega}_2) = (\omega_{1,1}, \cdots, \omega_{1,d}, \omega_{2,1}, \cdots, \omega_{2,d})$. 对每个 $\boldsymbol{f} \in \mathcal{S}_{2d}(\mathbb{R}), L_{k,\varepsilon}(T, b)$ 的 S-变换如下

$$
\begin{aligned}
&S(\Phi_{k,\varepsilon}(\vec{\omega}))(\boldsymbol{f}) \\
&= \frac{1}{(2\pi(\varepsilon + \alpha_1^2 t + \beta_1^2(2 - 2^{2k})t^{2k+1}))^{\frac{d}{2}}} \\
&\quad \cdot \exp\left\{-\frac{\left(\alpha_1 \int_0^t \boldsymbol{f}(s)ds + \beta_1 \int_{\mathbb{R}} \boldsymbol{f}(s)\left(\frac{1}{c(k)} I_-^k \boldsymbol{I}_{[0,t)}^o\right)(s)ds - b\right)^2}{2(\varepsilon + \alpha_1^2 t + \beta_1^2(2 - 2^{2k})t^{2k+1})}\right\}.
\end{aligned}
$$

为了验证有界性, 观察到

$$
\begin{aligned}
&|S(\Phi_{k,\varepsilon}(\vec{\omega}))(z\boldsymbol{f})| \\
&= \left(\frac{1}{2\pi(\varepsilon + \alpha_1^2 t + \beta_1^2(2 - 2^{2k})t^{2k+1})}\right)^{\frac{d}{2}}
\end{aligned}
$$

$$\cdot \left| \exp\left\{ -\frac{\left(z\alpha_1 \int_0^t \boldsymbol{f}(s)ds + z\beta_1 \int_{\mathbb{R}} \boldsymbol{f}(s)\left(\frac{1}{c(k)}I_-^k \boldsymbol{I}_{[0,t)}^o\right)(s)ds - b \right)^2}{2(\varepsilon + \alpha_1^2 t + \beta_1^2(2 - 2^{2k})t^{2k+1})} \right\} \right|$$

$$\leqslant \left(\frac{1}{2\pi(\varepsilon + \alpha_1^2 t + \beta_1^2(2 - 2^{2k})t^{2k+1})} \right)^{\frac{d}{2}}$$

$$\cdot \exp\left\{ \frac{b^2 + 2\left| z \| b \| \alpha_1 \| \int_0^t \boldsymbol{f}(s)ds \right|}{2(\varepsilon + \alpha_1^2 t + \beta_1^2(2 - 2^{2k})t^{2k+1})} \right\}$$

$$\cdot \exp\left\{ \frac{2\left| z \| b \| \beta_1 \| \int_{\mathbb{R}} \boldsymbol{f}(s)\left(\frac{1}{c(k)}I_-^k \boldsymbol{I}_{[0,t)}^o\right)(s)ds \right|}{2(\varepsilon + \alpha_1^2 t + \beta_1^2(2 - 2^{2k})t^{2k+1})} \right\}$$

$$\cdot \exp\left\{ \frac{2\left| z \right|^2 |\alpha_1 \| \beta_1 \| \int_0^t \boldsymbol{f}(s)ds \| \int_{\mathbb{R}} \boldsymbol{f}(s)\left(\frac{1}{c(k)}I_-^k \boldsymbol{I}_{[0,t)}^o\right)(s)ds \right|}{2(\varepsilon + \alpha_1^2 t + \beta_1^2(2 - 2^{2k})t^{2k+1})} \right\}$$

$$\cdot \exp\left\{ \frac{|z|^2\, \alpha_1^2 \left| \int_0^t \boldsymbol{f}(s)ds \right|^2 + |z|^2\, \beta_1^2 \left| \int_{\mathbb{R}} \boldsymbol{f}(s)\left(\frac{1}{c(k)}I_-^k \boldsymbol{I}_{[0,t)}^o\right)(s)ds \right|^2}{2(\varepsilon + \alpha_1^2 t + \beta_1^2(2 - 2^{2k})t^{2k+1})} \right\},$$

对每个复值 z 和每个 $\boldsymbol{f} \in \mathcal{S}_{2d}(\mathbb{R})$. 由引理 4.42 和引理 4.43 可得如下不等式

$$\exp\left\{ \frac{2\left| z \| b \| \beta_1 \| \int_{\mathbb{R}} \boldsymbol{f}(s)\left(\frac{1}{c(k)}I_-^k \boldsymbol{I}_{[0,t)}^o\right)(s)ds \right|}{2(\varepsilon + \alpha_1^2 t + \beta_1^2(2 - 2^{2k})t^{2k+1})} \right\}$$

$$\leqslant \exp\left\{ \frac{2\,|\,z\,\| b \| \beta_1\,|\, C_{4,8,1} t \| \boldsymbol{f} \|}{2(\varepsilon + \alpha_1^2 t + \beta_1^2(2 - 2^{2k})t^{2k+1})} \right\},$$

$$\exp\left\{ \frac{|z|^2\, \alpha_1^2 \left| \int_0^t \boldsymbol{f}(s)ds \right|^2}{2(\varepsilon + \alpha_1^2 t + \beta_1^2(2 - 2^{2k})t^{2k+1})} \right\}$$

$$\leqslant \exp\left\{ \frac{|z|^2\, \alpha_1^2\, |\boldsymbol{f}|^2}{2(\varepsilon + \alpha_1^2 t + \beta_1^2(2 - 2^{2k})t^{2k+1})} \right\},$$

$$\exp\left\{\frac{|z|^2\,\beta_1^2\left|\int_{\mathbb{R}}\boldsymbol{f}(s)\left(\frac{1}{c(k)}I_-^k\boldsymbol{I}_{[0,t)}^o\right)(s)ds\right|^2}{2(\varepsilon+\alpha_1^2 t+\beta_1^2(2-2^{2k})t^{2k+1})}\right\}$$

$$\leqslant\exp\left\{\frac{C_{4,8,1}^2 t^2\,|z|^2\,\beta_1^2\,\|\boldsymbol{f}\|^2}{2(\varepsilon+\alpha_1^2 t+\beta_1^2(2-2^{2k})t^{2k+1})}\right\},$$

$$\exp\left\{\frac{2\left|z\|b\|\alpha_1\|\int_0^t\boldsymbol{f}(s)ds\right|}{2(\varepsilon+\alpha_1^2 t+\beta_1^2(2-2^{2k})t^{2k+1})}\right\}$$

$$\leqslant\exp\left\{\frac{2\,|z\|b\|\alpha_1\|\boldsymbol{f}|}{2(\varepsilon+\alpha_1^2 t+\beta_1^2(2-2^{2k})t^{2k+1})}\right\},$$

$$\exp\left\{\frac{2\,|z|^2\left|\alpha_1\|\beta_1\|\int_0^t\boldsymbol{f}(s)ds\|\int_{\mathbb{R}}\boldsymbol{f}(s)\left(\frac{1}{c(k)}I_-^k\boldsymbol{I}_{[0,t)}^o\right)(s)ds\right|}{2(\varepsilon+\alpha_1^2 t+\beta_1^2(2-2^{2k})t^{2k+1})}\right\}$$

$$\leqslant\exp\left\{\frac{2C_{4,8,1}t\,|z|^2\,\alpha_1\|\beta_1\|\boldsymbol{f}\|\|\boldsymbol{f}\|}{2(\varepsilon+\alpha_1^2 t+\beta_1^2(2-2^{2k})t^{2k+1})}\right\},$$

其中

$$\boldsymbol{f}=(\boldsymbol{f}_1,\boldsymbol{f}_2)\in\mathcal{S}_{2d}(\mathbb{R}),\quad|\boldsymbol{f}|\equiv\sum_{i=1}^{2d}|f_i|,$$

$$\|\boldsymbol{f}\|\equiv\left(\sum_{i=1}^{2d}(\sup_{x\in\mathbb{R}}|f_i(x)|+\sup_{x\in\mathbb{R}}|f_i'(x)|)^2\right)^{\frac{1}{2}},$$

$C_{4,8,1}$ 是依赖于参数 k 的常数. 因此

$$|S(\Phi_\varepsilon(z\boldsymbol{f}))|$$

$$\leqslant\left(\frac{1}{2\pi(\alpha_1^2 t+\beta_1^2(2-2^{2k})t^{2k+1})}\right)^{\frac{d}{2}}\exp\left\{\frac{b^2+|z|^2\,\alpha_1^2\,|f|^2+2\,|z\|b\|\alpha_1\|f|}{2\pi(\alpha_1^2 t+\beta_1^2(2-2^{2k})t^{2k+1})}\right\}$$

$$\cdot\exp\left\{\frac{2(|z\|b\|\beta_1\|\|f\|+C_{4,8,1}\,|z|^2\,\alpha_1\|\beta_1\|f\|\|f\|)t+C_{4,8,1}^2\,|z|^2\,\beta_1^2\,\|f\|^2\,t^2}{2\pi(\alpha_1^2 t+\beta_1^2(2-2^{2k})t^{2k+1})}\right\}.$$

$$(4.56)$$

注意到 (4.56) 中第一部分在 $[0,T]$ 上可积, 第三部分在 $[0,T]$ 上有界. 应用引理 4.43 结果获证. 证毕. □

类似 (Oliveira et al., 2011) 中的方法, 验证 $L_{k,\varepsilon}(T,b)$ 在 (L^2) 中收敛到 $L_k(T,b)$. 下面的定理给出了混合过程的碰撞局部时的混沌分解. 为简单起见, 仅仅考虑 $L_k(T,0)$ 的展开式, 其余情形 $b \neq 0$ 类似.

定理 4.51   对每个 $k \in \left(-\dfrac{1}{2}, \dfrac{1}{2}\right)$, 当 $b \in \mathbb{R}$ 时, 混合随机过程的碰撞局部时

$$L_k(T,b) \equiv \frac{1}{2\pi} \int_0^T \int_{\mathbb{R}} \exp\{i\lambda(\alpha_1 B_t + \beta_1 S_t^k - b)\} d\lambda dt$$

是一个 Hida 广义泛函. 进一步, $L_k(T,0)$ 的核函数如下给出

$$\boldsymbol{G_{m,k}}(u_1, \cdots, u_m, v_1, \cdots, v_k)$$

$$= \left(\frac{1}{2\pi}\right)^{\frac{d}{2}} \left(\frac{1}{2}\right)^{\frac{m+k}{2}} \frac{1}{\left(\dfrac{\boldsymbol{m+k}}{2}\right)!} \frac{(\boldsymbol{m+k})!}{\boldsymbol{m!k!}}$$

$$\cdot \int_0^T \left(\frac{1}{\alpha_1^2 t + \beta_1^2(2 - 2^{2k})t^{2k+1}}\right)^{\frac{d+m+k}{2}}$$

$$\cdot \alpha_1^m \prod_{i=1}^m \boldsymbol{I}_{[0,t]}(u_i) \beta_1^k \prod_{j=1}^k \left(\frac{1}{c(k)} I_-^k \boldsymbol{I}_{[0,t)}^o\right)(v_j) dt,$$

对 $\boldsymbol{n} \in \mathbb{N}^d$ 使得 $n \geqslant N$ 时上式成立. 其余情形下核函数 $\boldsymbol{G_{m,k}}$ 均为 0.

证明   对 $\boldsymbol{f} \in \mathcal{S}_{2d}(\mathbb{R})$ 和任何复值 z, 由 S-变换的定义知, 存在

$$S(\delta(\alpha_1 B_t + \beta_1 S_t^k - b))(\boldsymbol{f})$$

$$= \left(\frac{1}{2\pi(\alpha_1^2 t + \beta_1^2(2 - 2^{2k})t^{2k+1})}\right)^{\frac{d}{2}}$$

$$\cdot \left|\exp\left\{-\frac{\left(z\alpha_1 \int_0^t \boldsymbol{f}(s)ds + z\beta_1 \int_{\mathbb{R}} \boldsymbol{f}(s)\left(\frac{1}{c(k)} I_-^k \boldsymbol{I}_{[0,t)}^o\right)(s)ds - b\right)^2}{2(\alpha_1^2 t + \beta_1^2(2 - 2^{2k})t^{2k+1})}\right\}\right|$$

$$\leqslant \left(\frac{1}{2\pi(\alpha_1^2 t + \beta_1^2(2 - 2^{2k})t^{2k+1})}\right)^{\frac{d}{2}}$$

$$\cdot \exp\left\{\frac{b^2 + 2\left|z \| b \| \alpha_1 \| \int_0^t \boldsymbol{f}(s)ds\right|}{2(\alpha_1^2 t + \beta_1^2(2 - 2^{2k})t^{2k+1})}\right\}$$

$$\cdot \exp \left\{ \frac{2 \left| z \left\| b \right\| \beta_1 \right\| \int_{\mathbb{R}} \boldsymbol{f}(s) \left(\frac{1}{c(k)} I_-^k \boldsymbol{I}_{[0,t)}^o \right)(s) ds \right|}{2(\alpha_1^2 t + \beta_1^2 (2 - 2^{2k}) t^{2k+1})} \right\}$$

$$\cdot \exp \left\{ \frac{2 \left| z \right|^2 \left| \alpha_1 \right\| \beta_1 \right\| \int_0^t \boldsymbol{f}(s) ds \left\| \int_{\mathbb{R}} \boldsymbol{f}(s) \left(\frac{1}{c(k)} I_-^k \boldsymbol{I}_{[0,t)}^o \right)(s) ds \right|}{2(\alpha_1^2 t + \beta_1^2 (2 - 2^{2k}) t^{2k+1})} \right\}$$

$$\cdot \exp \left\{ \frac{\left| z \right|^2 \alpha_1^2 \left| \int_0^t \boldsymbol{f}(s) ds \right|^2 + \left| z \right|^2 \beta_1^2 \left| \int_{\mathbb{R}} \boldsymbol{f}(s) (\beta_1^2 (2 - 2^{2k}) t^{2k+1})(s) ds \right|^2}{2(\alpha_1^2 t + \beta_1^2 (2 - 2^{2k}) t^{2k+1})} \right\}$$

$$\leqslant \left(\frac{1}{2\pi(\alpha_1^2 t + \beta_1^2 (2 - 2^{2k}) t^{2k+1})} \right)^{\frac{d}{2}}$$

$$\cdot \exp \left\{ \frac{b^2 + \left| z \right|^2 \alpha_1^2 \left| \boldsymbol{f} \right|^2 + 2 \left| z \right\| b \right\| \beta_1 \left| C_{4,8,1} \right\| \boldsymbol{f} \right\|}{2(\alpha_1^2 t + \beta_1^2 (2 - 2^{2k}) t^{2k+1})} \right\}$$

$$\cdot \exp \left\{ \frac{C_{4,8,1} \left| z \right|^2 \beta_1^2 \left\| \boldsymbol{f} \right\|^2 + 2 \left| z \right\| b \right\| \alpha_1 \left\| \boldsymbol{f} \right\| + 2 C_{4,8,1} \left| z \right|^2 \left| \alpha_1 \right\| \beta_1 \left\| \boldsymbol{f} \right\| \boldsymbol{f} \right\|}{2(\alpha_1^2 t + \beta_1^2 (2 - 2^{2k}) t^{2k+1})} \right\},$$

$$(4.57)$$

其中 (4.57) 中第一部分在 $[0,T]$ 上可积, 第三部分在 $[0,T]$ 上有界.

给定 $\boldsymbol{f} = (f_{1,1}, \cdots, f_{1,d}, f_{2,1}, \cdots, f_{2,d}) \in \mathcal{S}_{2d}(\mathbb{R})$, 有

$$S(L(T,0))(\boldsymbol{f})$$

$$= \left(\frac{1}{\pi} \right)^{\frac{d}{2}} \int_0^T \sum_{n \geqslant N} \left\{ \left(\frac{1}{2(\alpha_1^2 t + \beta_1^2 (2 - 2^{2k}) t^{2k+1})} \right)^{n + \frac{d}{2}} \right\}$$

$$\cdot \sum_{n_1, \cdots, n_d} \frac{1}{n_1! \cdots n_d!} \prod_{i=1}^d \sum_{m_i + k_i = 2n_i}$$

$$\cdot \frac{(m_i + k_i)!}{m_i! k_i!} \alpha_1^{m_i} \left(\int_0^t f_i(s) ds \right)^{m_i} \beta_1^{k_i} \left(\int_{\mathbb{R}} f_i(s) \left(\frac{1}{c(k)} I_-^k \boldsymbol{I}_{[0,t)}^o \right)(s) ds \right)^{k_i} dt$$

$$= \left(\frac{1}{\pi} \right)^{\frac{d}{2}} \int_0^T \sum_{n \geqslant N} \sum_{n_1, \cdots, n_d} \sum_{m_i + k_i = 2n_i}$$

$$\cdot \left\{ \prod_{i=1}^d \left(\frac{1}{2(\alpha_1^2 t + \beta_1^2 (2 - 2^{2k}) t^{2k+1})} \right)^{\frac{1}{2} + \frac{m_i + k_i}{2}} \frac{1}{\frac{m_i + k_i}{2}!} \right\}$$

$$\cdot \left\{ \prod_{i=1}^d \frac{(m_i + k_i)!}{m_i! k_i!} \alpha_1^{m_i} \left(\int_0^t f_i(s) ds \right)^{m_i} \beta_1^{k_i} \left(\int_{\mathbb{R}} f_i(s) \left(\frac{1}{c(k)} I_-^k \boldsymbol{I}_{[0,t)}^o \right)(s) ds \right)^{k_i} \right\}.$$

与一般函数的混沌分解相比,

$$L_k(T,0) = \sum_m \sum_k \langle : \omega_1^{\otimes m} : \otimes : \omega_2^{\otimes k} :, G_{m,k} \rangle,$$

核函数可获得. 证毕.   □

下面讨论混合随机过程的碰撞局部时的正则性条件.

定理 4.52   对每个 $k \in \left(-\dfrac{1}{2}, \dfrac{1}{2}\right)$, 混合随机过程的碰撞局部时以分数阶

$$1 - \frac{1}{2} \max_{u \in (s,t)} \{\alpha_1^2 u, \beta_1^2(2 - 2^{2k}) u^{2k+1}\}$$

Hölder 连续, 即存在某常数 $C_{4,8,2}$ 使得

$$E[\| L_t - L_s \|] \leqslant C_{4,8,2} \, | \, t - s \, |^{1 - \frac{1}{2} \max_{u \in (s,t)} \{\alpha_1^2 u, \beta_1^2(2 - 2^{2k}) u^{2k+1}\}} \, .$$

证明   设

$$L_t = \int_0^t \delta(\alpha_1 B_u + \beta_1 S_u^k) du,$$

$$L_{t,\varepsilon} = \int_0^t p_\varepsilon(\alpha_1 B_u + \beta_1 S_u^k) du.$$

对 $s < t$, 考虑

$$E[\| L_{t,\varepsilon} - L_{s,\varepsilon} \|]$$

$$= \frac{1}{2\pi} \int_s^t \int_{\mathbb{R}} E[\exp\{i\xi(\alpha_1 B_u + \beta_1 S_u^k)\}] \exp\{-\varepsilon\xi^2\} d\xi du$$

$$= \frac{1}{2\pi} \int_s^t \int_{\mathbb{R}} E\left[\exp\left\{-\frac{1}{2}\xi^2(\alpha_1^2 Var(B_u) + \beta_1^2 Var(S_u^k))\right\}\right] \exp\{-\varepsilon\xi^2\} d\xi du$$

$$\leqslant \frac{1}{2\pi} \int_s^t \int_{\mathbb{R}} \exp\left\{-\frac{1}{2}\xi^2(\alpha_1^2 u + \beta_1^2(2 - 2^{2k}) u^{2k+1})\right\} d\xi du$$

$$= \frac{1}{2\pi} \int_s^t \int_{\mathbb{R}} \sqrt{\frac{2}{\alpha_1^2 u + \beta_1^2(2 - 2^{2k}) u^{2k+1}}} \exp\{-x^2\} dx du$$

$$= \frac{1}{\sqrt{2\pi}} \int_s^t \sqrt{\frac{1}{\alpha_1^2 u + \beta_1^2(2 - 2^{2k}) u^{2k+1}}} du$$

$$\leqslant \frac{1}{\sqrt{2\pi}} \int_s^t u^{-\frac{1}{2} \max_{u \in (s,t)} \{\alpha_1^2 u, \beta_1^2(2 - 2^{2k}) u^{2k+1}\}} du$$

$$\leqslant \frac{1}{\sqrt{2\pi}} \frac{t^{1 - \frac{1}{2} \max_{u \in (s,t)} \{\alpha_1^2 u, \beta_1^2(2 - 2^{2k}) u^{2k+1}\}} - s^{1 - \frac{1}{2} \max_{u \in (s,t)} \{\alpha_1^2 u, \beta_1^2(2 - 2^{2k}) u^{2k+1}\}}}{1 - \frac{1}{2} \max_{u \in (s,t)} \{\alpha_1^2 u, \beta_1^2(2 - 2^{2k}) u^{2k+1}\}}$$

$$\leqslant C_{4,8,2} \, | \, t - s \, |^{1 - \frac{1}{2} \max_{u \in (s,t)} \{\alpha_1^2 u, \beta_1^2(2 - 2^{2k}) u^{2k+1}\}},$$

其中 $C_{4,8,2} = \dfrac{1}{\sqrt{2\pi}\left(1 - \dfrac{1}{2}\max_{u\in(s,t)}\{\alpha_1^2 u, \beta_1^2(2 - 2^{2k})t^{2k+1}\}\right)}$.

由 Fatou 引理, 得到

$$
\begin{aligned}
E[|\,L_t - L_s\,|] &= E[\lim_{\varepsilon\to 0}|\,L_{t,\varepsilon} - L_{s,\varepsilon}\,|] \\
&\leqslant \liminf_{\varepsilon\to 0} E[|\,L_{t,\varepsilon} - L_{s,\varepsilon}\,|] \\
&\leqslant C_{4,8,2}\,|\,t - s\,|^{1 - \frac{1}{2}\max_{u\in(s,t)}\{\alpha_1^2 u, \beta_1^2(2 - 2^{2k})u^{2k+1}\}}.
\end{aligned}
$$

因此, L_t 是 Hölder 连续函数. 证毕. □

4.9 布朗运动和分数布朗运动混合过程的碰撞局部时

本节利用经典的白噪声分析框架, 研究布朗运动和分数布朗运动混合随机过程的局部时. 利用白噪声分析方法证明了布朗运动和分数布朗运动混合随机过程的局部时是一个 Hida 广义泛函. 进一步, 借助于 S-变换给出了该局部时的混沌分解. 所获得结果推广了文献 (Guo et al., 2011) 中所获得的分数布朗运动情形下的一些结果.

布朗运动 $\{B_t, t \geqslant 0\}$ 和分数布朗运动 $\{B_t^H, t \geqslant 0\}$ 混合随机过程的碰撞局部时定义为

$$
L(T, a) = \int_0^T \delta(M_t - a)dt,
$$

其中 T 是某个常数, $M_t = \alpha_2 B_t + \beta_2 B_t^H$ 表示布朗运动和分数布朗运动的混合高斯随机过程, α_2 和 β_2 是两个常数且满足 $(\alpha_2, \beta_2) \neq (0, 0)$. 对任意 $H \in (0, 1)$ 混合随机过程的碰撞局部时

$$
L(T, a) = \int_0^T \delta(M_t - a)dt, \tag{4.58}
$$

其中 δ 是 D:rac delta 函数. 对任意的 $\varepsilon > 0$, 定义

$$
L_\varepsilon(T, a) = \int_0^T p_\varepsilon(M_t - a)dt. \tag{4.59}
$$

定理 4.53 对任意 $H \in (0, 1)$ 和给定 $a \in \mathbb{R}$, 混合随机过程 M_t 的局部时为

$$
\begin{aligned}
L_\varepsilon(T, a) &= \int_0^T p_\varepsilon(M_t - a)dt \\
&= \frac{1}{(2\pi\varepsilon)^{\frac{d}{2}}}\int_0^T \exp\left\{-\frac{(M_t - a)^2}{2\varepsilon}\right\}dt
\end{aligned} \tag{4.60}
$$

是一个 Hida 广义泛函. 进一步, $L_\varepsilon(T,a)$ 的 S-变换为

$$S(L_\varepsilon(T,a))(\boldsymbol{f}) = \int_0^T \frac{1}{(2\pi(\varepsilon + \alpha_2^2 t + \beta_2^2 t^{2H}))^{\frac{d}{2}}}$$

$$\cdot \exp\left\{ -\frac{\left(\alpha_2 \int_0^t \boldsymbol{f}(s)ds + \beta_2 \int_{\mathbb{R}} \boldsymbol{f}(s)(M_-^H \boldsymbol{I}_{[0,t]})(s)ds - a\right)^2}{2(\varepsilon + \alpha_2^2 t + \beta_2^2 t^{2H})} \right\} dt, \tag{4.61}$$

对所有的 $\boldsymbol{f} = (\boldsymbol{f}_1, \boldsymbol{f}_2) = (f_{1,1}, \cdots, f_{1,d}, f_{2,1}, \cdots, f_{2,d}) \in \mathcal{S}_{2d}(\mathbb{R})$ 成立.

证明　设

$$\Phi_\varepsilon(\vec{\omega}) \equiv \left(\frac{1}{2\pi\varepsilon}\right)^{\frac{d}{2}} \exp\left\{ -\frac{(\alpha_2 B_t + \beta_2 B_t^H - a)^2}{2\varepsilon} \right\},$$

其中 $\vec{\omega} = (\vec{\omega}_1, \vec{\omega}_2) = (\omega_{1,1}, \cdots, \omega_{1,d}, \omega_{2,1}, \cdots, \omega_{2,d})$. 对每个 $\boldsymbol{f} \in \mathcal{S}_{2d}(\mathbb{R})$, 计算 $L_\varepsilon(T,a)$ 的 S-变换如下

$$S(\Phi_\varepsilon(\vec{\omega}))(\boldsymbol{f})$$

$$= \frac{1}{(2\pi(\varepsilon + \alpha_2^2 t + \beta_2^2 t^{2H}))^{\frac{d}{2}}}$$

$$\cdot \exp\left\{ -\frac{\left(\alpha_2 \int_0^t \boldsymbol{f}(s)ds + \beta_2 \int_{\mathbb{R}} \boldsymbol{f}(s)(M_-^H \boldsymbol{I}_{[0,t]})(s)ds - a\right)^2}{2(\varepsilon + \alpha_2^2 t + \beta_2^2 t^{2H})} \right\}.$$

有界性验证如下, 对任何复值 z 和每个 $\boldsymbol{f} \in \mathcal{S}_{2d}(\mathbb{R})$, 有

$$| S(\Phi_\varepsilon(\vec{\omega}))(z\boldsymbol{f}) |$$

$$= \left(\frac{1}{2\pi(\varepsilon + \alpha_2^2 t + \beta_2^2 t^{2H})} \right)^{\frac{d}{2}}$$

$$\cdot \left| \exp\left\{ -\frac{\left(z\alpha_2 \int_0^t \boldsymbol{f}(s)ds + z\beta_2 \int_{\mathbb{R}} \boldsymbol{f}(s)(M_-^H \boldsymbol{I}_{[0,t]})(s)ds - a\right)^2}{2(\varepsilon + \alpha_2^2 t + \beta_2^2 t^{2H})} \right\} \right|$$

$$\leqslant \left(\frac{1}{2\pi(\varepsilon + \alpha_2^2 t + \beta_2^2 t^{2H})} \right)^{\frac{d}{2}} \exp\left\{ \frac{a^2 + 2\left| z \|| a \|| \alpha_2 \|| \int_0^t \boldsymbol{f}(s)ds \right|}{2(\varepsilon + \alpha_2^2 t + \beta_2^2 t^{2H})} \right\}$$

$$\cdot \exp\left\{ \frac{2\left| z \|| a \|| \beta_2 \|| \int_{\mathbb{R}} \boldsymbol{f}(s)(M_-^H \boldsymbol{I}_{[0,t]})(s)ds \right|}{2(\varepsilon + \alpha_2^2 t + \beta_2^2 t^{2H})} \right\}$$

$$\cdot \exp\left\{ \frac{2 \mid z \mid^2 \left| \alpha_2 \|| \beta_2 \|| \int_0^t \boldsymbol{f}(s)ds \|| \int_{\mathbb{R}} \boldsymbol{f}(s)(M_-^H \boldsymbol{I}_{[0,t]})(s)ds \right|}{2(\varepsilon + \alpha_2^2 t + \beta_2^2 t^{2H})} \right\}$$

$$\cdot \exp\left\{ \frac{\mid z \mid^2 \alpha_2^2 \left| \int_0^t \boldsymbol{f}(s)ds \right|^2 + \mid z \mid^2 \beta_2^2 \left| \int_{\mathbb{R}} \boldsymbol{f}(s)(M_-^H \boldsymbol{I}_{[0,t]})(s)ds \right|^2}{2(\varepsilon + \alpha_2^2 t + \beta_2^2 t^{2H})} \right\}.$$

由引理 3.8, 得到

$$\exp\left\{ \frac{2\left| z \|| a \|| \beta_2 \|| \int_{\mathbb{R}} \boldsymbol{f}(s)(M_-^H \boldsymbol{I}_{[0,t]})(s)ds \right|}{2(\varepsilon + \alpha_2^2 t + \beta_2^2 t^{2H})} \right\}$$

$$\leqslant \exp\left\{ \frac{2C_{4,9,1} \mid z \|| a \|| \beta_2 \||| \boldsymbol{f} \| t}{2(\varepsilon + \alpha_2^2 t + \beta_2^2 t^{2H})} \right\},$$

$$\exp\left\{ \frac{\mid z \mid^2 \alpha_2^2 \left| \int_0^t \boldsymbol{f}(s)ds \right|^2}{2(\varepsilon + \alpha_2^2 t + \beta_2^2 t^{2H})} \right\} \leqslant \exp\left\{ \frac{\mid z \mid^2 \alpha_2^2 \mid \boldsymbol{f} \mid^2}{2(\varepsilon + \alpha_2^2 t + \beta_2^2 t^{2H})} \right\},$$

$$\exp\left\{ \frac{\mid z \mid^2 \beta_2^2 \left| \int_{\mathbb{R}} \boldsymbol{f}(s)(M_-^H \boldsymbol{I}_{[0,t]})(s)ds \right|^2}{2(\varepsilon + \alpha_2^2 t + \beta_2^2 t^{2H})} \right\} \leqslant \exp\left\{ \frac{C_{4,9,1}^2 \mid z \mid^2 \beta_2^2 \| \boldsymbol{f} \|^2 t^2}{2(\varepsilon + \alpha_2^2 t + \beta_2^2 t^{2H})} \right\},$$

$$\exp\left\{ \frac{2\left| z \|| a \|| \alpha_2 \|| \int_0^t \boldsymbol{f}(s)ds \right|}{2(\varepsilon + \alpha_2^2 t + \beta_2^2 t^{2H})} \right\} \leqslant \exp\left\{ \frac{2 \mid z \|| a \|| \alpha_2 \|| \boldsymbol{f} \mid}{2(\varepsilon + \alpha_2^2 t + \beta_2^2 t^{2H})} \right\},$$

$$\exp\left\{ \frac{2 \mid z \mid^2 \left| \alpha_2 \|| \beta_2 \|| \int_0^t \boldsymbol{f}(s)ds \|| \int_{\mathbb{R}} \boldsymbol{f}(s)(M_-^H \boldsymbol{I}_{[0,t]})(s)ds \right|}{2(\varepsilon + \alpha_2^2 t + \beta_2^2 t^{2H})} \right\}$$

$$\leqslant \exp\left\{ \frac{2C_{4,9,1} \mid z \mid^2 \alpha_2 \|| \beta_2 \|| \boldsymbol{f} \||| \boldsymbol{f} \| t}{2(\varepsilon + \alpha_2^2 t + \beta_2^2 t^{2H})} \right\},$$

其中

$$\boldsymbol{f} = (\boldsymbol{f}_1, \boldsymbol{f}_2), \quad \boldsymbol{f}_i = (f_{i,1}, f_{i,2}, \cdots, f_{i,d}) \in \mathcal{S}_d(\mathbb{R}),$$

$$\| \boldsymbol{f} \| \equiv \left(\sum_{i=1}^{2d} (\sup_{x \in \mathbb{R}} | f_i(x) | + \sup_{x \in \mathbb{R}} | f_i'(x) | + | f_i |)^2 \right)^{\frac{1}{2}},$$

$$| \boldsymbol{f} | \equiv \sum_{i=1}^{2d} | f_i |,$$

$C_{4,9,1}$ 是某个依赖于 H 的常数. 于是

$$| S(\Phi_\varepsilon(z\boldsymbol{f}) |$$

$$\leqslant \left(\frac{1}{2\pi(\alpha_2^2 t + \beta_2^2 t^{2H})} \right)^{\frac{d}{2}}$$

$$\cdot \exp \left\{ \frac{a^2 + | z |^2 \alpha_2^2 | f |^2 + 2 | z || a || \alpha_2 || f |}{2\pi(\alpha_2^2 t + \beta_2^2 t^{2H})} \right\}$$

$$\cdot \exp \left\{ \frac{2(| z || a || \beta_2 | \|f\| + C_{4,9,1} | z |^2 \alpha_2 || \beta_2 || f | \|f\|)t + C_{4,9,1}^2 | z |^2 \beta_2^2 \|f\|^2 t^2}{2\pi(\alpha_2^2 t + \beta_2^2 t^{2H})} \right\}.$$

应用引理 3.8, 结果获证. 证毕.　　　　　　　　　　　　　　　　　　　　□

定理 4.54　对任意 $H \in (0,1)$ 以及 $a \in \mathbb{R}$, 混合随机过程的碰撞局部时

$$L(T, a) \equiv \int_0^T \delta(\alpha_2 B_t + \beta_2 B_t^H - a)dt$$

$$= \frac{1}{2\pi} \int_0^T \int_{\mathbb{R}} \exp\{i\lambda(\alpha_2 B_t + \beta_2 B_t^H - a)\}d\lambda dt$$

是一个 Hida 广义泛函. 进一步, 其 S-变换为

$$S(L(T, a))(\boldsymbol{f})$$

$$= \int_0^T \frac{1}{2\pi(\alpha_2^2 t + \beta_2^2 t^{2H})^{\frac{d}{2}}}$$

$$\cdot \exp \left\{ -\frac{\left(\alpha_2 \int_0^t \boldsymbol{f}(s)ds + \beta_2 \int_{\mathbb{R}} \boldsymbol{f}(s)(M_-^H \boldsymbol{I}_{[0,t]})(s)ds - a \right)^2}{2(\alpha_2^2 t + \beta_2^2 t^{2H})} \right\} dt,$$

对 $\boldsymbol{f} \in \mathcal{S}_{2d}(\mathbb{R})$ 成立.

证明 对 $\boldsymbol{f} \in \mathcal{S}_{2d}(\mathbb{R})$ 和复值 z, 由 S-变换的定义, 有

$$S(\delta(\alpha_2 B_t + \beta_2 B_t^H - a))(z\boldsymbol{f})$$

$$= \left(\frac{1}{2\pi(\alpha_2^2 t + \beta_2^2 t^{2H})}\right)^{\frac{d}{2}}$$

$$\cdot \left| \exp\left\{ -\frac{\left(z\alpha_2 \int_0^t \boldsymbol{f}(s)ds + z\beta_2 \int_{\mathbb{R}} \boldsymbol{f}(s)(M_-^H \boldsymbol{I}_{[0,t]})(s)ds - a\right)^2}{2(\alpha_2^2 t + \beta_2^2 t^{2H})} \right\} \right|$$

$$\leqslant \left(\frac{1}{2\pi(\alpha_2^2 t + \beta_2^2 t^{2H})}\right)^{\frac{d}{2}} \exp\left\{ \frac{a^2 + 2\left|z \| a \| \alpha_2 \| \int_0^t \boldsymbol{f}(s)ds\right|}{2(\alpha_2^2 t + \beta_2^2 t^{2H})} \right\}$$

$$\cdot \exp\left\{ \frac{2\left|z \| a \| \beta_2 \| \int_{\mathbb{R}} \boldsymbol{f}(s)(M_-^H \boldsymbol{I}_{[0,t]})(s)ds\right|}{2(\alpha_2^2 t + \beta_2^2 t^{2H})} \right\}$$

$$\cdot \exp\left\{ \frac{2 \mid z \mid^2 \alpha_2 \| \beta_2 \left|\int_0^t \boldsymbol{f}(s)ds\right|\left|\int_{\mathbb{R}} \boldsymbol{f}(s)(M_-^H \boldsymbol{I}_{[0,t]})(s)ds\right|}{2(\alpha^2 t + \beta^2 t^{2H})} \right\}$$

$$\cdot \exp\left\{ \frac{\mid z \mid^2 \alpha_2^2 \left|\int_0^t \boldsymbol{f}(s)ds\right|^2 + \mid z \mid^2 \beta_2^2 \left|\int_{\mathbb{R}} \boldsymbol{f}(s)(M_-^H \boldsymbol{I}_{[0,t]})(s)ds\right|^2}{2(\alpha_2^2 t + \beta_2^2 t^{2H})} \right\}$$

$$\leqslant \left(\frac{1}{2\pi(\alpha_2^2 t + \beta_2^2 t^{2H})}\right)^{\frac{d}{2}} \exp\left\{ \frac{a^2 + \mid z \mid^2 \alpha_2^2 \mid f \mid^2 + 2 \mid z \| a \| \alpha_2 \| f \mid}{2\pi(\alpha_2^2 t + \beta_2^2 t^{2H})} \right\}$$

$$\cdot \exp\left\{ \frac{2(\mid z \| a \| \beta_2 \| f \| + C_{4,9,1} \mid z \mid^2 \alpha_2 \| \beta_2 \| f \| f \|)t + C_{4,9,1}^2 \mid z \mid^2 \beta_2^2 \| f \|^2 t^2}{2\pi(\alpha_2^2 t + \beta_2^2 t^{2H})} \right\},$$

其中 $\left(\dfrac{1}{2\pi(\alpha_2^2 t + \beta_2^2 t^{2H})}\right)^{\frac{d}{2}}$ 在 $[0,T]$ 上可积, 且

$$\exp\left\{ \frac{2(\mid z \| a \| \beta_2 \| \| f \| + C_{4,9,1} \mid z \mid^2 \alpha_2 \| \beta_2 \| f \| f \|)t + C_{4,9,1}^2 \mid z \mid^2 \beta_2^2}{2\pi(\alpha_2^2 t + \beta_2^2 t^{2H})} \right\}$$

在 $[0,T]$ 上有界. 证毕. $\qquad\qquad\qquad\qquad\qquad\qquad\qquad\qquad\qquad\qquad \square$

下面给出混合随机过程的碰撞局部时的混沌分解.

定理 4.55　对 $H \in (0,1)$, 混合随机过程的局部时 $L(T,0)$ 有混沌分解

$$L(T,0) = \sum_{\boldsymbol{m}} \sum_{\boldsymbol{k}} \langle : \omega_1^{\otimes \boldsymbol{m}} : \otimes : \omega_2^{\otimes \boldsymbol{k}} :, G_{\boldsymbol{m},\boldsymbol{k}} \rangle,$$

其中 $L(T,0)$ 的核函数为

$$\boldsymbol{G}_{\boldsymbol{m},\boldsymbol{k}}(u_1,\cdots,u_m,v_1,\cdots,v_k)$$

$$= \left(\frac{1}{2\pi}\right)^{\frac{d}{2}} \left(\frac{1}{2}\right)^{\frac{m+k}{2}} \frac{1}{\left(\frac{m+k}{2}\right)!} \frac{(\boldsymbol{m}+\boldsymbol{k})!}{\boldsymbol{m}!\boldsymbol{k}!}$$

$$\cdot \int_0^T \left(\frac{1}{\alpha_2^2 t + \beta_2^2 t^{2H}}\right)^{\frac{d+m+k}{2}} \alpha_2^m \prod_{i=1}^m \boldsymbol{I}_{[0,t]}(u_i) \beta_2^k \prod_{j=1}^k (M_-^H \boldsymbol{I}_{[0,t]})(v_j) dt$$

对每个 $\boldsymbol{m}, \boldsymbol{k} \in \mathbb{N}^d$ 使得 $m+k \geqslant 2N$. 其他核函数 $\boldsymbol{G}_{\boldsymbol{m},\boldsymbol{k}}$ 均为 0.

证明　给定 $\boldsymbol{f}_i = (f_{i,1},\cdots,f_{i,d}) \in \mathcal{S}_d(\mathbb{R})$, 有

$$S(L(T,0))(\boldsymbol{f})$$

$$= \left(\frac{1}{\pi}\right)^{\frac{d}{2}} \int_0^T \sum_{n \geqslant N} \left\{\left(\frac{1}{2(\alpha_2^2 t + \beta_2^2 t^{2H})}\right)^{n+\frac{d}{2}}\right\} \sum_{n_1,\cdots,n_d} \frac{1}{n_1!\cdots n_d!} \prod_{i=1}^d \sum_{m_i+k_i=2n_i}$$

$$\cdot \frac{(m_i+k_i)!}{m_i!k_i!} \alpha_2^{m_i} \left(\int_0^t f_i(s)ds\right)^{m_i} \beta_2^{k_i} \left(\int_{\mathbb{R}} f_i(s)(M_-^H \boldsymbol{I}_{[0,t]})(s)ds\right)^{k_i} dt$$

$$= \left(\frac{1}{\pi}\right)^{\frac{d}{2}} \int_0^T \sum_{n \geqslant N} \sum_{n_1,\cdots,n_d} \sum_{m_i+k_i=2n_i}$$

$$\cdot \left\{\prod_{i=1}^d \left(\frac{1}{2(\alpha_2^2 t + \beta_2^2 t^{2H})}\right)^{\frac{1}{2}+\frac{m_i+k_i}{2}} \frac{1}{\frac{m_i+k_i}{2}!}\right\}$$

$$\cdot \left\{\prod_{i=1}^d \frac{(m_i+k_i)!}{m_i!k_i!} \alpha_2^{m_i} \left(\int_0^t f_i(s)ds\right)^{m_i} \beta_2^{k_i} \left(\int_{\mathbb{R}} f_i(s)(M_-^H \boldsymbol{I}_{[0,t]})(s)ds\right)^{k_i}\right\}.$$

与一般的核函数相比, 得到

$$\sum_{\boldsymbol{m}} \sum_{\boldsymbol{k}} \langle : \vec{\omega_1}^{\otimes \boldsymbol{m}} : \otimes : \vec{\omega_2}^{\otimes \boldsymbol{k}} :, \boldsymbol{G}_{\boldsymbol{m},\boldsymbol{k}} \rangle.$$

证毕.　　　　　　　　　　　　　　　　　　　　　　　　　　　　□

4.10 分数布朗运动的加权局部时

本节简单介绍分数布朗运动加权局部时的相关结果.

分数布朗运动的加权局部时定义为

$$L^H(x,T) = 2H \int_0^T s^{2H-1} \delta(B_s^H - x) ds,$$

其中 $H \in (0,1)$ 和 T 是某个大于 0 的常数.

对任意的 $\varepsilon > 0$, 定义

$$L_\varepsilon^H(x,T) = 2H \int_0^T s^{2H-1} p_\varepsilon(B_s^H - x) ds.$$

定理 4.56 对任意 $H \in (0,1)$ 和给定 $x \in \mathbb{R}$, 分数布朗运动的加权局部时

$$\begin{aligned}
L_\varepsilon^H(x,T) &= 2H \int_0^T s^{2H-1} p_\varepsilon(B_s^H - x) ds \\
&= \frac{2H}{(2\pi\varepsilon)^{\frac{1}{2}}} \int_0^T s^{2H-1} \exp\left\{-\frac{(B_s^H - x)^2}{2\varepsilon}\right\} ds
\end{aligned} \tag{4.62}$$

是一个 Hida 广义泛函. 进一步, $L_\varepsilon^H(x,T)$ 的 S-变换为

$$S(L_\varepsilon^H(x,T))(f)$$

$$= 2H \int_0^T \frac{s^{2H-1}}{(2\pi(\varepsilon + s^{2H}))^{\frac{1}{2}}} \exp\left\{-\frac{\left(\int_{\mathbb{R}} f(t)(M_-^H \boldsymbol{I}_{[0,s]})(t) dt - x\right)^2}{2(\varepsilon + s^{2H})}\right\} ds, \tag{4.63}$$

对所有的 $f \in \mathcal{S}(\mathbb{R})$ 成立.

证明 设

$$\Phi_{H,\varepsilon}(\omega) \equiv \frac{2H}{(2\pi\varepsilon)^{\frac{1}{2}}} \exp\left\{-\frac{(B_s^H - x)^2}{2\varepsilon}\right\} s^{2H-1}.$$

对每个 $f \in \mathcal{S}(\mathbb{R})$, 计算 S-变换如下

$$S(\Phi_{H,\varepsilon}(\omega))(f) = \frac{2H}{(2\pi(\varepsilon + s^{2H}))^{\frac{1}{2}}} s^{2H-1} \exp\left\{-\frac{\left(\int_{\mathbb{R}} f(t)(M_-^H \boldsymbol{I}_{[0,s]})(t) dt - x\right)^2}{2(\varepsilon + s^{2H})}\right\}.$$

有界性验证如下. 对任何复值 z, 有

$$| S(\Phi_{H,\varepsilon}(\omega))(zf) |$$

$$= \frac{2H}{(2\pi(\varepsilon + s^{2H}))^{\frac{1}{2}}} s^{2H-1} \left| \exp \left\{ -\frac{\left(z \int_{\mathbb{R}} f(t)(M_-^H \boldsymbol{I}_{[0,s]})(t)dt - x \right)^2}{2(\varepsilon + s^{2H})} \right\} \right|$$

$$\leqslant \frac{2H}{(2\pi(\varepsilon + s^{2H}))^{\frac{1}{2}}} s^{2H-1} \exp \left\{ \frac{| z |^2 \left| \int_{\mathbb{R}} f(t)(M_-^H \boldsymbol{I}_{[0,s]})(t)dt \right|^2}{\varepsilon + s^{2H}} \right\}.$$

于是

$$| S(\Phi_{H,\varepsilon}(z\boldsymbol{f}) | \leqslant \frac{2H}{(2\pi(\varepsilon + s^{2H}))^{\frac{1}{2}}} s^{2H-1} \exp\{C_{4,10,1}|z|^2\|f\|^2 s^{2-2H}\}.$$

应用引理 3.8 和推论 2.15, 结果获证. 证毕.   □

为了简单起见, 取 $x = 0$ 进行说明.

定理 4.57　对每个 $H \in (0,1)$, 加权局部时 $L_\varepsilon^H(0,T)$ 有如下混沌分解

$$L_\varepsilon^H(0,T) = \sum_n \langle : \omega^{\otimes n} :, G_{n,\varepsilon} \rangle,$$

其中 $L_\varepsilon^H(0,T)$ 的核函数 $G_{n,\varepsilon}$ 为

$$G_{2n,\varepsilon}(u_1, u_2, \cdots, u_{2n}) = \frac{2H}{n!(2\pi)^{\frac{1}{2}}} \left(-\frac{1}{2} \right)^n \int_0^T s^{2H-1} \frac{\prod_{i=1}^{2n}(M_-^H \boldsymbol{I}_{[0,s]})(u_i)}{(\varepsilon + s^{2H})^{n+\frac{1}{2}}} ds,$$

其余情形下核函数为 0.

证明　对 $f \in \mathcal{S}(\mathbb{R})$ 和复值 z, 由定理 4.56 知

$$S(L_\varepsilon^H(0,T))(f) = \frac{2H}{(2\pi)^{\frac{1}{2}}} \int_0^T \sum_{n=0}^\infty \left(-\frac{1}{2} \right)^n \frac{1}{(\varepsilon + s^{2H})^{n+\frac{1}{2}}}$$

$$\cdot \frac{s^{2H-1}}{n!} \left(\int_{\mathbb{R}} f(t)(M_-^H \boldsymbol{I}_{[0,s]})(t)dt \right)^{2n} ds.$$

与一般函数的混沌分解相比, 结果获证. 证毕.   □

类似地, 可以获得分数布朗运动的加权局部时及混沌分解.

定理 4.58 对任意 $H \in (0,1)$ 以及 $x \in \mathbb{R}$, 加权局部时

$$L^H(x, T) \equiv 2H \int_0^T s^{2H-1} \delta(B_s^H - x) ds$$
$$= \frac{2H}{(2\pi)^{\frac{1}{2}}} \int_0^T s^{2H-1} \exp\left\{ -\frac{(B_s^H - x)^2}{2} \right\} ds$$

是一个 Hida 广义泛函. 进一步, $L^H(0, T)$ 的核函数为

$$G_{2n}(u_1, u_2, \cdots, u_{2n}) = \frac{2H}{n!(2\pi)^{\frac{1}{2}}} \left(-\frac{1}{2} \right)^n \int_0^T \frac{\prod\limits_{i=1}^{2n} (M_-^H \boldsymbol{I}_{[0,s]})(u_i)}{s^{2Hn-H+1}} ds,$$

其余核函数为 0.

证明 对 $f \in \mathcal{S}(\mathbb{R})$ 和复值 z, 取 $x = 0$ 来验证. 由 $L^H(0, T)$ 的 S-变换定义, 知

$$S(L^H(0, T))(f) = 2H \int_0^T \frac{1}{(2\pi)^{\frac{1}{2}}} \sum_{n=0}^{\infty} \left(-\frac{1}{2} \right)^n \frac{s^{H-2Hn-1}}{n!}$$
$$\cdot \left(\int_{\mathbb{R}} f(t)(M_-^H \boldsymbol{I}_{[0,s]})(t) dt \right)^{2n} ds.$$

与一般函数的混沌分解相比, 结果获证. 证毕. □

定理 4.59 对每个 $H \in (0,1)$ 以及任意的 $\varepsilon > 0$, 当 $\varepsilon \to 0$ 时, $L_\varepsilon^H(x, T)$ 在 $(\mathcal{S})^*$ 中收敛于 $L^H(x, T)$.

证明 由推论 2.14 可证. 证毕. □

本章主要介绍了几类常见的分数型高斯随机过程的局部时, 涉及分数布朗运动碰撞局部时、多维多参数分数布朗运动局部时、Wiener 积分型局部时、混合高斯随机过程碰撞局部时和分数布朗运动加权局部时等问题, 主要借助于白噪声分析框架, 将局部时看成 Hida 广义泛函, 利用白噪声广义泛函解析刻画定理和收敛定理验证了局部时的存在性; 其次, 利用 S-变换讨论了局部时的混沌分解和核函数; 最后, 讨论了一些局部时的正则性条件.

第 5 章 分数 Ornstein-Uhlenbeck 过程的碰撞局部时

本章主要考虑了两个相互独立的 d 维分数 Ornstein-Uhlenbeck(简写为 O-U) 过程 $X_t^{H_1}$ 和 $\widetilde{X}_t^{H_2}$ 的碰撞局部时, 其中 $X_t^{H_1}$ 和 $\widetilde{X}_t^{H_2}$ 的 Hurst 参数分别为 $H_1 \in (0,1)$ 和 $H_2 \in (0,1)$. 在白噪声分析框架下, 研究该碰撞局部时的存在性和混沌分解.

5.1 分数 Ornstein-Uhlenbeck 过程

下面需要简单介绍一些有关 O-U 过程的背景知识. 假设扩散过程 $X = \{X_t, t \geqslant 0\}$ 始于 $x \in \mathbb{R}$, 则称该过程为 O-U 过程. 通常来讲, O-U 过程可以由如下一个 Itô 随机微分方程求其唯一强解得到

$$dX_t = -X_t dt + v dB_t, \quad X_0 = x, \tag{5.1}$$

其中 $\sigma > 0$ 以及 $B = \{B_t, t \geqslant 0\}$ 是一个布朗运动. 首先, O-U 过程刻画了大量布朗粒子在摩擦力影响下的速率. O-U 过程是一个平稳的高斯型的马尔可夫过程, 带有明显的均值回归性特点. 因此, O-U 过程被广泛地应用到许多领域中, 如金融和物理中.

本节主要研究两个相互独立的 d 维分数 O-U 过程 $X^{H_1} = \{X_t^{H_1}, t \geqslant 0\}$ 和 $\widetilde{X}^{H_2} = \{\widetilde{X}_t^{H_2}, t \geqslant 0\}$ 的碰撞局部时问题. 假设分数 O-U 过程 X^{H_1} 和 $\widetilde{X}^{H_2}$ 均是如下随机微分方程的强解

$$dX_t^{H_1} = -X_t^{H_1} dt + v dB_t^{H_1}, X_0^{H_1} = x;$$
$$d\widetilde{X}_t^{H_2} = -\widetilde{X}_t^{H_2} dt + v d\widetilde{B}_t^{H_2}, \widetilde{X}_0^{H_2} = x,$$

其中 $\sigma > 0$, $B^{H_1} = \{B_t^{H_1}, t \geqslant 0\}$ 和 $\widetilde{B}^{H_2} = \{\widetilde{B}_t^{H_2}, t \geqslant 0\}$ 是两个相互独立的分数布朗运动. 由文献 (Oliveira et al., 2011) 可见, 可以将 O-U 过程 X^{H_1} 和 $\widetilde{X}^{H_2}$ 分别改写为

$$X_t^{H_1} = v \int_0^t F_1(t, u) dB_u^{H_1}, \tag{5.2}$$

$$\widetilde{X}_t^{H_2} = v \int_0^t F_2(t, u) d\widetilde{B}_u^{H_2}, \tag{5.3}$$

其中

$$F_1(t, u) = \left(H_1 - \frac{1}{2} \right) \kappa_{H_1} e^{-t} u^{\frac{1}{2} - H_1} \int_u^t \left(s^{H_1 - \frac{1}{2}} (s - u)^{H_1 - \frac{3}{2}} e^s \right) ds \tag{5.4}$$

和

$$F_2(t, u) = \left(H_2 - \frac{1}{2} \right) \kappa_{H_2} e^{-t} u^{\frac{1}{2} - H_2} \int_u^t \left(s^{H_2 - \frac{1}{2}} (s - u)^{H_2 - \frac{3}{2}} e^s \right) ds, \tag{5.5}$$

这里 $H_i \in \left(\frac{1}{2}, 1 \right), i = 1, 2,$ 以及

$$F_1(t, u) = \kappa_{H_1} u^{\frac{1}{2} - H_1} \left[-e^{-t} \int_u^t \left(s^{H_1 - \frac{1}{2}} (s - u)^{H_1 - \frac{1}{2}} e^s \right) ds \right.$$
$$\left. + t^{H_1 - \frac{1}{2}} (t - u)^{H_1 - \frac{1}{2}} + \frac{2}{1 - 2H_1} e^{-t} \int_u^t \left(s^{H_1 - \frac{3}{2}} (s - u)^{H_1 - \frac{1}{2}} \right) ds \right] \tag{5.6}$$

和

$$F_2(t, u) = \kappa_{H_2} u^{\frac{1}{2} - H_2} \left[-e^{-t} \int_u^t \left(s^{H_2 - \frac{1}{2}} (s - u)^{H_2 - \frac{1}{2}} e^s \right) ds \right.$$
$$\left. + t^{H_2 - \frac{1}{2}} (t - u)^{H_2 - \frac{1}{2}} + \frac{2}{1 - 2H_2} e^{-t} \int_u^t \left(s^{H_2 - \frac{3}{2}} (s - u)^{H_2 - \frac{1}{2}} \right) ds \right], \tag{5.7}$$

这里 $H_i \in \left(0, \frac{1}{2} \right)$ 和 $\kappa_{H_i} = \left(\frac{2H_i \Gamma(\frac{3}{2} - H_i)}{\Gamma(H_i + \frac{1}{2}) \Gamma(2 - 2H_i)} \right)^{\frac{1}{2}}, i = 1, 2.$

5.2 碰撞局部时的存在性

对任何 $\varepsilon > 0$, 定义

$$L_{H, \varepsilon}(X^{H_1}, \widetilde{X}^{H_2}) = \int_0^T p_\varepsilon(X_t^{H_1} - \widetilde{X}_t^{H_2}) dt, \quad 0 < T < \infty, \tag{5.8}$$

其中

$$p_\varepsilon(X_t^{H_1} - \widetilde{X}_t^{H_2}) \equiv \left(\frac{1}{\sqrt{2\pi\varepsilon}} \right)^d \exp \left\{ -\frac{|X_t^{H_1} - \widetilde{X}_t^{H_2}|^2}{2\varepsilon} \right\}.$$

以下引理对于证明该部分主要结果至关重要. Bender(2003) 和 Oliveira 等 (2011) 对分数布朗运动估计时给出了相类似的结果.

引理 5.1　假设 $H \in (0,1)$ 和 $f \in \mathcal{S}_1(\mathbb{R})$ 给定, 则存在一个不依赖 f 的非负常数 $C_{5,1}$, 使得

$$\left| \int_{\mathbb{R}} f(u) F(t,u) \boldsymbol{I}_{[0,t]}(u) du \right| \leqslant C_{5,1} \{ (t^{2-2H} \vee t^{2H}) |f|_2^2 + |f|^2 \}, \tag{5.9}$$

其中 $|f|_2^2$ 表示 $\mathbb{R}$ 上的 2 范数.

证明　首先, 对每个 $H \in \left(\dfrac{1}{2}, 1 \right)$, 有

$$\Delta_{5,1} \equiv \left| \int_{\mathbb{R}} f(u) F(t,u) \boldsymbol{I}_{[0,t]}(u) du \right|^2$$

$$= \left| \int_{\mathbb{R}} f(u) \left(H - \frac{1}{2} \right) \kappa_H e^{-t} u^{\frac{1}{2}-H} \boldsymbol{I}_{[0,t]}(u) du \int_u^t s^{H-\frac{1}{2}} (s-u)^{H-\frac{3}{2}} e^s ds \right|^2$$

$$= \kappa_H^2 \left(H - \frac{1}{2} \right)^2 \left| \int_{\mathbb{R}} du f(u) e^{-t} u^{\frac{1}{2}-H} \boldsymbol{I}_{[0,t]}(u) \int_u^t ds \, s^{H-\frac{1}{2}} (s-u)^{H-\frac{3}{2}} e^s \right|^2.$$

由 Cauchy-Schwarz's 不等式, 得到

$$\Delta_{5,1} \leqslant \kappa_H^2 \left(H - \frac{1}{2} \right)^2 \left\{ \int_{\mathbb{R}} f^2(u) du \right\}$$

$$\cdot \left\{ \int_{\mathbb{R}} \left(u^{\frac{1}{2}-H} \boldsymbol{I}_{[0,t]}(u) \int_u^t s^{H-\frac{1}{2}} (s-u)^{H-\frac{3}{2}} ds \right)^2 du \right\} e^{2T}$$

$$= C_{5,1} |f|_2^2 \left\{ \int_0^t u^{1-2H} \left(\int_u^t s^{H-\frac{1}{2}} (s-u)^{H-\frac{3}{2}} ds \right)^2 du \right\}$$

$$\leqslant C_{5,1} |f|_2^2 \left\{ \int_0^t s^{2H-1} \left(\int_0^s u^{\frac{1}{2}-H} (s-u)^{H-\frac{3}{2}} du \right)^2 ds \right\}$$

$$\leqslant C_{5,1} |f|_2^2 \frac{B^2 \left(H - \dfrac{1}{2}, \dfrac{3}{2} - H \right)}{2H} t^{2H}$$

$$\leqslant C_{5,1} |f|_2^2 \frac{\Gamma^2 \left(H - \dfrac{1}{2} \right) \Gamma^2 \left(\dfrac{3}{2} - H \right)}{2H} t^{2H}$$

$$\leqslant C_{5,2} |f|_2^2 t^{2H}.$$

其次, 对 $H \in \left(0, \dfrac{1}{2} \right)$, 使用类似的方法去估计 $\Delta_{5,1}$:

$$\Delta_{5,1} \leqslant 3 \left| \int_{\mathbb{R}} du f(u) \kappa_H u^{\frac{1}{2}-H} \boldsymbol{I}_{[0,t]}(u) \left(-e^{-t} \int_u^t (s-u)^{H-\frac{1}{2}} s^{H-\frac{1}{2}} e^s ds \right) \right|^2$$

$$+ 3\left| \int_{\mathbb{R}} du f(u) \kappa_H u^{\frac{1}{2}-H} \boldsymbol{I}_{[0,t]}(u) t^{H-\frac{1}{2}}(t-u)^{H-\frac{1}{2}} \right|^2$$

$$+ 3\left| \int_{\mathbb{R}} du f(u) \kappa_H u^{\frac{1}{2}-H} \boldsymbol{I}_{[0,t]}(u) \frac{2}{1-2H} e^{-t} \int_u^t (s-u)^{H-\frac{1}{2}} s^{H-\frac{3}{2}} e^s ds \right|^2$$

$$\equiv \Delta_{5,2} + \Delta_{5,3} + \Delta_{5,4}.$$

现在分别给出 $\Delta_{5,2}, \Delta_{5,3}$ 和 $\Delta_{5,4}$ 的估计.

$$\Delta_{5,2} \leqslant C_{5,3}|f|_2^2 \left(\int_0^t u^{1-2H} e^{-2t} \left(\int_u^t (s-u)^{H-\frac{1}{2}} s^{H-\frac{1}{2}} e^s ds \right)^2 du \right)$$

$$\leqslant C_{5,3}|f|_2^2 \left(\int_0^t u^{1-2H} \left(\int_u^t (s-u)^{H-\frac{1}{2}} s^{H-\frac{1}{2}} ds \right)^2 du \right)$$

$$\leqslant C_{5,3}|f|_2^2 \left(\int_0^t u^{1-2H} \left(\int_0^t s^{H-\frac{1}{2}} (s-u)^{H-\frac{1}{2}} ds \right)^2 du \right)$$

$$\leqslant C_{5,3}|f|_2^2 \frac{B^2\left(\frac{1}{2}-H, \frac{1}{2}+H\right)}{2-2H} t^{2-2H}.$$

使用相似的技巧, 得到

$$\Delta_{5,3} \leqslant C_{5,4} \left(\int_0^t u^{\frac{1}{2}-H}(t-u)^{H-\frac{1}{2}} f(u) du \right)^2$$

$$\leqslant C_{5,4}|f(u)|_2^2 \left(\int_0^t u^{\frac{1}{2}-H}(t-u)^{H-\frac{1}{2}} du \right)^2$$

$$\leqslant C_{5,4}|f(u)|_2^2 B^2\left(\frac{3}{2}-H, H+\frac{1}{2} \right).$$

$$\Delta_{5,4} \leqslant C_{5,5}|f|_2^2 \frac{B\left(H+\frac{1}{2}, H-\frac{1}{2}\right)}{2-2H} t^{2-2H}.$$

对每个 $H \in (0,1)$, 结合前面的计算知, 存在常数 $C_{5,1}$ 使得

$$\left| \int_{\mathbb{R}} f(u) F(t,u) \boldsymbol{I}_{[0,t]})(u) du \right| \leqslant C_{5,1}\{(t^{2-2H} \vee t^{2H})|f|_2^2 + |f|^2\}. \tag{5.10}$$

证毕. □

下面验证两个相互独立的 d 维分数 O-U 过程 X^{H_1} 和 $\widetilde{X}^{H_2}$ 的碰撞局部时是一个 Hida 广义泛函. 由多重 Wiener 积分, 可以给出分数 O-U 过程的碰撞局部时的混沌分解.

定理 5.2　对 Hurst 指数 $H_1, H_2 \in (0,1)$ 以及维数指标 $d \geqslant 1$ 满足

$$\min\{H_1, H_2\} \cdot d < 1,$$

则两个相互独立分数 O-U 过程 X^{H_1} 和 $\widetilde{X}^{H_2}$ 的碰撞局部时为

$$L_{H,\varepsilon}(X_t^{H_1}, \widetilde{X}_t^{H_2}) = \int_0^T p_\varepsilon(X_t^{H_1} - \widetilde{X}_t^{H_2}) dt$$

$$= \int_0^T \left(\frac{1}{2\pi\varepsilon}\right)^{\frac{d}{2}} \exp\left\{-\frac{|X_t^{H_1} - \widetilde{X}_t^{H_2}|^2}{2\varepsilon}\right\} dt$$

是一个 Hida 广义泛函. 进一步, $L_{H,\varepsilon}$ 有如下的混沌分解

$$L_{H,\varepsilon}\left(X_t^{H_1}, \widetilde{X}_t^{H_2}\right) = \sum_m \sum_l \langle : \boldsymbol{w}_1^{\otimes m} : \otimes : \boldsymbol{w}_2^{\otimes l} :, \boldsymbol{G}_{m,l}\rangle,$$

其中 $\boldsymbol{G}_{m,l}$ 是核函数

$$\boldsymbol{G}_{m,l}(u_1, \cdots, u_m, v_1, \cdots, v_l)$$

$$= (-1)^l \left(\frac{1}{2\pi}\right)^{\frac{d}{2}} \left(-\frac{1}{2}\right)^{\frac{m+l}{2}} \frac{1}{\left(\frac{\boldsymbol{m+l}}{2}\right)!} \frac{(\boldsymbol{m+l})!}{\boldsymbol{m}!l!} \int_0^T dt \left(\frac{1}{\varepsilon + |v(F_1 - F_2)\boldsymbol{I}_{[0,t]}|_2^2}\right)^{\frac{d+m+l}{2}}$$

$$\cdot v^n \prod_{i=1}^m F_1(t, u_i) \boldsymbol{I}_{[0,t]}(u_i) \prod_{j=1}^l F_2(t, v_j) \boldsymbol{I}_{[0,t]}(v_j),$$

对于 $m + k \neq 0$, 当 $\boldsymbol{m+l}$ 为偶数时成立; 其余情形下核函数均为 0.

　　证明　为此, 需要使用推论 2.15 在 $[0,T]$ 上对 Lebesgue 测度 dt 的积分进行 S-变换.

　　记

$$\Phi_{H,\varepsilon}(\boldsymbol{w}_1, \boldsymbol{w}_2) \equiv \left(\frac{1}{2\pi\varepsilon}\right)^{\frac{d}{2}} \exp\left\{-\frac{|X_t^{H_1} - \widetilde{X}_t^{H_2}|^2}{2\varepsilon}\right\}.$$

由 S-变换的定义, 有

$$S\Phi_{H,\varepsilon}(\boldsymbol{f}) = \left(\frac{1}{2\pi\varepsilon}\right)^{\frac{d}{2}} \int_0^T \prod_{j=1}^d \frac{1}{(\varepsilon + |v(F_1 - F_2)\boldsymbol{I}_{[0,t]}|_2^2)^{\frac{1}{2}}}$$

$$\cdot \exp\left\{-\frac{\langle f_j, v(F_1 - F_2)\boldsymbol{I}_{[0,t]}\rangle^2}{2(\varepsilon + |v(F_1 - F_2)\boldsymbol{I}_{[0,t]}|_2^2)}\right\} dt$$

$$= \left(\frac{1}{2\pi\varepsilon}\right)^{\frac{d}{2}} \int_0^T \sum_{n \geqslant 0} (-1)^n \left(\frac{1}{2[\varepsilon + |v(F_1 - F_2)\boldsymbol{I}_{[0,t]}|_2^2]}\right)^{n+\frac{d}{2}} dt$$

$$\cdot \sum_{n_1,\cdots,n_d} \frac{1}{n_1! \cdots n_d!} \prod_{i=1}^d \sum_{m_i+l_i=2n_i} \frac{(m_i+l_i)!}{m_i! l_i!}$$

$$\cdot \left(v \int_{\mathbb{R}} f_i(u) F_1(t,u) \boldsymbol{I}_{[0,t]}(u) du \right)^{m_i} \left(-v \int_{\mathbb{R}} f_i(u) F_2(t,u) \boldsymbol{I}_{[0,t]}(u) du \right)^{l_i}$$

$$= \left(\frac{1}{2\pi\varepsilon} \right)^{\frac{d}{2}} \int_0^T \sum_{n \geqslant 0} \sum_{n_1,\cdots,n_d} \sum_{m_i+l_i=2n_i} A_i \cdot B_i dt,$$

其中

$$A_i = \prod_{i=1}^d (-1)^{\frac{m_i+l_i}{2}} \left(\frac{1}{2[\varepsilon + |v(F_1-F_2)\boldsymbol{I}_{[0,t]}|_2^2]} \right)^{\frac{1}{2}+\frac{m_i+l_i}{2}} \frac{1}{\frac{m_i+l_i}{2}!}$$

和

$$B_i = \prod_{i=1}^d (-1)^{l_i} \frac{(m_i+l_i)!}{m_i! l_i!} \left(v \int_{\mathbb{R}} du f_i(u) (F_1(t,u)\boldsymbol{I}_{[0,t]}(u) \right)^{m_i}$$

$$\cdot \left(v \int_{\mathbb{R}} f_i(u) F_2(t,u) \boldsymbol{I}_{[0,t]}(u) du \right)^{l_i}.$$

对任何复值 z 和 $\boldsymbol{f} \in \mathcal{S}_d(\mathbb{R})$, 意味着

$$\left(\frac{1}{2\pi[\varepsilon + |v(F_1-F_2)\boldsymbol{I}_{[0,t]}|_2^2]} \right)^{-\frac{d}{2}} |S\Phi_{H,\varepsilon}(z\boldsymbol{f})|$$

$$\leqslant \exp \left\{ \frac{|z|^2 v^2| \int_{\mathbb{R}} \boldsymbol{f}(u)[F_1(t,u)\boldsymbol{I}_{[0,t]}(u) - F_2(t,u)\boldsymbol{I}_{[0,t]}(u)]du|^2}{2[\varepsilon + |v(F_1-F_2)\boldsymbol{I}_{[0,t]}|_2^2]} \right\}^2.$$

为了验证推论 2.15 的条件, 引入 $\mathcal{S}_{2d}(\mathbb{R})$ 中如下范数

$$\|\boldsymbol{f}\| \equiv \left(\sum_{i=1}^{2d} (|f_i|_2^2 + |f_i|^2) \right)^{\frac{1}{2}}, \quad \boldsymbol{f} = (f_1,\cdots,f_{2d}) \in \mathcal{S}_{2d}(\mathbb{R}).$$

由引理 5.1, 可见

$$\left| \int_{\mathbb{R}} \boldsymbol{f}(u) F_1(t,u) \boldsymbol{I}_{[0,t]}(u) du - \int_{\mathbb{R}} \boldsymbol{f}(u) F_2(t,u) \boldsymbol{I}_{[0,t]}(u) du \right|^2$$

$$\leqslant 2 \left(\int_{\mathbb{R}} \boldsymbol{f}(u) F_1(t,u) \boldsymbol{I}_{[0,t]}(u) du \right)^2 + 2 \left(\int_{\mathbb{R}} \boldsymbol{f}(u) F_2(t,u) \boldsymbol{I}_{[0,t]}(u) du \right)^2$$

$$\leqslant C_{5,6}(\| \boldsymbol{f} \|^2 \max_{i=1,2}\{t^{2-2H_i} \vee t^{2H_i}, 1\}),$$

其中 $C_{5,6}$ 是一个正常数. 因此

$$|S\Phi_{H,\varepsilon}(z\boldsymbol{f})| \leqslant \left(\frac{1}{2\pi[\varepsilon + |v(F_1 - F_2)\boldsymbol{I}_{[0,t]}|_2^2]}\right)^{\frac{d}{2}}$$
$$\cdot \exp\left\{\frac{|z|^2 C_{5,6} \max\limits_{i=1,2}\left\{t^{2-2H_i} \vee t^{2H_i}, 1\right\} \|\boldsymbol{f}\|^2}{2[\varepsilon + |v(F_1 - F_2)\boldsymbol{I}_{[0,t]}|_2^2]}\right\}.$$

由分数 O-U 的局部非确定性, 且引入记号 $X_t^{H_{1,1}}$ 和 $\widetilde{X}_t^{H_{2,1}}$, 可得

$$\mathrm{Var}\left(X_t^{H_{1,1}} - \widetilde{X}_t^{H_{2,1}}\right) \geqslant C_{5,7}\left[t^{2H_1} + t^{2H_2}\right],$$

其中 $C_{5,7}$ 是某一常数. 因此

$$|S\Phi_{H,\varepsilon}(z\boldsymbol{f})| \leqslant \left(\frac{1}{2\pi[\varepsilon + C_{5,7}(t^{2H_1} + t^{2H_2})]}\right)^{\frac{d}{2}}$$
$$\cdot \exp\left\{\frac{|z|^2 C_{5,6} \max\limits_{i=1,2}\left\{t^{2-2H_i} \vee t^{2H_i}, 1\right\} \|\boldsymbol{f}\|^2}{2[\varepsilon + C_{5,7}(t^{2H_1} + t^{2H_2})]}\right\},$$

其中第一部分积分在 $[0, T]$ 上可积, 当 $\min\{H_1, H_2\} \cdot d < 1$ 时; 第二部分有界.

通过比较一般函数的混沌分解, 可以推出核函数 $\boldsymbol{G}_{m,l}$, 并且完成证明过程. 证毕. □

命题 5.3　对 $H_1, H_2 \in (\frac{1}{2}, 1)$, $t \in [0, T]$, 以及 $\mathbb{R}^d$ 中的 $\lambda = (\lambda_1, \lambda_2, \cdots, \lambda_d)$, Bochner 积分

$$\delta(X_t^{H_1} - \widetilde{X}_t^{H_2}) \equiv \left(\frac{1}{2\pi}\right)^d \int_{\mathbb{R}^d} e^{i\lambda \cdot (X_t^{H_1} - \widetilde{X}_t^{H_2})} d\lambda \tag{5.11}$$

是一个 Hida 广义泛函, 且 S-变换为

$$S(\delta(X_t^{H_1} - \widetilde{X}_t^{H_2}))(\boldsymbol{f})$$
$$= (2\pi)^{-\frac{d}{2}} \prod_{j=1}^d \frac{1}{|v(F_1 - F_2)\boldsymbol{I}_{[0,t]}|_2^2} \exp\left\{\frac{\langle f_j, v(F_1 - F_2)\boldsymbol{I}_{[0,t]}\rangle^2}{2|v(F_1 - F_2)\boldsymbol{I}_{[0,t]}|_2^2}\right\}, \tag{5.12}$$

对所有的 $\boldsymbol{f} \in \mathcal{S}_d(\mathbb{R})$ 成立.

证明　引入如下记号

$$\Phi(\boldsymbol{w}) = e^{i\lambda \cdot \left(X_t^{H_1} - \widetilde{X}_t^{H_2}\right)}, \quad \boldsymbol{w} = (w_1, \cdots, w_d).$$

由于

$$S\Phi(\boldsymbol{w})(\boldsymbol{f})$$

$$= \prod_{j=1}^{d} S\left(e^{i\lambda_j v\langle (F_1-F_2)\boldsymbol{I}_{[0,t]}, w_j\rangle}\right)(f_j)$$

$$= \prod_{j=1}^{d} e^{-\frac{|f_j|_2^2}{2}} \int_{\mathbb{R}} \exp\left\{i\lambda_j v\langle (F_1-F_2)\boldsymbol{I}_{[0,t]}, w_j\rangle + \langle f_j, w_j\rangle\right\} d\mu_j(w_j)$$

$$= \prod_{j=1}^{d} \exp\left\{-\lambda_j^2 v^2 |(F_1-F_2)\boldsymbol{I}_{[0,t]}|_2^2\right\} \exp\{i\lambda_j v\langle (F_1-F_2)\boldsymbol{I}_{[0,t]}, f_j\rangle\}$$

$$= \prod_{j=1}^{d} \exp\left\{-\lambda_j^2 v^2 |(F_1-F_2)\boldsymbol{I}_{[0,t]}|_2^2 + i\lambda_j v\langle (F_1-F_2)\boldsymbol{I}_{[0,t]}, f_j\rangle\right\},$$

则, 对任何的复值 z 来讲, $\boldsymbol{f} \in \mathcal{S}_d(\mathbb{R})$ 和 $\lambda = (\lambda_1, \lambda_2, \cdots, \lambda_d) \in \mathbb{R}^d$, 得到

$$|S\Phi(z\boldsymbol{f})|$$

$$= \prod_{j=1}^{d} \exp\left\{-\frac{\lambda_j^2}{2} v^2 |(F_1-F_2)\boldsymbol{I}_{[0,t]}|_2^2\right\}$$

$$\cdot \exp\left\{|z|^2 \left|\int_{\mathbb{R}} f(u) i\lambda_j v[(F_1-F_2)\boldsymbol{I}_{[0,t]}(u)] du\right|\right\}.$$

为了检验推论 2.15 的条件, 推出

$$|S\Phi(z\boldsymbol{f})| \leqslant \prod_{j=1}^{d} \exp\left(-\frac{1}{4}\lambda_j^2 v^2 C_{5,7}(t^{2H_1} + t^{2H_2})\right)$$

$$\cdot \exp\left(-\frac{1}{4}\lambda_j^2 v^2 C_{5,7}(t^{2H_1} + t^{2H_2}) + M_j\right), \tag{5.13}$$

其中 $M_j = |z||\lambda_j| \left|\int_{\mathbb{R}} f_j(u) v(F_1-F_2)\boldsymbol{I}_{[0,t]}(u) du\right|$. 同时

$$\exp\left(-\frac{1}{4}\lambda_j^2 v^2 C(t^{2H_1} + t^{2H_2}) + |z||\lambda_j| \left|\int_{\mathbb{R}} f_j(u) v(F_1-F_2)\boldsymbol{I}_{[0,t]}(u) du\right|\right)$$

$$\leqslant \prod_{j=1}^{d} \exp\left(-\left(N_j - \frac{\lambda_j}{2} v^2 C(t^{2H_1} + t^{2H_2})^{\frac{1}{2}}\right)^2\right)$$

$$\cdot \exp\left(\frac{|z|^2 \lambda_j^2}{v^2 C(t^{2H_1} + t^{2H_2})} \left|\int_{\mathbb{R}} f_j(u) v(F_1-F_2)\boldsymbol{I}_{[0,t]}(u) du\right|^2\right),$$

其中 $N_j = \dfrac{|z|}{(v^2 C(t^{2H_1} + t^{2H_2}))^{\frac{1}{2}}} \left| \int_{\mathbb{R}} f_j v(F_1 - F_2) \boldsymbol{I}_{[0,t]} du \right|$. 因此

$$|S\Phi(z\boldsymbol{f})|$$

$$\leqslant \prod_{j=1}^{d} \exp\left(-\frac{1}{4} \lambda_j^2 v^2 C_{5,7}(t^{2H_1} + t^{2H_2}) \right)$$

$$\cdot \exp\left(\frac{|z|^2 \lambda_j^2}{v^2 C_{5,7}(t^{2H_1} + t^{2H_2})} \left| \int_{\mathbb{R}} f_j(u)v(F_1 - F_2)\boldsymbol{I}_{[0,t]}(u)du \right|^2 \right). \qquad (5.14)$$

注意到

$$\lambda_j^2 \left| \int_{\mathbb{R}} f_j(u)v(F_1 - F_2)\boldsymbol{I}_{[0,t]}(u)du \right|^2$$

$$\leqslant 2\lambda_j^2 v^2 \left\{ \left(\int_{\mathbb{R}} f_j(u)F_1(t,u)\boldsymbol{I}_{[0,t]}(u)du \right)^2 + \left(\int_{\mathbb{R}} f_j(u)F_2(t,u)\boldsymbol{I}_{[0,t]}(u)du \right)^2 \right\}.$$

对任何的 $H \in \left(\dfrac{1}{2}, 1 \right)$ 和 $f \in \mathcal{S}(\mathbb{R})$, 得

$$\left| \int_{\mathbb{R}} f(u)F(t,u)\boldsymbol{I}_{[0,t]}(u)du \right|^2$$

$$= \left| \int_{\mathbb{R}} f(u)\left(H - \frac{1}{2} \right) \kappa_H e^{-t} u^{\frac{1}{2}-H} \boldsymbol{I}_{[0,t]}(u) \int_u^t s^{H-\frac{1}{2}}(s-u)^{H-\frac{3}{2}} e^s ds du \right|^2$$

$$\leqslant \kappa_H^2 \left(H - \frac{1}{2} \right)^2 e^{2T} \left| \int_{\mathbb{R}} f(u) u^{\frac{1}{2}-H} \boldsymbol{I}_{[0,t]}(u) \int_u^t s^{H-\frac{1}{2}}(s-u)^{H-\frac{3}{2}} ds du \right|^2.$$

现在利用 Cauchy-Schwarz 不等式和 Beta 函数对上式中积分部分进行估计

$$\left(\int_{\mathbb{R}} f(u) u^{\frac{1}{2}-H} \boldsymbol{I}_{[0,t]}(u) \int_u^t s^{H-\frac{1}{2}}(s-u)^{H-\frac{3}{2}} ds du \right)^2$$

$$\leqslant \left(\int_{\mathbb{R}} f^2 du \right) \int_{\mathbb{R}} \left(u^{\frac{1}{2}-H} \boldsymbol{I}_{[0,t]}(u) \int_u^t s^{H-\frac{1}{2}}(s-u)^{H-\frac{3}{2}} ds \right)^2 du$$

$$= |f|_2^2 \int_{\mathbb{R}} \left(u^{\frac{1}{2}-H} \boldsymbol{I}_{[0,t]}(u) \int_u^t s^{H-\frac{1}{2}}(s-u)^{H-\frac{3}{2}} ds \right)^2 du$$

$$\leqslant |f|_2^2 \int_0^t s^{1-2H} \left(\int_0^s u^{H-\frac{1}{2}}(s-u)^{H-\frac{3}{2}} du \right)^2 ds$$

$$\leqslant |f|_2^2 \frac{B^2\left(H + \dfrac{1}{2}, H - \dfrac{1}{2} \right)}{2 - 2H} t^{2-2H}$$

$$= |f|_2^2 \frac{\Gamma^2\left(H + \frac{1}{2}\right)\Gamma^2\left(H - \frac{1}{2}\right)}{2 - 2H} t^{2-2H}.$$

因而

$$\left|\int_{\mathbb{R}} f(u) F(t, u) \boldsymbol{I}_{[0,t]}(u) du\right|^2$$

$$\leqslant \kappa_H^2 \left(H - \frac{1}{2}\right)^2 e^{2T} |f|_2^2 \frac{\Gamma^2\left(H + \frac{1}{2}\right)\Gamma^2\left(H - \frac{1}{2}\right)}{2 - 2H} t^{2-2H}$$

$$= C_{5,8} |f|_2^2 t^{2-2H}.$$

另一方面, 有

$$|(F_1 - F_2)\boldsymbol{I}_{[0,t]}|_2^2$$

$$\leqslant \left(\int_{\mathbb{R}} F_1(t, u)\boldsymbol{I}_{[0,t]}(u) du\right)^2 + \left(\int_{\mathbb{R}} F_2(t, u)\boldsymbol{I}_{[0,t]}(u) du\right)^2$$

$$\leqslant \frac{\Gamma^2\left(H_1 + \frac{1}{2}\right)\Gamma^2\left(H_1 - \frac{1}{2}\right)}{2 - 2H_1} t^{2-2H_1} + \frac{\Gamma^2\left(H_2 + \frac{1}{2}\right)\Gamma^2\left(H_2 - \frac{1}{2}\right)}{2 - 2H_2} t^{2-2H_2}.$$

从而, 获得如下不等式

$$\left|\int_{\mathbb{R}} f_j(u)\lambda_j v(F_1(t, u) - F_2(t, u))\boldsymbol{I}_{[0,t]}(u) du\right|^2$$

$$\leqslant C_{5,9}\lambda_j^2 v^2 |f_j|_2^2 t^{2-2H_1} \vee t^{2-2H_2},$$

其中右端作为 λ_j 的函数是可积的. 进一步, 有

$$\exp\left(\frac{|z|^2\lambda_j^2}{v^2 C_{5,7}(t^{2H_1} + t^{2H_2})} \left|\int_{\mathbb{R}} f_j(u)v(F_1 - F_2)\boldsymbol{I}_{[0,t]}(u) du\right|^2\right)$$

$$\leqslant \exp\left(\frac{|z|^2\lambda_j^2 C_{5,9}|f|_2^2}{C_{5,7}(t^{2H_1} + t^{2H_2})} t^{2-2H_1} \vee t^{2-2H_2}\right).$$

利用推论 2.15, 定理获证. 证毕. □

为了研究两个相互独立的分数 O-U 过程的碰撞局部时在 $L^2(\Omega, \mathcal{F}, P)$ 空间中的存在性, 需要建立如下引理.

引理 5.4 对 $t, t' \in [0, T]$, 记

$$\lambda_t \equiv \mathrm{Var}(X_t^{H_1,1} - \widetilde{X}_t^{H_2,1}),$$

$$\rho_{t,t'} \equiv E[(X_t^{H_1,1} - \widetilde{X}_t^{H_2,1})(X_{t'}^{H_1,1} - \widetilde{X}_{t'}^{H_2,1})],$$

则

$$E[L_{H,\varepsilon}(X^{H_1}, \widetilde{X}^{H_2})] = \left(\frac{1}{2\pi\varepsilon}\right)^{\frac{d}{2}} \int_0^T \left(\lambda_t + \frac{1}{\varepsilon}\right)^{-\frac{d}{2}} dt, \tag{5.15}$$

$$E[L_{H,\varepsilon}^2(X^{H_1}, \widetilde{X}^{H_2})] = \left(\frac{1}{2\pi\varepsilon}\right)^{\frac{d}{2}} \int_0^T \int_0^T \left[\left(\lambda_t + \frac{1}{\varepsilon}\right)\left(\lambda_{t'} + \frac{1}{\varepsilon}\right) - \rho_{t,t'}^2\right]^{-\frac{d}{2}} dt' dt. \tag{5.16}$$

证明　由 $L_{H,\varepsilon}(X_t^{H_1}, \widetilde{X}_t^{H_2})$ 的定义, 可得

$$E[L_{H,\varepsilon}(X^{H_1}, \widetilde{X}^{H_2})]$$

$$= \left(\frac{1}{2\pi\varepsilon}\right)^{\frac{d}{2}} \int_0^T \int_{\mathbb{R}^d} E[e^{i\langle\xi, X_t^{H_1} - \widetilde{X}_t^{H_2}\rangle}] e^{-\frac{|\xi|^2}{2\varepsilon}} d\xi dt$$

$$= \left(\frac{1}{2\pi\varepsilon}\right)^{\frac{d}{2}} \int_0^T \int_{\mathbb{R}^d} \exp\left\{-\left(\frac{1}{\varepsilon} + \mathrm{Var}(X_t^{H_1,1} - \widetilde{X}_t^{H_2,1})\right)\frac{|\xi|^2}{2\varepsilon}\right\} d\xi dt$$

$$= \left(\frac{1}{2\pi\varepsilon}\right)^{\frac{d}{2}} \int_0^T \left(\frac{1}{\varepsilon} + \mathrm{Var}(X_t^{H_1,1} - \widetilde{X}_t^{H_2,1})\right)^{-\frac{d}{2}} dt,$$

注意到 $\langle\xi, X_t^{H_1} - \widetilde{X}_t^{H_2}\rangle \sim N(0, |\xi|^2 \mathrm{Var}(X_t^{H_1,1} - \widetilde{X}_t^{H_2,1}))$. 从而, 获得

$$E[L_{H,\varepsilon}^2(X^{H_1}, \widetilde{X}^{H_2})]$$

$$= \left(\frac{1}{2\pi\varepsilon}\right)^{d} \int_{[0,T]^2} \int_{\mathbb{R}^{2d}} E \exp\left(i(\langle\xi, X_t^{H_1} - \widetilde{X}_t^{H_2}\rangle + \langle\eta, X_{t'}^{H_1} - \widetilde{X}_{t'}^{H_2}\rangle)\right)$$

$$\cdot \exp\left(-\frac{|\xi|^2 + |\eta|^2}{2\varepsilon}\right) d\xi d\eta dt' dt.$$

利用事实

$$\langle\xi, X_t^{H_1} - \widetilde{X}_t^{H_2}\rangle + \langle\eta, X_{t'}^{H_1} - \widetilde{X}_{t'}^{H_2}\rangle \sim N(0, \lambda_t|\xi|^2 + \lambda_{t'}|\eta|^2 + 2\rho_{t,t'}\langle\xi,\eta\rangle),$$

可得

$$E[L_{H,\varepsilon}^2(X^{H_1}, \widetilde{X}^{H_2})]$$

$$= \left(\frac{1}{2\pi\varepsilon}\right)^{d} \int_{[0,T]^2} \int_{\mathbb{R}^{2d}} d\xi d\eta dt' dt$$

$$\cdot \exp\left(-\frac{1}{2}\left[\left(\lambda_t + \frac{1}{\varepsilon}\right)|\xi|^2 + \left(\lambda_{t'} + \frac{1}{\varepsilon}\right)|\eta|^2 + 2\rho_{t,t'}\langle\xi,\eta\rangle\right]\right)$$

$$= \left(\frac{1}{2\pi\varepsilon}\right)^d \int_{[0,T]^2} \left[\left(\lambda_t + \frac{1}{\varepsilon}\right)\left(\lambda_{t'} + \frac{1}{\varepsilon}\right) - \rho_{t,t'}^2\right]^{-\frac{d}{2}} dt'dt.$$

证毕. □

引理 5.5 对每个整数 $d \geqslant 2$, Hurst 指数 $H_i \in (0,1)$ 满足 $dH_i < 1(i = 1,2)$, 有

$$\int_0^T \int_0^T [t'^\alpha \mid t - t' \mid^\beta]^{-\frac{d}{2}} dt'dt < \infty, \tag{5.17}$$

其中 $\alpha, \beta = 2H_i(i = 1,2)$.

证明 不失一般性, 假定 $0 < t' < t$. 进行改写为

$$\Delta_{5,5} \equiv \int_0^T \int_0^T [t'^\alpha \mid t - t' \mid^\beta]^{-\frac{d}{2}} dt'dt$$

$$= 2 \int_0^T \int_0^t [t'^\alpha \mid t - t' \mid^\beta]^{-\frac{d}{2}} dt'dt.$$

做变量代换 $t' = xt$, 其中 $x \in [0,1]$, 知

$$\Delta_{5,5} = 2 \int_0^T t^{-\frac{d}{2}(\alpha+\beta)+1} dt \int_0^1 x^{-\frac{d}{2}\alpha} \mid 1 - x \mid^{-\frac{d}{2}\beta} dx.$$

如果 $dH_i < 1$, 则

$$\int_0^T t^{-\frac{d}{2}(\alpha+\beta)+1} dt < \infty. \tag{5.18}$$

另一方面, 如果 $dH_i < 1$, 有

$$\int_0^1 x^{-\frac{d}{2}\alpha} \mid 1 - x \mid^{-\frac{d}{2}\beta} dx < \infty, \tag{5.19}$$

从而, 如果 $H_i d < 1$, 获证 $\Delta_{5,5} < \infty$. 证毕. □

接下来验证在一定的条件之下, 两个相互独立的分数 O-U 过程的碰撞局部时在空间 $L^2(\Omega, \mathcal{F}, P)$ 中的存在性.

定理 5.6 假设 X^{H_1} 和 $\widetilde{X}^{H_2}$ 是两个相互独立的 d 维分数 O-U 过程其 Hurst 指数 $H_1, H_2 \in (0,1)$. 设 $d \geqslant 2$, 则当 $dH_i < 1$ 时, 分数 O-U 过程 X^{H_1} 和 $\widetilde{X}^{H_2}$ 的碰撞局部时在空间 $L^2(\Omega, \mathcal{F}, P)$ 中存在.

证明 只需要验证

$$\Delta_{5,6} \equiv \int_0^T \int_0^T (\lambda_t \lambda_{t'} - \rho^2)^{-\frac{d}{2}} dt dt' < \infty, \tag{5.20}$$

当且仅当 $dH_i < 1$ 成立.

由 (Yan et al., 2014) 知

$$
\begin{aligned}
\lambda_t \lambda_{t'} - \rho_{t,t'}^2 &\asymp (t^{2H_1} + t^{2H_2})(t'^{2H_1} + t'^{2H_2}) \\
&\quad - \frac{1}{2}(t^{2H_1} + t'^{2H_1} - \mid t - t' \mid^{2H_1} + t^{2H_2} + t'^{2H_2} - \mid t - t' \mid^{2H_2}) \\
&\asymp (t'^{2H_1} + t'^{2H_2})[\mid t - t' \mid^{2H_1} + \mid t - t' \mid^{2H_2}],
\end{aligned}
$$

其中记号 $F \asymp G$ 表示存在正常数 C_1 和 C_2 使得

$$
C_1 G(x) \leqslant F(x) \leqslant C_2 G(x).
$$

因此

$$
\begin{aligned}
\Delta_{5,6} &\leqslant C_{5,10} \int_0^T \int_0^T \left((t'^{2H_1} + t'^{2H_2})[\mid t - t' \mid^{2H_1} + \mid t - t' \mid^{2H_2}]\right)^{-\frac{d}{2}} dt' dt \\
&\leqslant C_{5,10} \int_0^T \int_0^T [t'^{2H_1} \mid t - t' \mid^{2H_1} + t'^{2H_1} \mid t - t' \mid^{2H_2} \\
&\quad + t'^{2H_2} \mid t - t' \mid^{2H_1} + t'^{2H_2} \mid t - t' \mid^{2H_2}]^{-\frac{d}{2}} dt' dt.
\end{aligned}
$$

当 $d \geqslant 2$ 时, $t', t \in [0, T]$ 和 $H_i \in (0,1)(i = 1,2)$ 时, 有

$$
(t'^{\alpha_1} \mid t - t' \mid^{\alpha_2} + t'^{\beta_1} \mid t - t' \mid^{\beta_2})^{-\frac{d}{2}} \leqslant (t'^{\alpha_1} \mid t - t' \mid^{\alpha_2})^{-\frac{d}{2}} + (t'^{\beta_1} \mid t - t' \mid^{\beta_2})^{-\frac{d}{2}},
\tag{5.21}
$$

其中 $\alpha_1, \alpha_2, \beta_1$ 和 β_2 取值 $2H_i(i = 1,2)$. 因而, 可得

$$
\int_0^T \int_0^T (\lambda_t \lambda_{t'} - \rho^2)^{-\frac{d}{2}} dt dt'
$$

$$
\begin{aligned}
&\leqslant C \left(\int_0^T \int_0^T [t'^{2H_1} \mid t - t' \mid^{2H_1}]^{-\frac{d}{2}} dt' dt + \int_0^T \int_0^T [t'^{2H_1} \mid t - t' \mid^{2H_2}]^{-\frac{d}{2}} dt' dt \right) \\
&\quad + C \left(\int_0^T \int_0^T [t'^{2H_2} \mid t - t' \mid^{2H_1}]^{-\frac{d}{2}} dt' dt + \int_0^T \int_0^T [t'^{2H_2} \mid t - t' \mid^{2H_2}]^{-\frac{d}{2}} dt' dt \right).
\end{aligned}
$$

由引理 5.5, 结果获证. 证毕.　　　　　　　　　　　　　　　　　　　　　　　　□

　　本章讨论一个特殊的高斯随机过程, 即分数 O-U 过程的局部时. 利用白噪声分析方法, 获得了分数 O-U 过程在 Hida 广义泛函空间中存在的条件, 借助于 S-变换, 得到了分数 O-U 过程的局部时的混沌分解. 本章部分内容和结果是第 4 章内容的延伸或推广.

第 6 章　高阶导数型相交局部时

本章基于文献 (Jung and Markowsky, 2014) 和 (Hu, 2017) 的思想, 主要研究了高斯随机过程的高阶导数型相交局部时. 首先, 讨论两个相互独立的分数布朗运动的高阶导数型相交局部时的存在性; 其次讨论两个相互独立的分数 O-U 过程的高阶导数型相交局部时的存在性以及一些性质.

6.1　分数布朗运动的高阶导数型相交局部时

本节主要讨论高阶 (k 阶) 导数型相交局部时 $\hat{\alpha}^{(k)}(0)$ 存在的条件, 并进一步研究了该局部时的指数可积性.

6.1.1　高阶导数型相交局部时的定义

在这一部分中, 假设两个相互独立的 d 维分数布朗运动分别为 $B_t^{H_1}$ 和 $\widetilde{B}_s^{H_2}$, 其中 $B_t^{H_1}$ 和 $\widetilde{B}_s^{H_2}$ 的 Hurst 指数分别为 H_1 和 H_2.

假设 $B^{H_1} = \{B_t^{H_1}, t \geqslant 0\}$ 和 $\widetilde{B}^{H_2} = \{\widetilde{B}_t^{H_2}, t \geqslant 0\}$ 是两个相互独立的 d 维分数布朗运动, 其中 Hurst 指数分别为 $H_1, H_2 \in (0, 1)$. 事实上, B^{H_1} 和 $\widetilde{B}^{H_2}$ 是两个相互独立的高斯随机过程, 且协方差为

$$\mathbb{E}[B_s^{H_1} B_t^{H_1}] = \frac{1}{2}(s^{2H_1} + t^{2H_1} - |s - t|^{2H_1}) \quad (\text{类似表示 } \tilde{B}),$$

$$\mathbb{E}[\widetilde{B}_s^{H_2} \widetilde{B}_t^{H_2}] = \frac{1}{2}(s^{2H_2} + t^{2H_2} - |s - t|^{2H_2}).$$

对于 $d, s, t \geqslant 0$, 两个相互独立的分数布朗运动 B^{H_1} 和 $\widetilde{B}^{H_2}$ 的高阶导数型局部时定义为

$$\hat{\alpha}^{(k)}(x) := \frac{\partial^k}{\partial x_1^{k_1} \cdots \partial x_d^{k_d}} \int_0^T \int_0^T \delta(B_t^{H_1} - \widetilde{B}_s^{H_2} + x) dt ds,$$

这里 $k = (k_1, \cdots, k_d)$ 是多指标向量, 其中所有的 k_i 均为非负整数, δ 是 d 维 Dirac delta 函数. 在这里, 只考虑 $x = 0$ 的情形, 即

$$\hat{\alpha}^{(k)}(0) := \int_0^T \int_0^T \delta^{(k)}(B_t^{H_1} - \widetilde{B}_s^{H_2}) dt ds, \tag{6.1}$$

其中 $\delta^{(k)}(x) = \dfrac{\partial^k}{\partial x_1^{k_1} \cdots \partial x_d^{k_d}} \delta(x)$ 是 Dirac delta 的 k 阶偏导数. 当 $x \neq 0$ 时, 由于 $\delta(x) = 0$, 故相交局部时 $\hat{\alpha}(0)$(当 $k = 0$ 时) 度量了随机过程 B^{H_1} 和 $\widetilde{B}^{H_2}$ 相交的频率.

由于 Dirac delta 函数 δ 是一个广义函数, 所以需要给出 $\hat{\alpha}^{(k)}(0)$ 的具体含义. 为此, 需要通过

$$f_\varepsilon(x) := \frac{1}{(2\pi\varepsilon)^{\frac{d}{2}}} e^{-\frac{|x|^2}{2\varepsilon}} = \frac{1}{(2\pi)^d} \int_{\mathbb{R}^d} e^{ipx} e^{-\frac{\varepsilon|p|^2}{2}} dp,$$

逼近 Dirac delta 函数 δ. 在该部分中, 使用记号 $px = \sum\limits_{j=1}^d p_j x_j$ 和 $|p|^2 = \sum\limits_{j=1}^d p_j^2$. 于是, 通过

$$f_\varepsilon^{(k)}(x) := \frac{\partial^k}{\partial x_1^{k_1} \cdots \partial x_d^{k_d}} f_\varepsilon(x) = \frac{i^k}{(2\pi)^d} \int_{\mathbb{R}^d} p_1^{k_1} \cdots p_d^{k_d} e^{ipx} e^{-\frac{\varepsilon|p|^2}{2}} dp \tag{6.2}$$

来逼近 $\delta^{(k)}$ 函数. 如果当 $\varepsilon \to 0$ 时,

$$\hat{\alpha}_\varepsilon^{(k)}(0) := \int_0^T \int_0^T f_\varepsilon^{(k)}(B_t^{H_1} - \widetilde{B}_s^{H_2}) dt ds \tag{6.3}$$

收敛于某个随机变量, 称 $\hat{\alpha}^{(k)}(0)$ 在空间 L^2 中存在, 且记该极限为 $\hat{\alpha}^{(k)}(0)$.

6.1.2　主要结果

下面给出该部分的主要结果.

定理 6.1　假设 B^{H_1} 和 $\widetilde{B}^{H_2}$ 是两个相互独立的 d 维分数布朗运动, 其中 Hurst 指数分别为 H_1 和 H_2.

(i) 假定 $k = (k_1, \cdots, k_d)$ 是一个非负整数指标 (这意味着 $k_1, \cdots, k_d$ 均是非负整数) 满足

$$\frac{H_1 H_2}{H_1 + H_2}(|k| + d) < 1, \tag{6.4}$$

其中 $|k| = k_1 + \cdots + k_d$. 则对任意 $p \in [1, \infty)$, k 阶导数型局部时 $\hat{\alpha}^{(k)}(0)$ 在空间 $L^p(\Omega)$ 中存在.

(ii) 假设满足条件(6.4), 则存在一个严格正常数 $C_{d,k,T} \in (0, \infty)$ 使得

$$\mathbb{E}\left[\exp\left\{C_{d,k,T} \left|\hat{\alpha}^{(k)}(0)\right|^\beta\right\}\right] < \infty,$$

其中 $\beta = \dfrac{H_1 + H_2}{2dH_1 H_2}$.

(iii) 如果 $\hat{\alpha}^{(k)}(0) \in L^1(\Omega)$, 这里 $k = (0, \cdots, 0, k_i, 0, \cdots, 0)$ 且 k_i 是偶数, 则条件(6.4)必须满足.

注 6.2 (i) 当 $k = 0$ 时, 对所有 $p \in [1, \infty)$, 如果 $\dfrac{H_1 H_2}{H_1 + H_2} d < 1$, 可以证明 $\widehat{\alpha}^{(0)}(0)$ 属于空间 L^p. 特殊情况 $H_1 = H_2 = H$, 该条件变为 $Hd < 2$, 这与 (Nualart and Ortiz-Latorre, 2007) 中的条件一样.

(ii) 当 $H_1 = H_2 = \dfrac{1}{2}$ 时, 得到指数可积性 $\beta = \dfrac{2}{d}$, 这与文献 (Hu, 2017) 中定理 9.4 结果相一致.

(iii) 定理的 (iii) 部分介绍不等式(6.4)也是 $\widehat{\alpha}^{(k)}(0)$ 存在的必要条件. 这也是首次获得这样的结果.

证明 (i) 和 (ii) 该部分主要给出定理的证明. 首先, 找到 $\left| \widehat{\alpha}^{(k)}(0) \right|^n$ 的一个好的界, 同时给出 (i) 和 (ii) 的证明. 引入如下记号

$$p_j = (p_{1j}, \cdots, p_{dj}),$$
$$p_j^k = (p_{1j}^{k_1}, \cdots, p_{dj}^{k_d}), \quad j = 1, 2, \cdots, n,$$
$$p = (p_1, \cdots, p_n),$$
$$dp = \prod_{i=1}^{d} \prod_{j=1}^{n} dp_{ij}.$$

记

$$s = (s_1, \cdots, s_n), \quad t = (t_1, \cdots, t_n), \quad s_j = (s_{1j}, \cdots, s_{dj}), \quad t_j = (t_{1j}, \cdots, t_{dj})$$

均为 d 维向量. 使用记号

$$dp = dp_1 \cdots dp_n, \quad ds = ds_1 \cdots ds_n, \quad dt = dt_1 \cdots dt_n.$$

固定整数 $n \geqslant 1$. 记 $T_n = \{0 < t, s < T\}^n$. 从而

$$\mathbb{E}\left[\left| \widehat{\alpha}_{\varepsilon}^{(k)}(0) \right|^n \right]$$
$$\leqslant \frac{1}{(2\pi)^{nd}} \int_{T_n} \int_{\mathbb{R}^{nd}} \left| \mathbb{E}[\exp\{ip_1(B_{s_1}^{H_1} - \widetilde{B}_{t_1}^{H_2}) + \cdots \right.$$
$$\left. + ip_n(B_{s_n}^{H_1} - \widetilde{B}_{t_n}^{H_2})\}] \right| \exp\left\{ -\frac{\varepsilon}{2} \sum_{j=1}^{n} |p_j|^2 \right\} \prod_{j=1}^{n} |p_j^k| \, dp \, dt \, ds$$
$$= \frac{(-1)^{nk} i^{nk}}{(2\pi)^{nd}} \int_{T_n} \int_{\mathbb{R}^{nd}} \prod_{j=1}^{n} |p_j|^k \prod_{j=1}^{n} \mathbb{E}[\exp\{ip_j(B_{s_j}^{H_1} - \widetilde{B}_{t_j}^{H_2})\}]$$
$$\cdot \exp\left\{ -\frac{\varepsilon}{2} \sum_{j=1}^{n} |p_j|^2 \right\} dp_j \, dt \, ds$$

$$= \frac{1}{(2\pi)^{nd}} \int_{T_n} \int_{\mathbb{R}^{nd}} \exp\left\{ -\frac{1}{2} \mathbb{E}\left[\sum_{j=1}^{n} p_j (B_{s_j}^{H_1} - \widetilde{B}_{t_j}^{H_2}) \right]^2 \right\}$$

$$\cdot \exp\left\{ -\frac{\varepsilon}{2} \sum_{j=1}^{n} |p_j|^2 \right\} \prod_{j=1}^{n} |p_j^k| \, dp dt ds$$

$$\leqslant \frac{1}{(2\pi)^{nd}} \int_{T_n} \int_{\mathbb{R}^{nd}} \prod_{i=1}^{d} \left(\prod_{j=1}^{n} |p_{ij}^{k_i}| \right) \exp\left\{ -\frac{1}{2} \mathbb{E}[p_{i1} B_{s_1}^{H_1,i} + \cdots + p_{in} B_{s_n}^{H_1,i}]^2 \right.$$

$$\left. -\frac{1}{2} \mathbb{E}[p_{i1} B_{t_1}^{H_2,i} + \cdots + p_{in} B_{t_n}^{H_2,i}]^2 \right\} dp dt ds.$$

上式中指数部分的期望可计算为

$$\mathbb{E}[p_{i1} B_{s_1}^{H_1,i} + \cdots + p_{in} B_{s_n}^{H_1,i}]^2 = (p_{i1}, \cdots, p_{in}) Q_1 (p_{i1}, \cdots, p_{in})^{\mathrm{T}},$$

$$\mathbb{E}[p_{i1} \tilde{B}_{s_1}^{H_2,i} + \cdots + p_{in} \tilde{B}_{s_n}^{H_2,i}]^2 = (p_{i1}, \cdots, p_{in}) Q_2 (p_{i1}, \cdots, p_{in})^{\mathrm{T}},$$

其中

$$Q_1 = \left(B_j^{H_1,i} B_k^{H_1,i} \right)_{1 \leqslant j,k \leqslant n}$$

和

$$Q_2 = \left(\tilde{B}_j^{H_2,i} \tilde{B}_k^{H_2,i} \right)_{1 \leqslant j,k \leqslant n}$$

分别表示 n 维随机向量 $(B_{s_1}^{H_1,i}, \cdots, B_{s_n}^{H_1,i})$ 和 $(\widetilde{B}_{t_1}^{H_2,i}, \cdots, \widetilde{B}_{t_n}^{H_2,i})$ 的协方差矩阵. 于是, 得到

$$\mathbb{E}\left[\left| \widehat{\alpha}_\varepsilon^{(k)}(0) \right|^n \right] \leqslant \frac{1}{(2\pi)^{nd}} \int_{T_n} \prod_{i=1}^{d} I_i(t,s) dt ds, \tag{6.5}$$

其中

$$I_i(t,s) := \int_{\mathbb{R}^n} |x^{k_i}| \exp\left\{ -\frac{1}{2} x^{\mathrm{T}} (Q_1 + Q_2) x \right\} dx.$$

这里再次回顾 $x = (x_1, \cdots, x_n)$ 和 $x_i^k = x_1^{k_i} \cdots x_n^{k_i}$. 对于每个固定的 i, 首先计算积分 $I_i(t,s)$. 记 $B = Q_1 + Q_2$. 则 B 是一个严格正定的矩阵. 从而, $\sqrt{B}$ 存在. 做变量代换 $\xi = \sqrt{B} x$. 因此

$$I_i(t,s) = \int_{\mathbb{R}^n} \prod_{j=1}^{n} |(B^{-\frac{1}{2}} \xi)_j|^{k_i} \exp\left\{ -\frac{1}{2} |\xi|^2 \right\} \det(B)^{-\frac{1}{2}} d\xi.$$

为获得上面积分有意思的界, 对 B 进行对角化处理:

$$B = Q \Lambda Q^{-1},$$

其中 $\Lambda = \mathrm{diag}\{\lambda_1, \cdots, \lambda_n\}$ 是严格正定的对角矩阵, 且 $\lambda_1 \leqslant \lambda_2 \leqslant \cdots \leqslant \lambda_d$ 以及 $Q = (q_{ij})_{1 \leqslant i,j \leqslant d}$ 是一个正交矩阵. 于是, 有 $\det(B) = \lambda_1 \cdots \lambda_d$. 记

$$\eta = \left(\eta_1, \eta_2, \cdots, \eta_n\right)^{\mathrm{T}} = Q^{-1}\xi,$$

因而

$$B^{-\frac{1}{2}}\xi = Q\Lambda^{-\frac{1}{2}}Q^{-1}\xi = Q\Lambda^{-\frac{1}{2}}\eta$$

$$= Q \begin{pmatrix} \lambda_1^{-\frac{1}{2}}\eta_1 \\ \lambda_2^{-\frac{1}{2}}\eta_2 \\ \vdots \\ \lambda_n^{-\frac{1}{2}}\eta_n \end{pmatrix}$$

$$= \begin{pmatrix} q_{1,1} & q_{1,2} & \cdots & q_{1,n} \\ q_{2,1} & q_{2,2} & \cdots & q_{2,n} \\ \vdots & \vdots & & \vdots \\ q_{n,1} & q_{n,2} & \cdots & q_{n,n} \end{pmatrix} \begin{pmatrix} \lambda_1^{-\frac{1}{2}}\eta_1 \\ \lambda_2^{-\frac{1}{2}}\eta_2 \\ \vdots \\ \lambda_n^{-\frac{1}{2}}\eta_n \cdot \end{pmatrix}.$$

于是, 可得

$$\begin{aligned} \left| (B^{-\frac{1}{2}}\xi)_j \right| &= \left| \sum_{k=1}^{n} q_{jk}\lambda_k^{-\frac{1}{2}}\eta_k \right| \\ &\leqslant \lambda_1^{-\frac{1}{2}} \sum_{k=1}^{n} \left| q_{jk}\eta_k \right| \\ &\leqslant \lambda_1^{-\frac{1}{2}} \left(\sum_{k=1}^{n} q_{jk}^2 \right)^{\frac{1}{2}} \left(\sum_{k=1}^{n} \eta_k^2 \right)^{\frac{1}{2}} \\ &\leqslant \lambda_1^{-\frac{1}{2}} \left| \eta \right|_2 \\ &= \lambda_1^{-\frac{1}{2}} \left| \xi \right|_2. \end{aligned}$$

由于 Q_1 和 Q_2 均为正定的, 可以看到

$$\lambda_1 \geqslant \lambda_1(Q_1)$$

和

$$\lambda_1 \geqslant \lambda_1(Q_2),$$

其中 $\lambda_1(Q_i)$ 是 Q_i 的最小的特征值, $i = 1, 2$. 这意味着对任意的 $\rho \in [0, 1]$, 有

$$\lambda_1 \geqslant \lambda_1(Q_1)^{\rho}\lambda_1(Q_2)^{1-\rho}.$$

进一步暗示着

$$| (B^{-\frac{1}{2}}\xi)_j | \leqslant \lambda_1(Q_1)^{-\frac{1}{2}\rho}\lambda_1(Q_2)^{-\frac{1}{2}(1-\rho)} | \xi |_2 .$$

从而有

$$I_i(t,s) = \det(B)^{-\frac{1}{2}}\lambda_1(Q_1)^{-\frac{1}{2}\rho k_i}\lambda_1(Q_2)^{-\frac{1}{2}(1-\rho)k_i}$$
$$\cdot \int_{\mathbb{R}^n} | \xi |_2^{k_i} \exp\left\{-\frac{1}{2} | \xi |^2\right\} d\xi , \tag{6.6}$$

对所有的 $\rho \in [0,1]$ 成立.

下面使用类似的处理方法, 去寻找 $\lambda_1(Q_1)$ 的下确界 ($\lambda_1(Q_2)$ 的下确界仅仅只需要将 s 代换成 t). 不失一般性, 假定 $0 \leqslant s_1 < s_2 < \cdots < s_n \leqslant T$. 对任何向量 $u = (u_1, \cdots, u_d)^{\mathrm{T}}$, 从 Q_1 的定义可以看出

$$u^{\mathrm{T}}Q_1 u = \mathrm{Var}\big(u_1 B_{s_1}^{H_1} + u_2 B_{s_2}^{H_1} + \cdots + u_n B_{s_n}^{H_1}\big)$$
$$= \mathrm{Var}\big((u_1 + \cdots + u_n) B_{s_1}^{H_1} + (u_2 + \cdots + u_n)(B_{s_2}^{H_1} - B_{s_1}^{H_1})$$
$$+ \cdots + (u_{n-1} + u_n)(B_{s_{n-1}}^{H_1} - B_{s_{n-2}}^{H_1}) + u_n(B_{s_n}^{H_1} - B_{s_{n-1}}^{H_1})\big)$$

利用引理 6.3 断言

$$u^{\mathrm{T}}Q_1 u \geqslant c^n\big((u_1 + \cdots + u_n)^2 s_1^{2H_1} + (u_2 + \cdots + u_n)^2 (s_2 - s_1)^{2H_1}$$
$$+ \cdots + (u_{n-1} + u_n)^2 (s_{n-1} - s_{n-2})^{2H_1} + u_n^2 (s_n - s_{n-1})^{2H_1}\big)$$
$$\geqslant c^n \min\{s_1^{2H_1}, (s_2 - s_1)^{2H_1}, \cdots, (s_n - s_{n-1})^{2H_1}\}$$
$$\cdot\big[(u_1 + \cdots + u_n)^2 + (u_2 + \cdots + u_n)^2 + \cdots + (u_{n-1} + u_n)^2 + u_n^2\big].$$

考虑如下函数

$$f(u_1, \cdots, u_n) = (u_1 + \cdots + u_n)^2 + (u_2 + \cdots + u_n)^2 + \cdots + (u_{n-1} + u_n)^2 + u_n^2$$
$$= (u_1, \cdots, u_n) G (u_1, \cdots, u_n)^{\mathrm{T}},$$

其中

$$G = \begin{pmatrix} 1 & 1 & 1 & \cdots & 1 \\ 0 & 1 & 1 & \cdots & 1 \\ \vdots & \vdots & \vdots & & \vdots \\ 0 & 0 & 0 & \cdots & 1 \end{pmatrix}.$$

很容易看到矩阵 $G^{\mathrm{T}}G$ 有最小的特征值且该值不依赖于 n. 于是, 在球体 $u_1^2 + \cdots + u_n^2 = 1$ 上, 函数 f 达到最小值 $f_{\min}$ 且不依赖于 n. 易见 $f_{\min} > 0$.

作为结果就有

$$
\begin{aligned}
\lambda_1(Q_1) &= \inf_{|u|=1} u^{\mathrm{T}} Q_1 u \\
&\geqslant c^n \min\{s_1^{2H_1}, (s_2 - s_1)^{2H_1}, \cdots, (s_n - s_{n-1})^{2H_1}\} \inf_{|u|=1} f(u_1, \cdots, u_n) \\
&\geqslant c^n f_{\min} \min\{s_1^{2H_1}, (s_2 - s_1)^{2H_1}, \cdots, (s_n - s_{n-1})^{2H_1}\} \\
&\geqslant K c^n \min\{s_1^{2H_1}, (s_2 - s_1)^{2H_1}, \cdots, (s_n - s_{n-1})^{2H_1}\}.
\end{aligned} \tag{6.7}
$$

使用相类似的方法, 可以获得

$$
\begin{aligned}
\lambda_1(Q_2) &= \inf_{|u|=1} u^{\mathrm{T}} Q_1 u \\
&\geqslant K \min\{s_1^{2H_1}, (s_2 - s_1)^{2H_1}, \cdots, (s_n - s_{n-1})^{2H_1}\} \inf_{|u|=1} f(u_1, \cdots, u_n) \\
&\geqslant K f_{\min} \min\{s_1^{2H_1}, (s_2 - s_1)^{2H_1}, \cdots, (s_n - s_{n-1})^{2H_1}\} \\
&\geqslant K c^n \min\{t_1^{2H_2}, (t_2 - t_1)^{2H_2}, \cdots, (t_n - t_{n-1})^{2H_2}\}.
\end{aligned} \tag{6.8}
$$

在 (6.6) 中的积分项, 能够被估计为

$$
\begin{aligned}
I_2 :&= \int_{\mathbb{R}^n} |\xi|^{k_i} \exp\left\{-\frac{1}{2} |\xi|^2\right\} d\xi \\
&\leqslant n^{\frac{k_i}{2}} \int_{\mathbb{R}^{nd}} \max_{1 \leqslant j \leqslant n} |\xi_j|^{k_i} \exp\left\{-\frac{1}{2} |\xi|^2\right\} d\xi \\
&\leqslant n^{\frac{k_i}{2}} \int_{\mathbb{R}^n} \sum_{j=1}^n |\xi_j|^{k_j} \exp\left\{-\frac{1}{2} |\xi|^2\right\} d\xi \\
&\leqslant n^{\frac{k_i}{2}+1} \int_{\mathbb{R}^n} |\xi_1|^{k_i} \exp\left\{-\frac{1}{2} |\xi|^2\right\} d\xi \\
&\leqslant n^{\frac{k_i}{2}+1} C^n \\
&\leqslant C^n.
\end{aligned} \tag{6.9}
$$

将 (6.7)—(6.9) 代入 (6.6) 中, 对任意的 $n \geqslant 0$, 利用如下事实

$$
\int_{\mathbb{R}^n} x^n e^{-\frac{1}{2} x^2} dx = \begin{cases} \sqrt{2\pi}(n-1)!!, & n = 2m, \\ 0, & n = 2m+1, \end{cases}
$$

其中 $m = 0, 1, 2, \cdots$. 从而

$$
I_i(t, s) \leqslant C^n \det(B)^{-\frac{1}{2}} \min_{j=1,\cdots,n} (s_j - s_{j-1})^{-\rho H_1 k_i} \min_{j=1,\cdots,n} (t_j - t_{j-1})^{-(1-\rho)H_2 k_i},
$$

上式对不依赖于 n 的不同常数 C 成立. 选取 $\rho = \dfrac{H_2}{H_1 + H_2}$, 可以得到

$$I_i(t, s) \leqslant C^n \det(B)^{-\frac{1}{2}} \left[\min_{j=1,\cdots,n} (s_j - s_{j-1}) \min_{j=1,\cdots,n} (t_j - t_{j-1}) \right]^{-\frac{H_1 H_2}{H_1 + H_2}}.$$

同时

$$\int_{\mathbb{R}^{nd}} \prod_{j=1}^n | p_j |^k \exp \left\{ -\frac{1}{2} p^{\mathrm{T}}(Q_1 + Q_2) p \right\} dp$$

$$= \int_{\mathbb{R}^{nd}} \prod_{j=1}^n | p_j |^k \exp \left\{ -\frac{1}{2} p^{\mathrm{T}} B p \right\} dp$$

$$= \int_{\mathbb{R}^{nd}} \prod_{j=1}^n | p_j |^k \exp \left\{ -\frac{1}{2} (\sqrt{B} p)^{\mathrm{T}} (\sqrt{B} p) \right\} dp$$

$$\leqslant C^n \det(B)^{-\frac{d}{2}} \left[\min_{i=1,\cdots,n} \{s_i - s_{i-1}\} \min_{j=1,\cdots,n} \{t_j - t_{j-1}\} \right]^{-\frac{2H_1 H_2 dk}{H_1 + H_2}}.$$

因此

$$I_i(t, s) \leqslant K \det(B)^{-\frac{d}{2}} \min_{i,j=1,\cdots,n} \left\{ (s_i - s_{i-1})^{2H_1} + (t_j - t_{j-1})^{2H_2} \right\}^{-dk}$$

$$\cdot \int_{\mathbb{R}^{nd}} (| \xi_1 |^2 + \cdots + | \xi_n |^2)^{\frac{k}{2}} \exp \left\{ -\frac{1}{2} (| \xi_1 |^2 + \cdots + | \xi_n |^2) \right\} d\xi_1 \cdots d\xi_n,$$

当 k 为偶数时成立.

接下来求 $\det(B)$ 的下界. 由文献 (Hu, 2017) 中引理 9.4 可知

$$\det(Q_1 + Q_2) \geqslant \det(Q_1)^\gamma \det(Q_2)^{1-\gamma},$$

对任何两个对称正定矩阵 Q_1 和 Q_2 以及任意 $\gamma \in [0, 1]$, 有

$$\det(B)^{-\frac{d}{2}} = \det(Q_1 + Q_2)^{-\frac{d}{2}} \leqslant \det(Q_1)^{-\frac{d}{4}} \det(Q_2)^{-\frac{d}{4}}.$$

利用已有文献的结果和技巧 (Hu, 2017; Hu and Nualart, 2005; Hu et al., 2008) 知

$$\det(Q_1) \geqslant C^n s_1^{2H_1} (s_2 - s_1)^{2H_1} \cdots (s_n - s_{n-1})^{2H_1}$$

和

$$\det(Q_2) \geqslant C^n t_1^{2H_2} (t_2 - t_1)^{2H_2} \cdots (t_n - t_{n-1})^{2H_2}.$$

故

$$I_i(t,s) \leqslant C^n \min_{j=1,\cdots,n} (s_j - s_{j-1})^{-\rho H_1 k_i} \min_{j=1,\cdots,n} (t_j - t_{j-1})^{-(1-\rho)H_2 k_i}$$
$$\cdot [s_1(s_2 - s_1) \cdots (s_n - s_{n-1})]^{-\gamma H_1}$$
$$\cdot [t_1(t_2 - t_1) \cdots (t_n - t_{n-1})]^{-(1-\gamma)H_2} .$$

于是

$$\mathbb{E}\left[\left|\widehat{\alpha}_\varepsilon^{(k)}(0)\right|^n\right] \leqslant (n!)^2 C^n \int_{\Delta_n^2} \min_{j=1,\cdots,n} (s_j - s_{j-1})^{-\rho H_1 |k|}$$
$$\cdot \min_{j=1,\cdots,n} (t_j - t_{j-1})^{-(1-\rho)H_2 |k|} [s_1(s_2 - s_1) \cdots (s_n - s_{n-1})]^{-\gamma H_1 d}$$
$$\cdot [t_1(t_2 - t_1) \cdots (t_n - t_{n-1})]^{-(1-\gamma)H_2 d} \, dt ds$$
$$\leqslant (n!)^2 C^n \sum_{i,j=1}^n \int_{\Delta_n^2} (s_i - s_{i-1})^{-\rho H_1 |k|}$$
$$\cdot (t_j - t_{j-1})^{-(1-\rho)H_2 |k|} [s_1(s_2 - s_1) \cdots (s_n - s_{n-1})]^{-\gamma H_1 d}$$
$$\cdot [t_1(t_2 - t_1) \cdots (t_n - t_{n-1})]^{-(1-\gamma)H_2 d} \, dt ds ,$$

其中 $\Delta_n = \{0 < s_1 < \cdots < s_n \leqslant T\}$ 表示 $[0,T]^n$ 中的单纯形. 选择 $\rho = \gamma = \dfrac{H_2}{H_1 + H_2}$ 可得

$$\mathbb{E}\left[\left|\widehat{\alpha}_\varepsilon^{(k)}(0)\right|^n\right] \leqslant (n!)^2 C^n \sum_{i,j=1}^n I_{3,i} I_{3,j} ,$$

其中

$$I_{3,j} = \int_{\Delta_n} (t_j - t_{j-1})^{-\frac{H_1 H_2}{H_1 + H_2}|k|} [t_1(t_2 - t_1) \cdots (t_n - t_{n-1})]^{-\frac{H_1 H_2}{H_1 + H_2}d} \, dt ,$$

由文献 (Hu et al., 2015) 中引理 4.5, 如果

$$\frac{H_1 H_2}{H_1 + H_2}(|k| + d) \leqslant 1 ,$$

则

$$I_{3,j} \leqslant \frac{C^n T^{\kappa_1 n - \frac{H_1 H_2 |k|}{H_1 + H_2}}}{\Gamma\left(n\kappa_1 - \dfrac{H_1 H_2}{H_1 + H_2}|k| + 1\right)} ,$$

其中

$$\kappa_1 = 1 - \frac{d H_1 H_2}{H_1 + H_2} .$$

于是

$$
\mathbb{E}[(\widehat{\alpha}_{\varepsilon}^{(k)}(0))^n]
$$

$$
\leqslant \frac{C^n(n!)^2}{(2\pi)^{nd}} \int_{0<s_1<\cdots<s_n<T} \left[\left(s_1^{-\frac{4H_1^2 H_2 dk}{H_1+H_2}} + (s_2-s_1)^{-\frac{4H_1^2 H_2 dk}{H_1+H_2}} + \cdots \right.\right.
$$

$$
+ (s_n-s_{n-1})^{-\frac{4H_1^2 H_2 dk}{H_1+H_2}}\Big)\Big(s_1^{-\frac{1}{2}dH_1}(s_2-s_1)^{-\frac{1}{2}dH_1}
$$

$$
\left.\cdots (s_n-s_{n-1})^{-\frac{1}{2}dH_1}\right)\Big]ds_1 ds_2 \cdots ds_n
$$

$$
\cdot \int_{0<t_1<\cdots<t_n<T} \left[\left(t_1^{-\frac{4H_1 H_2^2 dk}{H_1+H_2}} + (t_2-t_1)^{-\frac{4H_1 H_2^2 dk}{H_1+H_2}} + \cdots \right.\right.
$$

$$
+ (t_n-t_{n-1})^{-\frac{4H_1 H_2^2 dk}{H_1+H_2}}\Big)\Big(t_1^{-\frac{1}{2}dH_2}(t_2-t_1)^{-\frac{1}{2}dH_2}
$$

$$
\left.\cdots (t_n-t_{n-1})^{-\frac{1}{2}dH_2}\right)\Big]dt_1 dt_2 \cdots dt_n. \tag{6.10}
$$

不失一般性, 做变量代换 $y_i = s_i - s_{i-1}, i = 1, 2, \cdots, n$. 假设

$$
\gamma_i = -\frac{1}{2}dH_1 - \frac{2H_1 H_2 kd}{H_1+H_2}
$$

和

$$
\gamma_j = -\frac{1}{2}dH_1, \quad j = 1, 2, \cdots, i-1, i+1, \cdots, n.
$$

使用多重积分变换和事实

$$
\int_{0<s_1<\cdots<s_n<T} \prod_{i=1}^{n}(s_i-s_{i-1})^{\gamma_i}ds_1\cdots ds_n = \frac{\prod\limits_{j=1}^{n}\Gamma(1+\gamma_j)}{\Gamma(n+\sum\limits_{j=1}^{n}\gamma_j+1)}T^{n+\sum_{j=1}^{n}\gamma_j},
$$

从而, 如果 $-\dfrac{1}{2}dH_1 - \dfrac{2H_1 H_2 kd}{H_1+H_2} > -1$, (6.10) 式中第一项积分变为

$$
\int_{0<s_1<\cdots<s_n<T} s_1^{-\frac{1}{2}dH_1}(s_2-s_1)^{-\frac{1}{2}dH_1}\cdots
$$

$$
\cdot (s_i-s_{i-1})^{-\frac{(4H_1 H_2 k+(H_1+H_2)H_1)d}{2(H_1+H_2)}}(s_n-s_{n-1})^{-\frac{1}{2}dH_1}ds_1 ds_2 \cdots ds_n
$$

$$
\leqslant \int_{0<y_1+\cdots+y_n<T} y_1^{-\frac{1}{2}dH_1}y_2^{-\frac{1}{2}dH_1}\cdots y_i^{-\frac{(4H_1 H_2 k+(H_1+H_2)H_1)d}{2(H_1+H_2)}}\cdots y_n^{-\frac{1}{2}dH_1}dy_1\cdots dy_n
$$

$$
= \int_{0<y_1+\cdots+y_n<T} \prod_{i=1}^{n} y_i^{\gamma_i}dy_1\cdots dy_n
$$

$$\leqslant \frac{\Gamma\left(1-\frac{1}{2}dH_1\right)^{n-1}\Gamma\left(1-\frac{1}{2}dH_1-\frac{2H_1H_2kd}{H_1+H_2}\right)}{\Gamma\left(n\left(1-\frac{1}{2}dH_1\right)-\frac{2H_1H_2kd}{H_1+H_2}+1\right)}T^{n\left(1-\frac{1}{2}dH_1\right)-\frac{2H_1H_2kd}{H_1+H_2}}.$$

使用相类似的方法估计第二项积分. 当 $-\frac{1}{2}dH_2-\frac{2H_1H_2kd}{H_1+H_2}>-1$ 时, 能够证明

$$\int_{0<t_1<\cdots<t_n<T}t_1^{-\frac{1}{2}dH_2}(t_2-t_1)^{-\frac{1}{2}dH_2}\cdots$$

$$\cdot(t_i-t_{i-1})^{-\frac{(4H_1H_2k+(H_1+H_2)H_2)d}{2(H_1+H_2)}}(t_n-t_{n-1})^{-\frac{1}{2}dH_2}dt_1dt_2\cdots dt_n$$

$$\leqslant \int_{0<y_1+\cdots+y_n<T}\prod_{i=1}^{n}y_i^{\iota_i}dy_1\cdots dy_n$$

$$\leqslant \frac{\Gamma\left(1-\frac{1}{2}dH_2\right)^{n-1}\Gamma\left(1-\frac{1}{2}dH_2-\frac{2H_1H_2kd}{H_1+H_2}\right)}{\Gamma\left(n\left(1-\frac{1}{2}dH_2\right)-\frac{2H_1H_2kd}{H_1+H_2}+1\right)}T^{n\left(1-\frac{1}{2}dH_2\right)-\frac{2H_1H_2kd}{H_1+H_2}},$$

其中 $\iota_1,\cdots,\iota_{i-1},\iota_{i+1},\cdots,\iota_n=-\frac{1}{2}dH_2$ 和 $\iota_i=-\frac{1}{2}dH_2-\frac{2H_1H_2kd}{H_1+H_2}$.

最后, 得到

$$\mathbb{E}[(\widehat{\alpha}_\varepsilon^{(k)}(0))^n]$$

$$\leqslant C_1 T^{n(2-\frac{1}{2}dH_1-\frac{1}{2}dH_2)-\frac{4H_1H_2kd}{H_1+H_2}}$$

$$\cdot\frac{n(n!)^2}{\Gamma\left(n\left(1-\frac{1}{2}dH_1\right)-\frac{2H_1H_2kd}{H_1+H_2}+1\right)\Gamma\left(n\left(1-\frac{1}{2}dH_2\right)-\frac{2H_1H_2kd}{H_1+H_2}+1\right)},$$

$$(6.11)$$

其中

$$C_1=\frac{C^n}{(2\pi)^{nd}}\Gamma\left(1-\frac{1}{2}dH_1\right)^{n-1}\Gamma\left(1-\frac{1}{2}dH_1-\frac{2H_1H_2kd}{H_1+H_2}\right)$$

$$\cdot\Gamma\left(1-\frac{1}{2}dH_2\right)^{n-1}\Gamma\left(1-\frac{1}{2}dH_2-\frac{2H_1H_2kd}{H_1+H_2}\right).$$

使用下面的等价关系

$$\Gamma\left(n\left(1-\frac{1}{2}dH_1\right)-\frac{2H_1H_2kd}{H_1+H_2}+1\right)\approx(n!)^{1-\frac{1}{2}dH_1}$$

和

$$\Gamma\left(n\left(1-\frac{1}{2}dH_2\right)-\frac{2H_1H_2kd}{H_1+H_2}+1\right) \approx (n!)^{1-\frac{1}{2}dH_2}.$$

从而

$$\mathbb{E}\left[\left|\widehat{\alpha}_\varepsilon^{(k)}(0)\right|^n\right] \leqslant n^2(n!)^2 C^n \frac{T^{2\kappa_1 n-\frac{2H_1H_2|k|}{H_1+H_2}}}{\Gamma^2\left(n\kappa_1-\dfrac{H_1H_2}{H_1+H_2}|k|+1\right)}$$

$$\leqslant (n!)^2 C^n \frac{T^{2\kappa_1 n-\frac{2H_1H_2|k|}{H_1+H_2}}}{\left(\Gamma\left(n\kappa_1-\dfrac{H_1H_2}{H_1+H_2}|k|+1\right)\right)^2}$$

$$\leqslant C_T(n!)^{2-2\kappa_1}C^n T^{2\kappa_1 n},$$

其中 C 是不依赖于 T 和 n 的常数以及 C_T 也是不依赖于 n 的常数.

对任意的 $\beta>0$, 这意味着

$$\mathbb{E}\left[\left|\widehat{\alpha}^{(k)}(0)\right|^{n\beta}\right] \leqslant C_T(n!)^{\beta(2-2\kappa_1)}C^n T^{2\beta\kappa_1 n}.$$

从这个界可以推出: 存在一个常数 $C_{d,T,k}>0$ 使得

$$\mathbb{E}\left[\exp\left\{C_{d,T,k}\left|\widehat{\alpha}^{(k)}(0)\right|^\beta\right\}\right] = \sum_{n=0}^{\infty}\frac{C_{d,T,k}^n}{n!}\left|\widehat{\alpha}^{(k)}(0)\right|^{n\beta}$$

$$\leqslant C_T \sum_{n=0}^{\infty} C_{d,T,k}^n (n!)^{\beta(2-2\kappa_1)-1}C^n T^{2\beta\kappa_1 n}$$

$$< \infty,$$

当 $C_{d,T,k}$ 充分小 (严格正) 时成立, 其中 $\beta=\dfrac{H_1+H_2}{2dH_1H_2}$.

(iii) 不失一般性, 仅仅考虑情形 $k=(k_1,0,\cdots,0)$. 记 k_i 为 k. 由两个相互独立的分数布朗运动的 k 阶导数型碰撞局部时的定义知

$$\mathbb{E}\left[\hat{\alpha}_\varepsilon^{(k)}(0)\right] = \frac{1}{(2\pi)^d}\int_0^T\int_0^T\int_{\mathbb{R}^d}\left[e^{i\langle\xi,B_t^{H_1}-\widetilde{B}_s^{H_2}\rangle}\right]e^{-\frac{\varepsilon|\xi|^2}{2}}\mid\xi_1\mid^k d\xi dt ds$$

$$= \frac{1}{(2\pi)^d}\int_0^T\int_0^T\int_{\mathbb{R}^d}e^{-(\varepsilon+t^{2H_1}+s^{2H_2})\frac{|\xi|^2}{2}}\mid\xi_1\mid^k d\xi dt ds.$$

于是

$$\mathbb{E}\left[\hat{\alpha}^{(k)}(0)\right] = \frac{1}{(2\pi)^d}\int_0^T\int_0^T\int_{\mathbb{R}^d}e^{-(t^{2H_1}+s^{2H_2})\frac{|\xi|^2}{2}}\mid\xi_1\mid^k d\xi dt ds.$$

关于 ξ 进行积分, 发现

$$\mathbb{E}\left[\hat{\alpha}^{(k)}(0)\right] = c_{k,d} \int_0^T \int_0^T (t^{2H_1} + s^{2H_2})^{-\frac{(k+d)}{2}} dt ds,$$

对某些常数 $c_{k,d} \in (0, \infty)$ 成立.

下面将继续处理上述积分. 首先假设 $0 < H_1 \leqslant H_2 < 1$. 做变量代换 $t = u^{\frac{H_2}{H_1}}$, 故

$$\begin{aligned} I_4 &:= \int_0^T \int_0^T (t^{2H_1} + s^{2H_2})^{-\frac{(k+d)}{2}} dt ds \\ &= \int_0^T \int_0^{T^{\frac{H_1}{H_2}}} (u^{2H_2} + s^{2H_2})^{-\frac{k+d}{2}} u^{\frac{H_2}{H_1}-1} du ds. \end{aligned} \tag{6.12}$$

使用极坐标变换 $u = r\cos\theta$ 和 $s = r\sin\theta$, 其中 $0 \leqslant \theta \leqslant \dfrac{\pi}{2}$ 和 $0 \leqslant r \leqslant T$, 有

$$I_4 \geqslant \int_0^{\frac{\pi}{2}} (\cos\theta)^{\frac{H_2}{H_1}-1} (\cos^{2H_2}\theta + \sin^{2H_2}\theta)^{-\frac{(k+d)}{2}} d\theta \int_0^{T^{\frac{H_1}{H_2}}} r^{-(k+d)H_2+\frac{H_2}{H_1}} dr. \tag{6.13}$$

由于平面域

$$\left\{ (r, \theta), 0 \leqslant r \leqslant T \wedge T^{\frac{H_1}{H_2}}, 0 \leqslant \theta \leqslant \frac{\pi}{2} \right\}$$

包含在平面域

$$\left\{ (s, u), 0 \leqslant s \leqslant T, 0 \leqslant u \leqslant T^{\frac{H_1}{H_2}} \right\}$$

中, 如果 $-(k+d)H_2 + \dfrac{H_2}{H_1} > -1$, 出现在(6.13)中关于 r 的积分是有限的, 即, 满足条件(6.4).

在情形 $0 < H_2 \leqslant H_1 < 1$ 下类似能够处理. 证毕.   □

6.1.3 附录

在这里需要回顾已有文献中一些著名的结果, 这些结果对于我们的证明很有用. 下面的引理是文献 (Berman ,1973) 中的引理 8.

引理 6.3 假设 $X_1, \cdots, X_n$ 是联合均值为 0 的高斯随机变量以及设 $Y_1 = X_1, Y_2 = X_2 - X_1, \cdots, Y_n = X_n - X_{n-1}$, 则

$$\mathrm{Var}\left\{ \sum_{j=1}^n v_j Y_j \right\} \geqslant \frac{R}{\prod\limits_{j=1}^n \sigma_j^2} \frac{1}{n} \sum_{j=1}^n v_j^2 \sigma_j^2,$$

其中 $\sigma_j^2 = \mathrm{Var}(Y_j)$ 和 R 是 $\{X_i, i = 1, \cdots, n\}$ 确定的协方差矩阵, 并且有以下条件协方差矩阵

$$R = \mathrm{Var}(X_1)\mathrm{Var}(X_2 \mid X_1) \cdots \mathrm{Var}(X_n \mid X_1, \cdots, X_{n-1}).$$

下面的引理是文献 (Hu et al., 2008) 中的引理 A.1.

引理 6.4　设 $(\Omega, \mathcal{F}, P)$ 是一个概率空间, 设 F 是一个平方可积随机变量. 假设 $\mathcal{G}_1 \subset \mathcal{G}_2$ 是包含在 $\mathcal{F}$ 中的两个 σ-域, 则

$$\mathrm{Var}(F \mid \mathcal{G}_1) \geqslant \mathrm{Var}(F \mid \mathcal{G}_2).$$

将文献 (Pitt, 1978) 中引理 7.1 应用到分数布朗运动中可得如下结论.

引理 6.5　如果 $\{B_t^H, t \geqslant 0\}$ 是 Hurst 指数为 H 的分数布朗运动, 则

$$\mathrm{Var}(X(t)|X(s), |s - t| \geqslant r) = cr^{2H}.$$

结合前面的三个引理, 可以得到以下命题.

命题 6.6　设 $\{B_t^H, t \geqslant 0\}$ 是 Hurst 指数为 H 的分数布朗运动以及 $0 \leqslant s_1 < \cdots < s_n < \infty$. 则存在一个不依赖于 n 的常数 c 使得

$$\mathrm{Var}(\xi_1 B_{s_1}^H + \xi_2(B_{s_2}^H - B_{s_1}^H) + \cdots + \xi_n(B_{s_n}^H - B_{s_{n-1}}^H))$$
$$\geqslant c^n[\xi_1^2\mathrm{Var}(B_{s_1}^H) + \xi_2^2\mathrm{Var}(B_{s_2}^H - B_{s_1}^H) + \cdots + \xi_n^2\mathrm{Var}(B_{s_n}^H - B_{s_{n-1}}^H)]. \tag{6.14}$$

证明　设 $X_i = B_{s_i}^H - B_{s_{i-1}}^H$ (约定 $B_{s_{-1}}^H = 0$). 从引理 6.3 可见

$$R_i := \mathrm{Var}(X_i \mid X_1, \cdots, X_{i-1}) \geqslant \mathrm{Var}(B_{s_i}^H | \mathcal{F}_{s_{i-1}})$$
$$\geqslant c|s_i - s_{i-1}|^{2H} = c\sigma_i^2,$$

其中 $\mathcal{F}_t = \sigma(B_s^H, s \leqslant t)$. 由 R 的定义知 $R \geqslant c^n \prod\limits_{i=1}^n \sigma_i^2$. 应用引理 6.3 和命题 6.6 即可得证. 证毕.　　　　　　　　　　　　　　　　　　　　　　　　　□

以下引理来自于文献 (Hu et al., 2015) 中的引理 4.5.

引理 6.7　设 $\alpha \in (-1 + \varepsilon, 1)^m$ 且 $\varepsilon > 0$ 以及 $\mid \alpha \mid = \sum\limits_{i=1}^m \alpha_i$. 记 $T_m(t) = \{(r_1, r_2, \cdots, r_m) \in \mathbb{R}^m : 0 < r_1 < \cdots < r_m < t\}$. 则存在一个常数 κ 使得

$$J_m(t, \alpha) := \int_{T_m(t)} \prod_{i=1}^m (r_i - r_{i-1})^{\alpha_i} dr \leqslant \frac{\kappa^m t^{|\alpha|+m}}{\Gamma(|\alpha| + m + 1)},$$

其中规定 $r_0 = 0$.

6.2 分数 Ornstein-Uhlenbeck 过程的高阶导数型相交局部时

在这一部分中, 使用 (Guo and Li , 2017) 中相类似的方法, 主要讨论两个相互独立的分数 O-U 过程的高阶导数型相交局部时 $\tilde{\alpha}^{(k)}(0)$ 存在性条件. 进一步, 研究了该局部时的指数可积性.

分数 O-U 过程 X^H 的导数型局部时定义为

$$\widetilde{\alpha}^{(k)}(x,t) := \frac{\partial^k}{\partial x_1^{k_1} \cdots \partial x_d^{k_d}} \int_0^t \delta(X_s^H - x) ds,$$

它表示了分数 O-U 过程在某固定点 x 所花费的时间. 通过如下函数

$$f_\varepsilon^{(k)}(x,t) := \frac{\partial^k}{\partial x_1^{k_1} \cdots \partial x_d^{k_d}} f_\varepsilon(x) = \frac{i^k}{(2\pi)^d} \int_{\mathbb{R}^d} p_1^{k_1} \cdots p_d^{k_d} e^{ipx} e^{-\frac{\varepsilon|p|^2}{2}} dp$$

来逼近 $\delta^{(k)}$.

6.2.1 分数 Ornstein-Uhlenbeck 过程的高阶导数型相交局部时

假设两个相互独立的 d 维分数布朗运动分别为 $B_t^{H_1}$ 和 $\widetilde{B}_s^{H_2}$, 其中 $B_t^{H_1}$ 和 $\widetilde{B}_s^{H_2}$ 的 Hurst 指数分别为 H_1 和 H_2.

定理 6.8 假设 B^{H_1} 和 $\widetilde{B}^{H_2}$ 是两个相互独立的 d 维分数布朗运动其 Hurst 指数分别为 H_1 和 H_2. 则当 ε 趋于 0 时, 分数 O-U 过程 X_s^H 和 $\tilde{X}_s^H$ 的相交局部时 $\tilde{\alpha}_\varepsilon^{(k)}(0,t)$ 属于空间 $L^2(\Omega)$. 进一步, 如果其极限值记为 $\tilde{\alpha}^{(k)}(0,t)$, 则 $\tilde{\alpha}^{(k)}(0,t) \in L^2(\Omega)$.

证明 首先, 验证 $\tilde{\alpha}_\varepsilon^{(k)}(0,t) \in L^2(\Omega)$. 事实上, 记 $A_2 = \{0 < u, s < t\}^2$, 可得

$$\mathbb{E}\left[\left|\tilde{\alpha}_\varepsilon^{(k)}(0,t)\right|^2\right]$$

$$\leqslant \frac{1}{(2\pi)^{2d}} \int_{A_2} \int_{\mathbb{R}^{2d}} \left| \mathbb{E}[\exp\{ip_1(X_{s_1}^{H_1} - \widetilde{X}_{u_1}^{H_2}) + ip_2(X_{s_2}^{H_1} - \widetilde{X}_{u_2}^{H_2})\}] \right|$$

$$\cdot \exp\left\{-\frac{\varepsilon}{2} \sum_{j=1}^2 |p_j|^2\right\} \prod_{j=1}^2 |p_j^k| \, dp \, du \, ds$$

$$= \frac{1}{(2\pi)^{2d}} \int_{A_2} \int_{\mathbb{R}^{2d}} \exp\left\{-\frac{1}{2} \mathbb{E}\left[\sum_{j=1}^2 p_j(X_{s_j}^{H_1} - \widetilde{X}_{u_j}^{H_2})\right]^2\right\}$$

$$\cdot \exp\left\{-\frac{\varepsilon}{2} \sum_{j=1}^n |p_j|^2\right\} \prod_{j=1}^2 |p_j^k| \, dp \, du \, ds$$

$$\leqslant \frac{1}{(2\pi)^{2d}} \int_{A_2} \int_{\mathbb{R}^{2d}} \prod_{i=1}^{d} \left(\prod_{j=1}^{2} |p_{ij}^{k_i}| \right) \exp \left\{ -\frac{1}{2} \mathbb{E}[p_{i1} X_{s_1}^{H_1,i} + p_{i2} X_{s_2}^{H_1,i}]^2 \right.$$

$$\left. - \frac{1}{2} \mathbb{E}[p_{i1} \widetilde{X}_{u_1}^{H_2,i} + p_{i2} \widetilde{X}_{u_2}^{H_2,i}]^2 \right\} dp du ds.$$

基于文献 (Shen et al., 2013) 中的结果, 就有

$$\mathrm{Var}\left(\xi(X_u^{H_1} - X_s^{H_1}) \right) \geqslant C_{6,2,1} \xi^2 (u - s)^{2H_1}$$

和

$$\mathrm{Var}\left(\eta(\widetilde{X}_u^{H_2} - \widetilde{X}_s^{H_2}) \right) \geqslant C_{6,2,2} \eta^2 (u - s)^{2H_2},$$

其中 $C_{6,2,1}$ 和 $C_{6,2,2}$ 均为某个常数. 类似于文献 (Guo and Li, 2017) 中的方法, 有

$$\mathbb{E}\left[\left| \tilde{\alpha}_\varepsilon^{(k)}(0,t) \right|^2 \right] \leqslant (2!)^2 C^2 \sum_{i,j=1}^{2} \int_{A_2} (s_i - s_{i-1})^{-\rho H_1 |k|} (u_j - u_{j-1})^{-(1-\rho)H_2|k|}$$

$$\cdot [s_1(s_2 - s_1)]^{-\gamma H_1 d} [u_1(u_2 - u_1)]^{-(1-\gamma)H_2 d} du ds,$$

其中 $A_2 = \{0 < s_1 < s_2 < t\}$ 表示 $[0,t]^2$ 中的单纯形. 选择 $\rho = \gamma = \dfrac{H_2}{H_1 + H_2}$, 可得

$$\mathbb{E}\left[\left| \tilde{\alpha}_\varepsilon^{(k)}(0,t) \right|^2 \right] \leqslant C_{6,2,0}(2!)^{2-2\kappa} t^{4\kappa}, \tag{6.15}$$

其中 $C_{6,2,0}$ 是不依赖于 t 的常数以及 κ 是某一常数. 于是, 如果 $\dfrac{H_1 H_2}{H_1 + H_2}(|\kappa| + d) \leqslant 1$, (6.15) 左端有限.

其次, 断言 $\{\tilde{\alpha}_\varepsilon^{(k)}(0,t), \varepsilon > 0\}$ 是 L^2 中的柯西列.

事实上, 对任意的 $\varepsilon, \theta > 0$, 就有

$$\mathbb{E}\left[\left| \tilde{\alpha}_\varepsilon^{(k)}(0,t) - \tilde{\alpha}_\theta^{(k)}(0,t) \right|^2 \right]$$

$$\leqslant \frac{1}{(2\pi)^{2d}} \int_{A_2} \int_{\mathbb{R}^{2d}} \left| \mathbb{E}[\exp\{ip_1(X_{s_1}^{H_1} - \widetilde{X}_{u_1}^{H_2}) + ip_2(X_{s_2}^{H_1} - \widetilde{X}_{u_2}^{H_2})\}] \right|$$

$$\cdot \left| \exp\left\{ -\frac{\varepsilon}{2} \sum_{j=1}^{2} |p_j|^2 \right\} - \exp\left\{ -\frac{\theta}{2} \sum_{j=1}^{2} |p_j|^2 \right\} \right| \prod_{j=1}^{2} |p_j^k| dp du ds$$

$$= \frac{1}{(2\pi)^{2d}} \int_{A_2} \int_{\mathbb{R}^{2d}} \exp\left\{ -\frac{1}{2} \mathbb{E}\left[\sum_{j=1}^{2} p_j (X_{s_j}^{H_1} - \widetilde{X}_{u_j}^{H_2}) \right]^2 \right\}$$

$$\cdot \left[1 - \exp\left\{ -\frac{|\varepsilon - \theta|}{2} \sum_{j=1}^{n} |p_j|^2 \right\} \right] \prod_{j=1}^{2} |p_j^k| \, dpduds$$

$$\leqslant \frac{\left| 1 - \exp\left\{ -\frac{|\varepsilon - \theta|}{2} \sum_{j=1}^{n} |p_j|^2 \right\} \right|}{(2\pi)^{2d}} \int_{A_2} \int_{\mathbb{R}^{2d}} \prod_{i=1}^{d} \left(\prod_{j=1}^{2} |p_{ij}^{k_i}| \right)$$

$$\cdot \exp\left\{ -\frac{1}{2} \mathbb{E}[p_{i1} X_{s_1}^{H_1,i} + p_{i2} X_{s_2}^{H_1,i}]^2 - \frac{1}{2} \mathbb{E}[p_{i1} \widetilde{X}_{u_1}^{H_2,i} + p_{i2} \widetilde{X}_{u_2}^{H_2,i}]^2 \right\} dpduds \,.$$

当 $\varepsilon \to 0$ 和 $\theta \to 0$ 时, 由控制收敛定理知

$$\mathbb{E}\left[\left| \tilde{\alpha}_\varepsilon^{(k)}(0,t) - \tilde{\alpha}_\theta^{(k)}(0,t) \right|^2 \right] \to 0.$$

因而, $\{\tilde{\alpha}_\varepsilon^{(k)}(0,t), \varepsilon > 0\}$ 是 $L^2(\Omega)$ 中的柯西列, 这暗示着 $\tilde{\alpha}^{(k)}(0,t)$ 属于空间 $L^2(\Omega)$. 证毕. $\qquad\qquad\square$

注 6.9 此条件与文献 (Guo and Li, 2017) 相比, 发现有相同的条件, 即 $\frac{H_1 H_2}{H_1 + H_2}(|\kappa + d|) \leqslant 1$. 这意味着分数布朗运动高阶导数型局部时和分数 O-U 过程高阶导数型局部时属于空间 $L^2(\Omega)$ 的条件相同.

6.2.2 在某点处局部时的 Hölder 正则性

本小节主要讨论分数 O-U 过程 X_t^H 在某固定点处的高阶导数型局部时的 Hölder 正则性, 其中分数 O-U 过程 X_t^H 满足分数布朗运动 B_t^H 驱动的随机微分方程. 首先, 给出高阶导数型局部时 $\tilde{\alpha}^{(k)}(t,x)$ 的 Hölder 指数的定义. 其次, 通过一些必要的准备引理, 获得 Hölder 正则性条件.

定义 6.10 高阶导数型局部时 $\tilde{\alpha}^{(k)}(x,t)$ 的逐轨道 Hölder 指数定义为

$$\alpha(t) = \sup\left\{ \alpha > 0, \limsup_{h \to 0} \sup_{x \in \mathbb{R}^d} \frac{\tilde{\alpha}^{(k)}(x, t+h) - \tilde{\alpha}^{(k)}(x,t)}{h^\alpha} = 0 \right\}.$$

为了陈述本节主要结果, 需要如下一些必要的引理.

引理 6.11 假设任意 $n \geqslant 1$ 和 $k \geqslant 2$. 如果维数 d 和 Hurst 指数 H 满足

$$H(|k| + d) \leqslant 1,$$

则

$$\mathbb{E}\left[\left| \tilde{\alpha}_\varepsilon^{(k)}(x, t+h) - \tilde{\alpha}_\varepsilon^{(k)}(x,t) \right|^n \right] \leqslant C_{6,2,3} h^{n - nHd - H|k|},$$

其中 $C_{6,2,3} = \dfrac{nn! C^n}{\Gamma(n - nHd - H|k| + 1)}$.

证明　使用文献 (Guo and Li, 2017) 中相类似的技巧来验证引理.

固定整数 $n \geqslant 1$. 记 $B_n = \{t < u, \ s < t + h\}^n$. 可得

$$\mathbb{E}\left[\left|\tilde{\alpha}_\varepsilon^{(k)}(x, t+h) - \tilde{\alpha}_\varepsilon^{(k)}(x, t)\right|^n\right]$$

$$\leqslant \frac{1}{(2\pi)^{nd}} \int_{B_n} \int_{\mathbb{R}^{nd}} \prod_{i=1}^d \prod_{j=1}^n |\, p_{ij}^{k_i}\,| \exp\left\{-\frac{1}{2}\mathbb{E}[p_{i1}X_{s_1}^i + \cdots + p_{in}X_{s_n}^i]^2\right\} dp\, ds.$$

上式中指数部分的期望计算如下

$$\mathbb{E}[p_{i1}X_{s_1}^i + \cdots + p_{in}X_{s_n}^i]^2 = (p_{i1}, \cdots, p_{in})Q(p_{i1}, \cdots, p_{in})^{\mathrm{T}},$$

其中

$$Q = \left(X_j^i X_k^i\right)_{1\leqslant j, k\leqslant n}$$

表示 n 维随机向量 $(X_{s_1}^i, \cdots, X_{s_n}^i)$ 的协方差矩阵. 于是

$$\mathbb{E}\left[\left|\tilde{\alpha}_\varepsilon^{(k)}(x, t+h) - \tilde{\alpha}_\varepsilon^{(k)}(x, t)\right|^n\right] \leqslant \frac{1}{(2\pi)^{nd}} \int_{B_n} \prod_{i=1}^d J_i(s)ds,$$

其中

$$J_i(s) := \int_{\mathbb{R}^n} |\, x^{k_i}\,| \exp\left\{-\frac{1}{2}x^{\mathrm{T}}Qx\right\} dx.$$

这里再次回顾记号 $x = (x_1, \cdots, x_n)$ 和 $x_i^k = x_1^{k_i} \cdots x_n^{k_i}$.

作代换 $\xi = \sqrt{Q}x$, 则

$$J_i(s) = \int_{\mathbb{R}^n} \prod_{j=1}^n |\, (Q^{-\frac{1}{2}}\xi)_j\,|^{k_i} \exp\left\{-\frac{1}{2}|\,\xi\,|^2\right\} \det(Q)^{-\frac{1}{2}}d\xi.$$

为了获得上式有意思的界, 需要对 Q 进行对角化处理:

$$Q = P\Lambda P^{-1},$$

其中 $\Lambda = \mathrm{diag}\{\lambda_1, \cdots, \lambda_n\}$ 是一个严格正定的对角矩阵且 $\lambda_1 \leqslant \lambda_2 \leqslant \cdots \leqslant \lambda_d$, $P = (q_{ij})_{1\leqslant i,j\leqslant d}$ 是一个正交阵. 因此, 有 $\det(Q) = \lambda_1 \cdots \lambda_d$. 记

$$\eta = (\eta_1, \eta_2, \cdots, \eta_n)^{\mathrm{T}} = P^{-1}\xi.$$

故

$$P^{-\frac{1}{2}}\xi = P\Lambda^{-\frac{1}{2}}P^{-1}\xi = P\Lambda^{-\frac{1}{2}}\eta$$

$$= P\begin{pmatrix} \lambda_1^{-\frac{1}{2}}\eta_1 \\ \lambda_2^{-\frac{1}{2}}\eta_2 \\ \vdots \\ \lambda_n^{-\frac{1}{2}}\eta_n \end{pmatrix}$$

$$= \begin{pmatrix} q_{1,1} & q_{1,2} & \cdots & q_{1,n} \\ q_{2,1} & q_{2,2} & \cdots & q_{2,n} \\ \vdots & \vdots & & \vdots \\ q_{n,1} & q_{n,2} & \cdots & q_{n,n} \end{pmatrix}\begin{pmatrix} \lambda_1^{-\frac{1}{2}}\eta_1 \\ \lambda_2^{-\frac{1}{2}}\eta_2 \\ \vdots \\ \lambda_n^{-\frac{1}{2}}\eta_n \end{pmatrix}.$$

因而, 得

$$| (Q^{-\frac{1}{2}}\xi)_j | = \left| \sum_{k=1}^{n} q_{jk}\lambda_k^{-\frac{1}{2}}\eta_k \right| \leqslant \lambda_1^{-\frac{1}{2}} \sum_{k=1}^{n} | q_{jk}\eta_k |$$

$$\leqslant \lambda_1^{-\frac{1}{2}} \left(\sum_{k=1}^{n} q_{jk}^2 \right)^{\frac{1}{2}} \left(\sum_{k=1}^{n} \eta_k^2 \right)^{\frac{1}{2}}$$

$$\leqslant \lambda_1^{-\frac{1}{2}} | \eta |_2$$

$$= \lambda_1^{-\frac{1}{2}} | \xi |_2 .$$

由于 Q 正定, 能够看出

$$\lambda_1 \geqslant \lambda_1(Q),$$

其中 $\lambda_1(Q)$ 表示 Q 的最小特征值. 因而, 就有

$$J_i(s) = \det(Q)^{-\frac{1}{2}}\lambda_1(Q)^{-\frac{1}{2}k_i} \int_{\mathbb{R}^n} | \xi |_2^{k_i} \exp\left\{ -\frac{1}{2} | \xi |^2 \right\} d\xi.$$

下面求 $\lambda_1(Q_1)$ 的一个下界. 由如下事实

$$\lambda_1(Q) \geqslant K \min\left[s_1^{2H}, (s_2 - s_1)^{2H}, \cdots, (s_n - s_{n-1})^{2H} \right],$$

知

$$\int_{\mathbb{R}^n} \prod_{j=1}^{n} | (Q^{-\frac{1}{2}}\xi)_j |^{k_i} \exp\left\{ -\frac{1}{2} | \xi |^2 \right\} \det(Q)^{-\frac{1}{2}} d\xi$$

$$\leqslant C^n \min_{j=1,\cdots,n} (s_j - s_{j-1})^{-Hk_i} \left[s_1(s_2 - s_1) \cdots (s_n - s_{n-1})^{-H} \right].$$

因此

$$\mathbb{E}\left[\left|\tilde{\alpha}_\varepsilon^{(k)}(x, t+h) - \tilde{\alpha}_\varepsilon^{(k)}(x,t)\right|^n\right]$$

$$\leqslant n! C^n \int_{B_n} \min_{j=1,\cdots,n} (s_j - s_{j-1})^{-H|k|} \left[s_1(s_2 - s_1)\cdots(s_n - s_{n-1})\right]^{-Hd} ds$$

$$\leqslant n! C^n \sum_{i=1}^n \int_{B_n} (s_i - s_{i-1})^{-H|k|} \left[s_1(s_2 - s_1)\cdots(s_n - s_{n-1})\right]^{-Hd} ds.$$

如果 $H(|k| + d) \leqslant 1$, 则

$$\int_{A_n} (s_i - s_{i-1})^{-H|k|} \left[s_1(s_2 - s_1)\cdots(s_n - s_{n-1})\right]^{-Hd} ds \leqslant \frac{C^n h^{n-nHd-H|k|}}{\Gamma(n - nHd - H|k| + 1)}.$$

于是

$$\mathbb{E}\left[\left|\tilde{\alpha}_\varepsilon^{(k)}(x, t+h) - \tilde{\alpha}_\varepsilon^{(k)}(x,t)\right|^n\right] \leqslant C_{6,2,3} h^{n-nHd-H|k|}.$$

证毕.   □

注 6.12   由引理 6.11, 就有以下不等式

$$\mathbb{E}\left[\left|\frac{\tilde{\alpha}_\varepsilon^{(k)}(x, t+h) - \tilde{\alpha}_\varepsilon^{(k)}(x,t)}{h^{1-Hd}}\right|^n\right] \leqslant C_{6,2,4} (n!)^{2-Hd},$$

其中 $C_{6,2,4}$ 是一个常数.

引理 6.13   假设任意 $n \geqslant 1$ 和 $k \geqslant 2$. 如果维数 $d \geqslant 1$, 对任何 δ 和 Hurst 指数 H 满足

$$H(|k + \delta| + d) \leqslant 1,$$

则

$$\mathbb{E}\left[\left|\tilde{\alpha}^{(k)}(x,t) - \tilde{\alpha}^{(k)}(y,t)\right|^n\right] \leqslant C_{6,2,5} |x-y|^\delta,$$

其中

$$|x - y|^\delta \equiv \sum_{j=1}^n |x_j - y_j|^{\delta_j}$$

和

$$C_{6,2,5} = \frac{C^n n!}{(2\pi)^{nd}} \cdot \frac{t^{n-nHd-H|k+\delta|}}{\Gamma(n - nHd - H|k + \delta| + 1)}.$$

证明   只需要证明

$$\mathbb{E}\left[\left|\tilde{\alpha}_\varepsilon^{(k)}(x,t) - \tilde{\alpha}_\varepsilon^{(k)}(y,t)\right|^n\right] \leqslant C_{6,2,5} |x-y|^\delta.$$

事实上, 由 $\tilde{\alpha}_{\varepsilon}^{(k)}(x,t)$ 的定义, 就有

$$\mathbb{E}\left[\left|\tilde{\alpha}_{\varepsilon}^{(k)}(x,t) - \tilde{\alpha}_{\varepsilon}^{(k)}(y,t)\right|^n\right]$$

$$=E\left[\left|\frac{i^k p^k}{(2\pi)^d}\int_{\mathbb{R}^d}\int_0^t \left(e^{ip(X_s^H - x)} - e^{ip(X_s^H - y)}\right)e^{-\frac{\varepsilon}{2}|p|^2}\,dp\,ds\right|^n\right]$$

$$=E\left[\left|\frac{i^k p^k}{(2\pi)^d}\int_{\mathbb{R}^d}\int_0^t e^{ipX_s^H}\left(e^{-ipx} - e^{-ipy}\right)e^{-\frac{\varepsilon}{2}|p|^2}\,dp\,ds\right|^n\right].$$

使用如下事实

$$\left|e^{-ipa} - e^{-ipb}\right| \leqslant C_{6,2,6}|p|^\delta |a-b|^\delta,$$

其中 δ 和 $C_{6,2,6}$ 均为常数, 就有

$$\mathbb{E}\left[\left|\tilde{\alpha}_{\varepsilon}^{(k)}(x,t) - \tilde{\alpha}_{\varepsilon}^{(k)}(y,t)\right|^n\right]$$

$$\leqslant \frac{1}{(2\pi)^{nd}}\int_{A_n}\int_{\mathbb{R}^{nd}}\left|E\left[\prod_{j=1}^n |\,p_j^k\,|\, e^{ip_j X_{s_j}^H}\left(e^{-ip_j x_j} - e^{-ip_j y_j}\right)\right]\right|\,dp\,ds$$

$$\leqslant \frac{C_{6,2,6}\prod_{j=1}^d |x_j - y_j|^{\delta_j}}{(2\pi)^{nd}}\int_{A_n}\int_{\mathbb{R}^{nd}}\prod_{j=1}^n |\,p_j\,|^{\delta_j + k}\left|E\left[\exp\{ip_1 X_{s_1}^H + \cdots + ip_n X_{s_n}^H\}\right]\right|$$

$$\cdot \exp\left\{-\frac{\varepsilon}{2}\sum_{j=1}^d |p_j|^2\right\}\,dp\,ds.$$

计算指数部分的期望值可得

$$\mathbb{E}[p_{i1}X_{s_1}^{H,i} + \cdots + p_{in}X_{s_n}^{H,i}]^2$$

$$= (p_{i1}, \cdots, p_{in})Q(p_{i1}, \cdots, p_{in})^{\mathrm{T}},$$

其中

$$Q = \left(X_j^{H,i}X_k^{H,i}\right)_{1 \leqslant j,k \leqslant n}$$

表示 n 维随机向量 $(X_{s_1}^{H,i}, \cdots, X_{s_n}^{H,i})$ 的协方差矩阵. 于是

$$\mathbb{E}\left[\left|\tilde{\alpha}_{\varepsilon}^{(k)}(x,t) - \tilde{\alpha}_{\varepsilon}^{(k)}(y,t)\right|^n\right]$$

$$\leqslant \frac{C_{6,2,6}}{(2\pi)^{nd}}\prod_{i=1}^d |x_i - y_i|^{\delta_i}\int_{A_n}\prod_{i=1}^d J_i(s)\,ds, \tag{6.16}$$

其中

$$J_i(s) := \int_{\mathbb{R}^n} \mid p_i^k \mid^{\delta_i} \exp\left\{-\frac{1}{2}P^{\mathrm{T}}QP\right\}dP,$$

这里记号 $P = (p_1, \cdots, p_n)$ 和 $p_i^k = p_1^{k_i} \cdots p_n^{k_i}$.

做变量代换 $\xi = \sqrt{Q}p$, 则

$$J_i(s) = \int_{\mathbb{R}^n} \prod_{j=1}^n \mid (Q^{-\frac{1}{2}}\xi)_j \mid^{k_i + \delta_i}$$

$$\cdot \exp\left\{-\frac{1}{2}\mid\xi\mid^2\right\}\det(Q)^{-\frac{1}{2}}d\xi.$$

首先对角化 Q:

$$Q = R\Lambda R^{-1},$$

其中 $\Lambda = \mathrm{diag}\{\lambda_1, \cdots, \lambda_n\}$ 是严格正定的矩阵且 $\lambda_1 \leqslant \lambda_2 \leqslant \cdots \leqslant \lambda_d$ 以及 $R = (r_{ij})_{1 \leqslant i, j \leqslant d}$ 是一个正交阵. 因而, 可得 $\det(Q) = \lambda_1 \cdots \lambda_d$. 记

$$\eta = (\eta_1, \eta_2, \cdots, \eta_n)^{\mathrm{T}} = R^{-1}\xi.$$

因此

$$R^{-\frac{1}{2}}\xi = R\Lambda^{-\frac{1}{2}}R^{-1}\xi$$

$$= R\Lambda^{-\frac{1}{2}}\eta$$

$$= R\begin{pmatrix} \lambda_1^{-\frac{1}{2}}\eta_1 \\ \lambda_2^{-\frac{1}{2}}\eta_2 \\ \vdots \\ \lambda_n^{-\frac{1}{2}}\eta_n \end{pmatrix}$$

$$= \begin{pmatrix} r_{1,1} & r_{1,2} & \cdots & r_{1,n} \\ r_{2,1} & r_{2,2} & \cdots & r_{2,n} \\ \vdots & \vdots & & \vdots \\ r_{n,1} & r_{n,2} & \cdots & r_{n,n} \end{pmatrix}\begin{pmatrix} \lambda_1^{-\frac{1}{2}}\eta_1 \\ \lambda_2^{-\frac{1}{2}}\eta_2 \\ \vdots \\ \lambda_n^{-\frac{1}{2}}\eta_n. \end{pmatrix}.$$

故有

$$\mid (Q^{-\frac{1}{2}}\xi)_j \mid \leqslant \lambda_1^{-\frac{1}{2}}\mid\eta\mid_2 = \lambda_1^{-\frac{1}{2}}\mid\xi\mid_2.$$

由于 Q 是正定的, 可以看到

$$\lambda_1 \geqslant \lambda_1(Q),$$

其中 $\lambda_1(Q)$ 表示 Q 的最小特征值. 这意味着

$$| (Q^{-\frac{1}{2}}\xi)_j | \leqslant \lambda_1(Q)^{-\frac{1}{2}} | \xi |_2 .$$

进一步, 就有

$$J_i(s) = \det(Q)^{-\frac{1}{2}} \lambda_1(Q)^{-\frac{1}{2}(k_i+\delta_i)} \int_{\mathbb{R}^n} | \xi |_2^{k_i+\delta_i} \exp\left\{ -\frac{1}{2} | \xi |^2 \right\} d\xi.$$

接下来求 $\lambda_1(Q)$ 的一个下界

$$\lambda_1(Q) \geqslant K \min\{s_1^{2H}, (s_2 - s_1)^{2H}, \cdots, (s_n - s_{n-1})^{2H}\}.$$

利用事实

$$\det(Q) \geqslant C_{6,2,7}^n s_1^{2H} (s_2 - s_1)^{2H} \cdots (s_n - s_{n-1})^{2H},$$

得到

$$\mathbb{E}\left[\left| \tilde{\alpha}_\varepsilon^{(k)}(x,t) - \tilde{\alpha}_\varepsilon^{(k)}(y,t) \right|^n \right]$$

$$\leqslant \frac{n! C_{6,2,7}^n}{(2\pi)^{nd}} \prod_{j=1}^n (x_j - y_j)^{\delta_j}$$

$$\cdot \sum_{j=1}^n \int_{A_n} (s_j - s_{j-1})^{-H|k+\delta|} \left[s_1(s_2 - s_1) \cdots (s_n - s_{n-1}) \right]^{-Hd} ds.$$

如果 $H(|k + \delta| + d) \leqslant 1$, 则

$$\int_{A_n} (s_j - s_{j-1})^{-H|k+\delta|} \left[s_1(s_2 - s_1) \cdots (s_n - s_{n-1}) \right]^{-Hd} ds,$$

$$\leqslant \frac{n! C_{6,2,7}^n}{(2\pi)^{nd}} \prod_{j=1}^n (x_j - y_j)^{\delta_j} \frac{t^{n-nHd-H|k+\delta|}}{\Gamma(n - nHd - H|k+\delta| + 1)}$$

$$\equiv C_{6,2,8} \prod_{j=1}^n (x_j - y_j)^{\delta_j},$$

其中 $C_{6,2,8} = \dfrac{n! C_{6,2,7}^n}{(2\pi)^{nd}} \times \dfrac{t^{n-nHd-H|k+\delta|}}{\Gamma(n - nHd - H|k+\delta| + 1)}$. 引理证毕. □

定理 6.14 假设任意的 $n \geqslant 1$ 和 $k \geqslant 2$. 如果维数 $d \geqslant 1$, 对任何 δ 和 Hurst 指数 H 满足

$$H(| k + \delta | + d) \leqslant 1,$$

则局部时 $\tilde{\alpha}^{(k)}(x,t)$ 逐轨道 Hölder 指数如下给出

$$\alpha(t) = n - nHd - H|k|.$$

证明　由引理 6.11、引理 6.13 知

$$\alpha(H) \geqslant n - nHd - H|k|.$$

下面验证该定理, 只需要证明

$$\alpha(H) \leqslant n - nHd - H|k|.$$

事实上, 对任意的 $t > 0$, 由局部时的特点知

$$
\begin{aligned}
h &= \int_{\mathbb{R}^d} \left(\tilde{\alpha}^{(k)}(x, t+h) - \tilde{\alpha}^{(k)}(x, t) \right) dx \\
&\leqslant \sup_{x \in \mathbb{R}^d} \left\{ \tilde{\alpha}^{(k)}(x, t+h) - \tilde{\alpha}^{(k)}(x, t) \right\} \sup_{s,u \in [t, t+h]} \mid X_u^H - X_s^H \mid \\
&\leqslant 2 \sup_{x \in \mathbb{R}^d} \left\{ \tilde{\alpha}^{(k)}(x, t+h) - \tilde{\alpha}^{(k)}(x, t) \right\} \sup_{s \in [t, t+h]} \mid X_t^H - X_s^H \mid.
\end{aligned}
$$

由 (Yan et al., 2008) 得, 分数 O-U 过程 X_t^H 可以重写为

$$X_t^H = v \int_0^t F(t, u) dB_u,$$

其中如果 $\dfrac{1}{2} < H < 1$ 时,

$$F(t, u) = \left(H - \frac{1}{2} \right) K_H e^{-t} u^{\frac{1}{2} - H} \int_u^t s^{H - \frac{1}{2}} (s - u)^{H - \frac{3}{2}} e^s ds,$$

如果 $0 < H < \dfrac{1}{2}$ 时,

$$
\begin{aligned}
F(t, u) = K_H u^{\frac{1}{2} - H} &\left(-e^{-t} \int_u^t (s - u)^{H - \frac{1}{2}} s^{H - \frac{1}{2}} e^s ds \right. \\
&\left. + t^{H - \frac{1}{2}} (t - u)^{H - \frac{1}{2}} + \frac{2}{1 - 2H} e^{-t} \int_u^t (s - u)^{H - \frac{1}{2}} s^{H - \frac{3}{2}} e^s ds, \right.
\end{aligned}
$$

且 $K_H = \dfrac{2H\Gamma\left(\dfrac{3}{2} - H\right)}{\Gamma\left(H + \dfrac{1}{2}\right)\Gamma(2 - 2H)^{\frac{1}{2}}}$. 于是

$$
\begin{aligned}
\mid X_t^H - X_s^H \mid &= \mid v \int_0^t F(t, u) dB_u - v \int_0^s F(s, u) dB_u \mid \\
&\leqslant \mid v \mid \sup \mid F(t, u) \mid \cdot \mid B_t - B_s \mid \\
&\leqslant \mid v \mid \sup \mid F(t, u) \mid \cdot \max\{\mid B_{t-s} \mid\} \cdot \mid t - s \mid.
\end{aligned}
$$

因此

$$h \leqslant 2 \, \| \sup_{x \in \mathbb{R}^d} \left(\widetilde{\alpha}^{(k)}(x, t+h) - \widetilde{\alpha}^{(k)}(x,t) \right) \sup_{s \in [t,t+h]} | F(t,u) | \max\{| B_{t-s} |\} | t - s | .$$

使用引理 6.11, 能够获得

$$\frac{\sup_{x \in \mathbb{R}^d} \left\{ \widetilde{\alpha}^{(k)}(x, t+h) - \widetilde{\alpha}^{(k)}(x,t) \right\}}{h^{n-nHd-H|k|}} \geqslant C_{6,2,9},$$

其中 $C_{6,2,9} = \dfrac{1}{2|v| \sup |F(t,u)| \max\{|B_{t-s}|\}}$. 证毕. □

本章主要介绍了高阶导数型相交局部时. 首先, 讨论了高阶导数型分数布朗运动的相交局部时在平方可积空间中存在的条件, 与已有工作相比, 我们的结果更广泛. 其次, 使用类似的技巧和方法, 讨论了高阶导数型分数 O-U 过程的相交局部时的存在性以及 Hölder 性质.

第 7 章　高斯过程的随机流动形

7.1　布朗随机流动形

由于在定义布朗随机流动形和分数布朗随机流动形时出现了非适应性积分, 所以如何对这些非适应性积分给出合理的解释并且容易得到处理, 将是许多学者关注的问题和努力的方向. 注意到本书首次分别定义了在 Wick 积意义下的布朗随机流动形和分数布朗随机流动形. 这样定义的目的在于可以方便地使用白噪声分析的方法来处理随机流动形.

本节主要使用白噪声分析方法去讨论布朗随机流动形. 可以证明在一定的条件下, 布朗随机流动形是一个 Hida 广义泛函.

定义 7.1　设 $\varphi : \mathbb{R}^d \to \mathbb{R}^d$ 是一个有紧支撑的光滑向量场, $\varphi \to I(\varphi) := \int_0^T \langle \varphi(B_t), \diamond\, dB_t \rangle$ 为此向量场空间上的泛函. 则 Wick 积型布朗随机流动形定义为

$$\xi(x) = \int_0^T \delta(x - B_t) \diamond W_t dt, \tag{7.1}$$

这里 $W_t = \dfrac{dB_t}{dt}, \diamond$ 表示 Wick 积.

定理 7.2　对每个正整数 d 和 $\varepsilon > 0$, 布朗随机流动形

$$\xi_\varepsilon(x) = \int_0^T p_\varepsilon(x - B_t) \diamond W_t dt$$

是一个 Hida 广义泛函. 进一步, 对每个 $\boldsymbol{f} \in \mathcal{S}_d(\mathbb{R}), \xi_\varepsilon(x)$ 的 S-变换为

$$S(\xi_\varepsilon(x))(\boldsymbol{f}) = \int_0^T \left(\frac{1}{2\pi(\varepsilon + t)} \right)^{\frac{d}{2}} \exp\left\{ \frac{\left(x - \int_0^t \boldsymbol{f}(s) ds \right)^2}{2(\varepsilon + t)} \right\} \boldsymbol{f}(t) dt. \tag{7.2}$$

证明　假设

$$\Phi_\varepsilon(\boldsymbol{w}) \equiv \left(\frac{1}{2\pi\varepsilon} \right)^{\frac{d}{2}} \exp\left\{ -\frac{(x - B_t)^2}{2\varepsilon} \right\}.$$

因为对任意的 $\boldsymbol{f} \in \mathcal{S}_d(\mathbb{R})$, 有

$$
\begin{aligned}
&S(\Phi_\varepsilon(\boldsymbol{w}) \diamond W_t)(\boldsymbol{f}) \\
&= S(\Phi_\varepsilon(\boldsymbol{w}))(\boldsymbol{f}) S(W_t)(\boldsymbol{f}) \\
&= \prod_{i=1}^{d} \left(\frac{1}{2\pi(\varepsilon + t)} \right)^{\frac{1}{2}} \exp\left\{ -\frac{\left(x - \int_0^t f_i(s)ds \right)^2}{2(\varepsilon + t)} \right\} f_i(t),
\end{aligned}
$$

所以对所有复数 $z \in \mathbb{C}$, 可得

$$
| S(\Phi_\varepsilon(\boldsymbol{w}) \diamond W_t)(z\boldsymbol{f}) |
$$

$$
\leqslant \left(\frac{1}{2\pi(\varepsilon + t)} \right)^{\frac{d}{2}} \exp\left\{ \frac{x^2 + \left| \int_0^t z\boldsymbol{f}(s)ds \right|^2}{\varepsilon + t} \right\} | z\boldsymbol{f}(t) |
$$

$$
\leqslant \left(\frac{1}{2\pi(\varepsilon + t)} \right)^{\frac{d}{2}} \exp\left\{ \frac{x^2 + | z |^2 t^2 \sum_{i=1}^{d} \sup_{x\in\mathbb{R}} | f_i(x) |^2}{\varepsilon + t} \right\} | z | \sum_{i=1}^{d} \sup_{x\in\mathbb{R}} | f_i(x) |,
$$

其中上式中最后一部分中的指数部分系数可积, 项 $\dfrac{t^2}{t + \varepsilon}$ 在 $[0, T]$ 上有界. 于是, 由推论 2.15 可见结论成立. 证毕. □

定理 7.3 假设 $t > 0$, Bochner 积分

$$
\delta(x - B(t)) \equiv \left(\frac{1}{2\pi} \right)^d \int_{\mathbb{R}^d} \exp\{i\lambda(x - B_t)\}d\lambda \tag{7.3}
$$

和

$$
\xi(x) = \int_0^T \delta(x - B_t) \diamond W_t dt \tag{7.4}
$$

均是 Hida 广义泛函. 而且, 当 ε 趋于 0 时, $\xi_\varepsilon(x)$ 在 $(\mathcal{S})^*$ 中收敛到 $\xi(x)$.

证明 由文献 (Albeverio et al., 2011) 中的结论可见

$$
\delta(x - B(t)) \equiv \left(\frac{1}{2\pi} \right)^d \int_{\mathbb{R}^d} \exp\{i\lambda(x - B_t)\}d\lambda
$$

是一个 Hida 广义泛函. 为了验证

$$
\xi(x) = \int_0^T \delta(x - B_t) \diamond W_t dt
$$

也是一个 Hida 广义泛函. 同样需使用推论 2.15 来证明.

令

$$\Phi(\boldsymbol{w}) \equiv \exp\{i\lambda(x - B_t)\}.$$

从 S-变换的定义知, 存在

$$\begin{aligned}
S(\Phi(\boldsymbol{w}))(\boldsymbol{f}) &= S(e^{i\lambda(x - B_t)})(\boldsymbol{f}) \\
&= \exp\{i\lambda x\} E(\exp\{-i\lambda\langle \boldsymbol{w} + \boldsymbol{f}, \boldsymbol{I}_{[0,t]}\rangle\}) \\
&= \exp\left\{i\lambda x - \frac{1}{2}\lambda^2 t - i\lambda \int_0^t \boldsymbol{f}(s)ds\right\}.
\end{aligned}$$

从而

$$\begin{aligned}
S(\delta(x - B_t) \diamond W_t)(\boldsymbol{f}) &= \left(\frac{1}{2\pi}\right)^d \int_{\mathbb{R}^d} S(\Phi(\boldsymbol{w}))(\boldsymbol{f}) S(W_t)(\boldsymbol{f}) d\lambda \\
&= \left(\frac{1}{2\pi}\right)^d \int_{\mathbb{R}^d} \exp\left\{-\frac{1}{2}\lambda^2 t + i\lambda\left(x - \int_0^t \boldsymbol{f}(s)ds\right)\right\} d\lambda \boldsymbol{f}(t).
\end{aligned}$$

故对于所有的 $z \in \mathbb{C}$ 就有

$$\begin{aligned}
&\mid S(\delta(x - B_t) \diamond W_t)(z\boldsymbol{f}) \mid \\
&= \left(\frac{1}{2\pi}\right)^d \mid z\boldsymbol{f}(t) \mid \left| \int_{\mathbb{R}^d} \exp\left\{-\frac{1}{2}\lambda^2 t + i\lambda\left(x - z\int_0^t \boldsymbol{f}(s)ds\right)\right\} d\lambda \right| \\
&\leqslant \left(\frac{1}{2\pi}\right)^d \mid z\boldsymbol{f}(t) \mid \left| \int_{\mathbb{R}^d} \exp\left\{-\frac{1}{4} \mid \lambda \mid^2 t\right\} \right. \\
&\qquad \left. \cdot \exp\left\{-\frac{1}{4} \mid \lambda \mid^2 t + \mid \lambda \mid \left|x - \mid z \mid \int_0^t \boldsymbol{f}(s)ds\right|\right\} d\lambda \right| \\
&\leqslant \left(\frac{1}{2\pi}\right)^d \mid z\boldsymbol{f}(t) \mid \left| \int_{\mathbb{R}^d} \exp\left\{-\frac{1}{4} \mid \lambda \mid^2 t\right\} \right. \\
&\qquad \cdot \exp\left\{-\left(\frac{\mid \lambda \mid \sqrt{t}}{2} - \frac{1}{\sqrt{t}}\left|x - \mid z \mid \int_0^t \boldsymbol{f}(s)ds\right|\right)^2\right\} \\
&\qquad \left. \cdot \exp\left\{\frac{1}{t}\left|x - \mid z \mid \int_0^t \boldsymbol{f}(s)ds\right|^2\right\} d\lambda \right| \\
&\leqslant \left(\frac{1}{2\pi}\right)^d \mid z \mid \sum_{i=1}^d \sup_{x \in \mathbb{R}} \mid f_i(x) \mid \left| \int_{\mathbb{R}^d} \exp\left\{-\frac{1}{4} \mid \lambda \mid^2 t\right\} \right. \\
&\qquad \left. \cdot \exp\left\{2\left(x^2 + \mid z \mid^2 t \sum_{i=1}^d \sup_{x \in \mathbb{R}} \mid f_i(x) \mid\right)^2 \frac{1}{t}\right\} d\lambda \right|.
\end{aligned}$$

上式最后一项中的第一个指数作为 λ 的函数在 $\mathbb{R}^d$ 上是可积的, 且第二部分关于 λ 是常数.

于是由推论 2.15 知, 布朗随机流动形

$$\xi(x) = \int_0^T \delta(x - B_t) \diamond W_t dt$$

也是一个 Hida 广义泛函, 且有等式

$$S(\xi(x))(\boldsymbol{f}) = \int_0^T S(\delta(x - B_t))(\boldsymbol{f}) S(W_t)(\boldsymbol{f}) dt$$

$$= \left(\frac{1}{2\pi}\right)^d \int_0^T \int_{\mathbb{R}^d} \exp\left\{-\frac{1}{2}\lambda^2 t + i\lambda\left(x - \int_0^t \boldsymbol{f}(s)ds\right)\right\} \boldsymbol{f}(t) d\lambda dt.$$

使用控制收敛定理, 当 ε 趋于 0 时, $S(\xi_\varepsilon(x))(\boldsymbol{f})$ 收敛到 $S(\xi(x))(\boldsymbol{f})$. 由推论 2.14 可见, 当 ε 趋于 0 时, $\xi_\varepsilon(x)$ 在 $(\mathcal{S})^*$ 中收敛到 $\xi(x)$. 证毕. $\square$

7.2 分数布朗随机流动形

定义 7.4 设 $\varphi : \mathbb{R}^d \to \mathbb{R}^d$ 是一个有紧支撑的光滑向量场, $\varphi \to I(\varphi) := \int_0^T \langle \varphi(B_t^H), \diamond\, dB_t^H \rangle$ 为此向量场空间上的泛函. 则 Wick 积型分数布朗随机流动形定义为

$$\xi(x) = \int_0^T \delta(x - B_t^H) \diamond W_t^H dt, \tag{7.5}$$

这里 $W_t^H = \dfrac{dB_t^H}{dt}$, $\diamond$ 表示 Wick 积.

定理 7.5 对每个正整数 d, 每个 $H \in (0,1)$ 和 $\varepsilon > 0$, 分数布朗随机流动形

$$\xi_{H,\varepsilon}(x) = \int_0^T p_\varepsilon(x - B_t^H) \diamond W_t^H dt$$

是一个 Hida 广义泛函. 进一步, 对于每个 $\boldsymbol{f} \in \mathcal{S}_d(\mathbb{R})$, $\xi_{H,\varepsilon}(x)$ 的 S-变换为

$$S(\xi_{H,\varepsilon}(x))(\boldsymbol{f}) = \int_0^T \left(\frac{1}{2\pi(\varepsilon + t^{2H})}\right)^{\frac{d}{2}} \exp\left\{\frac{\left(x - \int_{\mathbb{R}} (M_-^H \boldsymbol{I}_{[0,t]})(s)\boldsymbol{f}(s)ds\right)^2}{2(\varepsilon + t^{2H})}\right\}$$

$$\cdot M_-^H \boldsymbol{I}_{[0,t]} \boldsymbol{f}(t) dt. \tag{7.6}$$

证明　　首先验证可积性条件满足, 并且对任意的 $\boldsymbol{f} \in \mathcal{S}_d(\mathbb{R})$, 由 S-变换的定义计算如下:

$$S(p_\varepsilon(x - B_t^H) \diamond W_t^H)(\boldsymbol{f})$$

$$= S(p_\varepsilon(x - B_t^H))(\boldsymbol{f})S(W_t^H)(\boldsymbol{f})$$

$$= \left(\frac{1}{2\pi(\varepsilon + t^{2H})}\right)^{\frac{d}{2}} \exp\left\{-\frac{\left(x - \int_{\mathbb{R}}(M_-^H \boldsymbol{I}_{[0,t]})(s)\boldsymbol{f}(s)ds\right)^2}{2(\varepsilon + t^{2H})}\right\} M_-^H \boldsymbol{I}_{[0,t]}\boldsymbol{f}(t).$$

由文献 (Bender, 2003) 中的引理 2.5、定理 2.3 以及推论 2.8, 对任意的 $f \in \mathcal{S}_1(\mathbb{R})$, 有

$$| M_-^H \boldsymbol{I}_{[0,t]}f(t) | = | (M_+^H f)(t) |$$

$$\leqslant \max_{x \in \mathbb{R}} | (M_+^H f)(x) |$$

$$\leqslant C_{7,2,1}\left(\max_{x \in \mathbb{R}} | f(x) | + \max_{x \in \mathbb{R}} | f'(x) | + | f |_{L^1(\mathbb{R})}\right),$$

其中 $C_{7,2,1}$ 是一个依赖于 H 的常数.

所以, 对所有的复数 $z \in \mathbb{C}$, 就有

$$| S(p_\varepsilon(x - B_t^H) \diamond W_t^H)(z\boldsymbol{f}) |$$

$$\leqslant \left(\frac{1}{2\pi(\varepsilon + t^{2H})}\right)^{\frac{d}{2}} \exp\left\{\frac{x^2 + \left|\int_{\mathbb{R}}(M_-^H \boldsymbol{I}_{[0,t]})(s)z\boldsymbol{f}(s)ds\right|^2}{\varepsilon + t^{2H}}\right\} | z || M_+^H \boldsymbol{f}(t) |$$

$$\leqslant \left(\frac{1}{2\pi(\varepsilon + t^{2H})}\right)^{\frac{d}{2}} \exp\left\{\frac{x^2 + C_{7,2,1}^2 | z |^2 t^2 \| \boldsymbol{f} \|^2}{\varepsilon + t^{2H}}\right\} C_{7,2,1} | z || \boldsymbol{f} \|,$$

其中

$$\| \boldsymbol{f} \| = \left(\sum_{i=1}^d \left(\sup_{x \in \mathbb{R}} | f_i(x) | + \sup_{x \in \mathbb{R}} | f_i'(x) | + | f_i |\right)^2\right)^{\frac{1}{2}}, \quad \boldsymbol{f} = (f_1, \cdots, f_d) \in \mathcal{S}_d(\mathbb{R}).$$

上式中最后一项中的指数部分系数可积, 项 $\dfrac{t^2}{t^{2H} + \varepsilon}$ 在 $[0, T]$ 上有界. 于是, 结合推论 2.15, 可以得到

$$S(\xi_{H,\varepsilon}(x))(\boldsymbol{f}) = \int_0^T \left(\frac{1}{2\pi(\varepsilon + t^{2H})}\right)^{\frac{d}{2}}$$

$$\cdot \exp \left\{ -\frac{\left(x - \int_{\mathbb{R}} (M_-^H \boldsymbol{I}_{[0,t]})(s) \boldsymbol{f}(s) ds \right)^2}{2(\varepsilon + t^{2H})} \right\} M_-^H \boldsymbol{I}_{[0,t]} \boldsymbol{f}(t) dt. \tag{7.7}$$

证毕. □

定理 7.6 对于每个 $H \in (0,1)$ 和 $d \geqslant 1$, Bochner 积分

$$\delta(x - B^H(t)) \equiv \left(\frac{1}{2\pi} \right)^d \int_{\mathbb{R}^d} \exp\{i\lambda(x - B_t^H)\} d\lambda \tag{7.8}$$

和

$$\xi_H(x) = \int_0^T \delta(x - B_t^H) \diamond W_t^H dt \tag{7.9}$$

均是 Hida 广义泛函. 而且, 当 ε 趋于 0 时, $\xi_{H,\varepsilon}(x)$ 在 $(\mathcal{S})^*$ 中收敛到 $\xi_H(x)$.

证明 由文献 (Oliveira et al., 2011) 中的结论可见

$$\delta(x - B^H(t)) \equiv \left(\frac{1}{2\pi} \right)^d \int_{\mathbb{R}^d} \exp\{i\lambda(x - B_t^H)\} d\lambda$$

是一个 Hida 广义泛函. 为了验证

$$\xi_H(x) = \int_0^T \delta(x - B_t^H) \diamond W_t^H dt$$

也是一个 Hida 广义泛函. 需使用推论 2.15 来证明. 事实上, 可测性条件显然, 有界性条件验证如下:

$$S(\delta(x - B_t^H) \diamond W_t^H)(\boldsymbol{f})$$
$$= S(\delta(x - B_t^H))(\boldsymbol{f}) S(W_t^H)(\boldsymbol{f})$$
$$= \left(\frac{1}{2\pi t^{2H}} \right)^{\frac{d}{2}} \int_{\mathbb{R}^d} S(e^{i\lambda(x - B_t^H)})(\boldsymbol{f}) M_-^H \boldsymbol{I}_{[0,t]} \boldsymbol{f}(t) d\lambda$$
$$= \left(\frac{1}{2\pi t^{2H}} \right)^{\frac{d}{2}} \int_{\mathbb{R}^d} \exp\left\{ -\frac{1}{2}\lambda^2 t^{2H} + i\lambda \left(x - \int_{\mathbb{R}} (M_-^H \boldsymbol{I}_{[0,t]})(s) \boldsymbol{f}(s) ds \right)^2 \right\}$$
$$d\lambda M_-^H \boldsymbol{I}_{[0,t]} \boldsymbol{f}(t).$$

故对于所有的 $z \in \mathbb{C}$ 就有

$$\mid S(\delta(x - B_t^H) \diamond W_t^H)(z\boldsymbol{f})(t) \mid$$

$$= \left(\frac{1}{2\pi t^{2H}}\right)^{\frac{d}{2}} \left| \int_{\mathbb{R}^d} \exp\left\{ -\frac{1}{2}\lambda^2 t^{2H} + i\lambda\left(x - z\int_{\mathbb{R}}(M_-^H \boldsymbol{I}_{[0,t]})(s)\boldsymbol{f}(s)ds\right)^2 \right\} \right.$$

$$d\lambda \left| M_-^H \boldsymbol{I}_{[0,t]} z\boldsymbol{f}(t) \right|$$

$$\leqslant \left(\frac{1}{2\pi t^{2H}}\right)^{\frac{d}{2}} \mid M_-^H \boldsymbol{I}_{[0,t]}\boldsymbol{f}(t) \parallel z \mid \left| \int_{\mathbb{R}^d} \exp\left\{ -\frac{1}{4} \mid \lambda \mid^2 t^{2H} \right\} \right.$$

$$\cdot \exp\left\{ -\left(\frac{1}{2} \mid \lambda \mid^2 t^{2H} - \frac{1}{t^H}\left|x - z\int_{\mathbb{R}}(M_-^H \boldsymbol{I}_{[0,t]})(s)\boldsymbol{f}(s)ds\right|\right)^2 \right\}$$

$$\cdot \exp\left\{ \frac{1}{t^{2H}}\left|x - z\int_{\mathbb{R}}(M_-^H \boldsymbol{I}_{[0,t]})(s)\boldsymbol{f}(s)ds\right|^2 \right\} d\lambda \Bigg|$$

$$\leqslant \left(\frac{1}{2\pi t^{2H}}\right)^{\frac{d}{2}} \mid z \mid \left| M_+^H \boldsymbol{f}(t) \right| \left| \int_{\mathbb{R}^d} \exp\left\{ -\frac{1}{4} \mid \lambda \mid^2 t^{2H} \right\} \right.$$

$$\cdot \exp\left\{ \frac{2}{t^{2H}}(x^2 + \mid z \mid^2 C_{7,2,1}^2 t^2 \parallel \boldsymbol{f} \parallel^2) \right\} d\lambda$$

$$\leqslant \left(\frac{1}{2\pi t^{2H}}\right)^{\frac{d}{2}} \mid z \mid C_{7,2,1} \parallel \boldsymbol{f} \parallel \int_{\mathbb{R}^d} \exp\left\{ -\frac{1}{4} \mid \lambda \mid^2 t^{2H} \right\}$$

$$\cdot \exp\left\{ \frac{2}{t^{2H}}(x^2 + \mid z \mid^2 C_{7,2,1}^2 t^2 \parallel \boldsymbol{f} \parallel^2) \right\} d\lambda.$$

上式最后一项中第一个指数作为 λ 的函数在 $\mathbb{R}^d$ 上是可积的, 且第二部分是常数. 于是由推论 2.15 知, 分数布朗随机流动形

$$\xi_H(x) = \int_0^T \delta(x - B_t^H) \diamond W_t^H dt$$

也是一个 Hida 广义泛函, 且有等式

$$S(\xi_H(x))(\boldsymbol{f}) = \int_0^T S(\delta(x - B_t^H))(\boldsymbol{f})S(W_t^H)(\boldsymbol{f})dt$$

$$= \left(\frac{1}{2\pi t^{2H}}\right)^{\frac{d}{2}} \int_0^T \int_{\mathbb{R}^d} \exp\left\{ -\frac{1}{2}\lambda^2 t^{2H} \right.$$

$$\left. + i\lambda\left(x - \int_{\mathbb{R}}(M_-^H \boldsymbol{I}_{[0,t]})(s)\boldsymbol{f}(s)ds\right)^2 \right\} M_-^H \boldsymbol{I}_{[0,t]}\boldsymbol{f}(t)d\lambda dt.$$

使用控制收敛定理, 当 ε 趋于 0 时, $S(\xi_{H,\varepsilon}(x))(\boldsymbol{f})$ 收敛到 $S(\xi_H(x))(\boldsymbol{f})$. 由推论 2.14 可知, 当 ε 趋于 0 时, $\xi_{H,\varepsilon}(x)$ 收敛到 $\xi_H(x)$. 证毕. □

(Flandoli and Tudor, 2010) 中分别给出了 Skorohod 积分意义下的布朗随机流动形和分数布朗随机流动形, 并且用 Malliavin 计算进行了处理, 得到了正则条

件. 与 Malliavin 计算相比较而言, 白噪声分析方法似乎更容易处理随机流动形问题.

7.3 双分数布朗随机流动形

考虑如下定义的双分数布朗运动的随机流动形

$$
\begin{aligned}
\xi(x) &= \int_{[0,T]^N} \delta(x - B_s^{H,K}) dB_s^{H,K} \\
&= \int_{[0,T]^N} \delta(x - B_s^{H,K}) \delta B_s^{H,K},
\end{aligned}
\tag{7.10}
$$

这里积分为 Skorohod 积分, $x \in \mathbb{R}, T > 0$.

设

$$
\beta_n^x(s) = \frac{p_{s^{2HK}}(x)}{[s^{2HK}]^{\frac{n}{2}}} H_n\left(\frac{x}{s^{HK}}\right) = (R_{H,K}(s))^{-\frac{n}{2}} p_{R_{H,K}(s)}(x) H_n\left(\frac{x}{R_{H,K}(s)^{\frac{1}{2}}}\right),
\tag{7.11}
$$

其中 $p_{s^{2HK}}(x)$ 是一个以方差为 s^{2HK} 的高斯型核函数以及 $H_n(x)$ 是 Hermite 多项式.

从文献 (Flandoli and Tudor, 2010) 中的引理 3.1 可见, 以下引理显然, 也可以看成文献 (Flandoli and Tudor, 2010) 在双分数布朗运动情形下的一个版本.

引理 7.7 用 $\beta_n^{\hat{x}}(s)$ 表示函数 $x \to \beta_n^x(s)$ 的傅里叶变换, 则

$$
\beta_n^{\hat{x}}(s) = \exp\left\{-\frac{x^2}{2} R_{H,K}(s)\right\} \frac{(-i)^n x^n}{n!}.
\tag{7.12}
$$

应用引理 7.7 及文献 (Flandoli and Tudor, 2010) 中的方法, 可以得到双分数布朗随机流动形.

7.3.1 关于 x 的一维双分数布朗随机流动形

定理 7.8 设 $B^{H,K}$ 是一个双分数布朗运动且参数 $H \in (0,1)$, $K \in (0,1]$ 满足 $2HK > 1$ 和 $\xi(x)$ 由 (7.10) 式给定, 则对于每个 $\omega \in \Omega$ 及 $r > \frac{1}{2}$ 有

$$
\xi \in H^{-r}(\mathbb{R}; \mathbb{R}).
$$

证明 由 $\delta(x - B^{H,K})$ 的混沌分解 (Es-Sebaiy and Tudor, 2007) 或 (Russo and Tudor, 2006), 很容易验证下式

$$\delta(x - B^{H,K})$$
$$= \sum_{n \geqslant 0} \frac{p_{s^{2HK}}(x)}{s^{nHK}} H_n\left(\frac{x}{s^{2HK}}\right) I_n^{B^{H,K}}\left(\boldsymbol{I}_{[0,s]}^{\otimes n}(\cdot)\right)$$
$$= \sum_{n \geqslant 0} \beta_n^x(s) I_n^{B^{H,K}}\left(\boldsymbol{I}_{[0,s]}^{\otimes n}(\cdot)\right), \tag{7.13}$$

其中 $I_n^{B^{H,K}}$ 表示关于双分数布朗运动 $B^{H,K}$ 的多重随机积分.

计算 $\delta(x - B^{H,K})$ 的傅里叶变换如下:

$$\hat{\delta}(x - B^{H,K}) = \sum_{n \geqslant 0} \beta_n^{\hat{x}}(s) I_n^{B^{H,K}}\left(\boldsymbol{I}_{[0,s]}^{\otimes n}(\cdot)\right). \tag{7.14}$$

由引理 7.7 知

$$\beta_n^{\hat{x}}(s) = \exp\left\{-\frac{x^2}{2} s^{2HK}\right\} \frac{(-ix)^n}{n!}.$$

因此

$$\hat{\xi}(x) = \sum_{n \geqslant 0} \frac{(-ix)^n}{n!} I_{n+1}^{B^{H,K}}\left(\left(\exp\left\{-\frac{x^2}{2} s^{2HK}\right\} \boldsymbol{I}_{[0,s]}^{\otimes n}(\cdot)\right)^{(s)}\right), \tag{7.15}$$

其中上标 (s) 表示对称化.

由范数 $\|\cdot\|_{H^{-r}(\mathbb{R};\mathbb{R})}$ 的定义可得

$$E \parallel \xi(x) \parallel_{H^{-r}(\mathbb{R};\mathbb{R})}^2$$
$$= E\left[\int_{\mathbb{R}} (1+x^2)^{-r} \mid \hat{\xi}(x) \mid^2 dx\right]$$
$$\leqslant \int_{\mathbb{R}} (1+x^2)^{-r} \sum_{n \geqslant 0} \frac{x^{2n}}{(n!)^2} (n+1)! \parallel \left(\exp\left\{-\frac{x^2}{2} s^{2HK}\right\} \boldsymbol{I}_{[0,s]}^{\otimes n}(\cdot)\right)^{(s)} \parallel_{\mathcal{H}^{\otimes(n+1)}}^2 dx$$
$$= \int_{\mathbb{R}} (1+x^2)^{-r} \sum_{n \geqslant 0} \frac{x^{2n}}{(n!)^2} (n+1)! \int_{[0,T]^{n+1}} \int_{[0,T]^{n+1}} \sum_{i,j=1}^n \frac{1}{(n+1)^2} \exp\left\{-\frac{x^2}{2} s_i^{2HK}\right\}$$
$$\cdot \exp\left\{-\frac{x^2}{2} t_j^{2HK}\right\} \boldsymbol{I}_{[0,s_i]}^{\otimes n}(s_1, \cdots, \hat{s}_i, \cdots, s_{n+1}) \boldsymbol{I}_{[0,t_j]}^{\otimes n}(t_1, \cdots, \hat{t}_j, \cdots, t_{n+1})$$
$$\cdot \prod_{q=1}^{n+1} \frac{\partial^2}{\partial s_q \partial t_q} R_{H,K}(s_q, t_q) ds_1 \cdots ds_{n+1} dt_1 \cdots dt_{n+1} dx$$

$$
= \int_{\mathbb{R}} (1+x^2)^{-r} \sum_{n \geqslant 0} \frac{x^{2n}}{(n+1)!} \sum_{i=1}^{n+1} \int_{[0,T]^{n+1}} \int_{[0,T]^{n+1}} \exp\left\{-\frac{x^2}{2} s_i^{2HK}\right\}
$$

$$
\cdot \exp\left\{-\frac{x^2}{2} t_i^{2HK}\right\} \boldsymbol{I}_{[0,s_i]}^{\otimes n}(s_1, \cdots, \hat{s}_i, \cdots, s_{n+1}) \boldsymbol{I}_{[0,t_i]}^{\otimes n}(t_1, \cdots, \hat{t}_i, \cdots, t_{n+1})
$$

$$
\cdot \prod_{q=1}^{n+1} \frac{\partial^2}{\partial s_q \partial t_q} R_{H,K}(s_q, t_q) ds_1 \cdots ds_{n+1} dt_1 \cdots dt_{n+1} dx
$$

$$
+ \int_{\mathbb{R}} (1+x^2)^{-r} \sum_{n \geqslant 0} \frac{x^{2n}}{(n+1)!} \sum_{i,j=1, i \neq j}^{n+1} \int_{[0,T]^{n+1}} \int_{[0,T]^{n+1}} \exp\left\{-\frac{x^2}{2} s_i^{2HK}\right\}
$$

$$
\cdot \exp\left\{-\frac{x^2}{2} t_j^{2HK}\right\} \boldsymbol{I}_{[0,s_i]}^{\otimes n}(s_1, \cdots, \hat{s}_i, \cdots, s_{n+1}) \boldsymbol{I}_{[0,t_j]}^{\otimes n}(t_1, \cdots, \hat{t}_j, \cdots, t_{n+1})
$$

$$
\cdot \prod_{q=1}^{n+1} \frac{\partial^2}{\partial s_q \partial t_q} R_{H,K}(s_q, t_q) ds_1 \cdots ds_{n+1} dt_1 \cdots dt_{n+1} dx
$$

$$
\equiv \Delta_{7,3,1} + \Delta_{7,3,2}. \tag{7.16}
$$

首先估计 $\Delta_{7,3,1}$. 用文献 (Flandoli and Tudor, 2010) 和 (Es-Sebaiy and 2007) 中的方法可以得到下式

$$
\Delta_{7,3,1} = \int_{\mathbb{R}} (1+x^2)^{-r} \sum_{n \geqslant 0} \frac{x^{2n}}{(n+1)!} \sum_{i=1}^{n+1} \int_{[0,T]^{n+1}} \int_{[0,T]^{n+1}} \exp\left\{-\frac{x^2}{2} s_1^{2HK}\right\}
$$

$$
\cdot \exp\left\{-\frac{x^2}{2} t_1^{2HK}\right\} \boldsymbol{I}_{[0,s_1]}^{\otimes n}(s_2, \cdots, \hat{s}_i, \cdots, s_{n+1}) \boldsymbol{I}_{[0,t_1]}^{\otimes n}(t_2, \cdots, \hat{t}_j, \cdots, t_{n+1})
$$

$$
\cdot \prod_{q=2}^{n+1} \frac{\partial^2}{\partial s_q \partial t_q} R_{H,K}(s_q, t_q) \frac{\partial^2}{\partial s_1 \partial t_1} R_{H,K}(s_1, t_1) ds_1 \cdots ds_{n+1} dt_1 \cdots dt_{n+1} dx
$$

$$
= \int_{\mathbb{R}} (1+x^2)^{-r} \sum_{n \geqslant 0} \frac{x^{2n}}{n!} \int_{[0,T]} \int_{[0,T]} \exp\left\{-\frac{x^2}{2} s_1^{2HK}\right\}
$$

$$
\cdot \exp\left\{-\frac{x^2}{2} t_1^{2HK}\right\} R_{H,K}^n(s_1, t_1) \frac{\partial^2}{\partial s_1 \partial t_1} R_{H,K}(s_1, t_1) ds_1 dt_1 dx
$$

$$
= \int_{\mathbb{R}} (1+x^2)^{-r} \int_{[0,T]} \int_{[0,T]} \exp\left\{-\frac{x^2}{2} s_1^{2HK}\right\} \exp\left\{-\frac{x^2}{2} t_1^{2HK}\right\}
$$

$$
\cdot \sum_{n \geqslant 0} \frac{x^{2n}}{n!} R_{H,K}^n(s_1, t_1) \frac{\partial^2}{\partial s_1 \partial t_1} R_{H,K}(s_1, t_1) ds_1 dt_1 dx
$$

$$
= \int_{\mathbb{R}} (1+x^2)^{-r} \int_{[0,T]} \int_{[0,T]} \exp\left\{-\frac{x^2}{2} s_1^{2HK}\right\} \exp\left\{-\frac{x^2}{2} t_1^{2HK}\right\}
$$

$$
\cdot \exp\{x^2 R_{H,K}(s_1, t_1)\} \frac{\partial^2}{\partial s_1 \partial t_1} R_{H,K}(s_1, t_1) ds_1 dt_1 dx. \tag{7.17}
$$

因为

$$2R_{H,K}(s_1,t_1) - s_1^{2HK} - t_1^{2HK} = -E\big[(B_{s_1}^{H,K} - B_{t_1}^{H,K})^2\big],$$

所以有

$$\exp\left\{\frac{x^2}{2}(2R_{H,K}(s_1,t_1) - s_1^{2HK} - t_1^{2HK})\right\} = \exp\left\{-\frac{x^2}{2}E[(B_{s_1}^{H,K} - B_{t_1}^{H,K})^2]\right\}.$$

由文献 (Russo and Tudor, 2006) 可知, 对每个 $s_1, t_1 \in [0,T]$, 就有

$$2^{-K} \mid s_1 - t_1 \mid^{2HK} \leqslant E\big[(B_{s_1}^{H,K} - B_{t_1}^{H,K})^2\big] \leqslant 2^{1-K} \mid s_1 - t_1 \mid^{2HK}, \qquad (7.18)$$

这就暗示着

$$E[(B_{s_1}^{H,K} - B_{t_1}^{H,K})^2] \geqslant 0.$$

使用变量代换 $y = x\{E[(B_{s_1}^{H,K} - B_{t_1}^{H,K})^2]\}^{\frac{1}{2}}$. 进一步, 有

$$dx = \left(s_1^{2HK} + t_1^{2HK} - \frac{1}{2^{K-1}}\big[(s_1^{2H} + t_1^{2H})^K - \mid s_1 - t_1 \mid^{2HK}\big]\right)^{-\frac{1}{2}} dy, \tag{7.19}$$

$$(1+x^2)^{-r} = \left\{1 + \left(s_1^{2HK} + t_1^{2HK} - \frac{1}{2^{K-1}}\big[(s_1^{2H} + t_1^{2H})^K - \mid s_1 - t_1 \mid^{2HK}\big]\right)^{-1} y^2\right\}^{-r}. \tag{7.20}$$

另一方面, 由文献 (Es-Sebaiy and Tudor, 2007) 知, 存在正常数 $C_{7,3,1}(H,K)$ 使得

$$\left|\frac{\partial^2}{\partial s_1 \partial t_1} R_{H,K}(s_1,t_1)\right| \leqslant C_{7,3,1}(H,K)(s_1 t_1)^{HK-1}. \tag{7.21}$$

将 (7.19)—(7.21) 式代入 (7.17) 式中可得

$$\begin{aligned}
\Delta_{7,3,1} \leqslant\ & C_{7,3,1}(H,K) \int_0^T \int_0^T (s_1 t_1)^{HK-1} \big(s_1^{2HK} + t_1^{2HK} \\
& - \frac{1}{2^{K-1}}\big[(s_1^{2H} + t_1^{2H})^K - \mid s_1 - t_1 \mid^{2HK}\big)^{r-\frac{1}{2}} \int_{\mathbb{R}} \exp\left\{-\frac{y^2}{2}\right\} \\
& \cdot \left(s_1^{2HK} + t_1^{2HK} - \frac{1}{2^{K-1}}\big[(s_1^{2H} + t_1^{2H})^K - \mid s_1 - t_1 \mid^{2HK}\big] + y^2\right)^{-r} dy ds_1 dt_1 \\
\leqslant\ & C_{7,3,1}(H,K) \int_0^T \int_0^T (s_1 t_1)^{HK-1} \big(s_1^{2HK} + t_1^{2HK} \\
& - \frac{1}{2^{K-1}}\big[(s_1^{2H} + t_1^{2H})^K - \mid s_1 - t_1 \mid^{2HK}\big])^{r-\frac{1}{2}} \int_{\mathbb{R}} \exp\left\{-\frac{y^2}{2}\right\} y^{-2r} dy ds_1 dt_1.
\end{aligned} \tag{7.22}$$

当 $HK - 1 + 2HK\left(r - \dfrac{1}{2}\right) > -1$ 时, 即 $r > 0$, 上式有限.

其次, 用类似于第一项的估计方法, 考虑第二项 $\Delta_{7,3,2}$. 事实上, 有

$$
\begin{aligned}
\Delta_{7,3,2} &= \int_{\mathbb{R}} (1+x^2)^{-r} \sum_{n \geqslant 1} \frac{x^{2n}}{(n+1)!} n(n+1) \int_{[0,T]^{n+1}} \int_{[0,T]^{n+1}} \exp\left\{-\frac{x^2}{2} s_1^{2HK}\right\} \\
&\quad \cdot \exp\left\{-\frac{x^2}{2} t_2^{2HK}\right\} \boldsymbol{I}_{[0,s_1]}^{\otimes n}(s_2, \cdots, s_{n+1}) \boldsymbol{I}_{[0,t_2]}^{\otimes n}(t_1, t_3, \cdots, t_{n+1}) \\
&\quad \cdot \prod_{q=1}^{n+1} \frac{\partial^2}{\partial s_q \partial t_q} R_{H,K}(s_q, t_q) ds_1 \cdots ds_{n+1} dt_1 \cdots dt_{n+1} dx \\
&= \int_{\mathbb{R}} (1+x^2)^{-r} \sum_{n \geqslant 1} \frac{x^{2n}}{(n-1)!} \int_0^T \int_0^T \int_0^T \int_0^T \exp\left\{\frac{x^2}{2} s_1^{2HK}\right\} \exp\left\{\frac{x^2}{2} t_2^{2HK}\right\} \\
&\quad \cdot \boldsymbol{I}_{[0,s_1]}(s_2) \boldsymbol{I}_{[0,t_2]}(t_1) \frac{\partial^2}{\partial s_1 \partial t_1} R_{H,K}(s_1, t_1) \frac{\partial^2}{\partial s_2 \partial t_2} R_{H,K}(s_2, t_2) \\
&\quad \cdot R_{H,K}^{n-1}(s_1, t_2) ds_1 ds_2 dt_1 dt_2 dx.
\end{aligned} \tag{7.23}
$$

由 Taylor 展开式, 下面式子显然

$$
\begin{aligned}
\Delta_{7,3,2} &= \int_{\mathbb{R}} (1+x^2)^{-r} x^2 \int_0^T \int_0^T \int_0^T \int_0^T \exp\left\{-\frac{x^2}{2}\left(s_1^{2HK} + t_2^{2HK} - R_{H,K}(s_1, t_2)\right)\right\} \\
&\quad \cdot \boldsymbol{I}_{[0,s_1]}(s_2) \boldsymbol{I}_{[0,t_2]}(t_1) \frac{\partial^2}{\partial s_1 \partial t_1} R_{H,K}(s_1, t_1) \frac{\partial^2}{\partial s_2 \partial t_2} R_{H,K}(s_2, t_2) \\
&\quad \cdot R_{H,K}^{n-1}(s_1, t_2) ds_1 ds_2 dt_1 dt_2 dx.
\end{aligned} \tag{7.24}
$$

回顾文献 (Es-Sebaiy and Tudor, 2007) 中的一些结果, 存在依赖于参数 H, K 的常数 $C_{7,3,2}(H, K)$ 使得

$$
\left| \frac{\partial^2}{\partial s_2 \partial t_2} R_{H,K}(s_2, t_2) \right| \leqslant C_{7,3,2}(H, K)(s_2 t_2)^{HK-1}. \tag{7.25}
$$

因此, 由 (7.21) 式和 (7.25) 式可得

$$
\begin{aligned}
\Delta_{7,3,2} &\leqslant C_{7,3,1}(H, K) C_{7,3,2}(H, K) \int_{\mathbb{R}} (1+x^2)^{-r} \int_0^T \int_0^T \int_0^T \int_0^T x^2 \\
&\quad \cdot \exp\left\{-\frac{x^2}{2}\left[s_1^{2H} + t_2^{2H} - \frac{1}{2^{K-1}}\left(\left(s_1^{2H} + t_2^{2H}\right)^K - |s_1 - t_2|^{2HK}\right)\right]\right\} \\
&\quad \cdot (s_1 t_1)^{HK-1} (s_2 t_2)^{HK-1} \boldsymbol{I}_{[0,s_1]}(s_2) \boldsymbol{I}_{[0,t_2]}(t_1) ds_1 ds_2 dt_1 dt_2 dx.
\end{aligned}
$$

通过简单的计算知

$$\int_0^T \int_0^T \int_0^T \int_0^T \exp\left\{-\frac{x^2}{2}\left[s_1^{2HK} + t_2^{2HK} - \frac{1}{2^{K-1}}\left((s_1^{2H} + t_2^{2H})^K - |s_1 - t_2|^{2HK}\right)\right]\right\}$$

$$\cdot (s_1 t_1)^{HK-1}(s_2 t_2)^{HK-1} \boldsymbol{I}_{[0,s_1]}(s_2)\boldsymbol{I}_{[0,t_2]}(t_1) ds_1 ds_2 dt_1 dt_2$$

$$= \int_0^T \int_0^T \exp\left\{-\frac{x^2}{2}\left[s_1^{2HK} + t_2^{2HK} - \frac{1}{2^{K-1}}\left((s_1^{2H} + t_2^{2H})^K - |s_1 - t_2|^{2HK}\right)\right]\right\}$$

$$\cdot (s_1 t_2)^{HK-1}\left(\int_0^T s_2^{HK-1}\boldsymbol{I}_{[0,s_1]}(s_2) ds_2\right)\left(\int_0^T t_1^{HK-1}\boldsymbol{I}_{[0,t_2]}(t_1) dt_1\right) ds_1 dt_2$$

$$= \frac{1}{(HK)^2}\int_0^T \int_0^T \exp\left\{-\frac{x^2}{2}\left[s_1^{2HK} + t_2^{2HK}\right.\right.$$

$$\left.\left. - \frac{1}{2^{K-1}}\left((s_1^{2H} + t_2^{2H})^K - |s_1 - t_2|^{2HK}\right)\right]\right\}(s_1 t_2)^{2HK-1} ds_1 dt_2. \tag{7.26}$$

做变量代换 $y = \left[s_1^{2HK} + t_2^{2HK} - \frac{1}{2^{K-1}}\left((s_1^{2H} + t_2^{2H})^K - |s_1 - t_2|^{2HK}\right)\right]^{\frac{1}{2}} x.$ 从而

$$\Delta_{7,3,2} \leqslant C_{7,3,3}(H,K)\int_0^T \int_0^T (s_1 t_2)^{2HK-1}\left(s_1^{2HK} + t_2^{2HK}\right.$$

$$\left. - \frac{1}{2^{K-1}}\left[(s_1^{2H} + t_2^{2H})^K - |s_1 - t_2|^{2HK}\right]\right)^{r-\frac{3}{2}}\int_{\mathbb{R}}\exp\left\{-\frac{y^2}{2}\right\}$$

$$\cdot \left(s_1^{2HK} + t_2^{2HK} - \frac{1}{2^{K-1}}\left[(s_1^{2H} + t_2^{2H})^K - |s_1 - t_2|^{2HK}\right] + y^2\right)^{-r} dy ds_1 dt_2$$

$$\leqslant C_{7,3,3}(H,K)\int_0^T \int_0^T (s_1 t_2)^{2HK-1}\left(s_1^{2HK} + t_2^{2HK}\right.$$

$$\left. - \frac{1}{2^{K-1}}\left[(s_1^{2H} + t_2^{2H})^K - |s_1 - t_2|^{2HK}\right]\right)^{r-\frac{3}{2}}\int_{\mathbb{R}}\exp\left\{-\frac{y^2}{2}\right\}y^{-2r} dy ds_1 dt_2, \tag{7.27}$$

其中 $C_{7,3,3}(H,K) = C_{7,3,1}(H,K)C_{7,3,2}(H,K).$

当 $2HK - 1 + 2HK\left(r - \frac{3}{2}\right) > -1$ 时, (7.27) 式有限. 即当 $r > \frac{1}{2}$ 时, (7.27) 有限.

综上所述, 当 $r > \frac{1}{2}$ 时, 就有

$$E \parallel \xi \parallel_{H^r(\mathbb{R};\mathbb{R})}^2 < \infty.$$

证毕.　　　　　　　　　　　　　　　　　　　　　　　　　　　　　　　　　　□

从定理 7.8 可以看出, 当 $r > \dfrac{1}{2}$ 时, 映射

$$\xi(x) = \int_{[0,T]^N} \delta\big(x - B_s^{H,K}\big) \delta B_s^{H,K}$$

属于非负 Sobolev 空间 $H^{-r}(\mathbb{R}; \mathbb{R})$. 另一方面, 注意到该结论对 r 的要求并不依赖于参数 H 和 K. 该条件是很有趣, 因为在布朗运动情形下映射 $\xi(x) = \int_{[0,T]^N} \delta(x - B_s) \delta B_s$ 属于非负 Sobolev 空间的条件也是 $r > \dfrac{1}{2}$ (Flandoli and Tudor, 2010). 换句话, 双分数布朗随机流动形和布朗随机流动形具有相同的正则性条件 $r > \dfrac{1}{2}$.

7.3.2 关于 x 的 d 维双分数布朗随机流动形

使用文献 (Flandoli and Tudor, 2010) 中的方法, 可以将一维双分数布朗运动的随机流动形推广到多维情形下. 设 $B^{H,K}$ 是向量型双分数布朗运动, 即, $B^{H,K} = \big(B^{H_1,K_1}, \cdots, B^{H_d,K_d}\big)$, 其中 $B^{H,K}$ 的每一部分 B^{H_i,K_i} 都相互独立. 在这一部分考虑 $\xi(x)$ 由如下给出

$$\xi(x) = \left(\int_{[0,T]^N} \delta\big(x - B_s^{H,K}\big) \delta B_s^{H_1,K_1}, \cdots, \int_{[0,T]^N} \delta\big(x - B_s^{H,K}\big) \delta B_s^{H_d,K_d} \right),$$

$$(7.28)$$

此处的积分是关于 $B^{H,K}$ 的 Skorohod 积分. 记

$$R_{H,K}^l(t,s) = \prod_{i=1}^N R_{H,K}^l(t_i, s_i) = \langle \boldsymbol{I}_{[0,t]}, \boldsymbol{I}_{[0,s]} \rangle_{\mathcal{H}_{H_l}}.$$

定理 7.9 设 $B^{H,K}$ 是一个 d 维双分数布朗运动且参数满足 $2H_i K_i > 1(i = 1, \cdots, d)$ 和 $\xi(x)$ 由 (7.28) 式给定, 则对于每个 $\omega \in \Omega$ 及 $r > \dfrac{d}{2} - 1$ 时, $\xi(x)$ 属于 Sobolev 空间 $H^{-r}(\mathbb{R}; \mathbb{R})$.

证明 用 ξ_l 表示第 l 个分量, 即

$$\begin{aligned}
\xi_l(x) &= \int_{[0,T]^N} \delta\big(x - B_s^{H,K}\big) \delta B_s^{H_l,K_l} \\
&= \int_{[0,T]^N} \delta_l\big(x - B_s^{H,K}\big) \delta\big(x_l - B_s^{H_l,K_l}\big) \delta B_s^{H_l,K_l} \\
&= \int_{[0,T]^N} \delta_l\big(x - B_s^{H,K}\big) \sum_{n_l \geqslant 0} \beta_{n_l}^{x_l}(s) I_{n_l}^{B^{H_l,K_l}} \Big(\boldsymbol{I}_{[\boldsymbol{0},\boldsymbol{s}]}^{\otimes n_l}(\cdot) \Big) \delta B_s^{H_l,K_l},
\end{aligned} \qquad (7.29)$$

其中 $\delta_l\left(x - B_s^{H,K}\right) = \prod\limits_{q=1,q\neq l}^{d} \delta\left(x_q - B_s^{H_q,K_q}\right)$. 计算 (7.29) 的傅里叶变换如下:

$$\hat{\xi}_l(x) = \sum_{n_l \geqslant 0} I_{n_l+1}^{B^{H_l,K_l}} \left(\left(\exp\left\{-i \sum_{r=1,r\neq l}^{d} x_r B_s^{H_r,K_r}\right\} \frac{(-i)^{n_l} x_l^{n_l}}{n_l!}\right.\right.$$

$$\left.\left. \exp\left\{-\frac{x^2}{2} \mid s \mid^{2H_l K_l}\right\} \boldsymbol{I}_{[0,s]}^{\otimes n_l}(\cdot)\right)^{(s)}\right).$$

由文献 (Flandoli and Tudor, 2010) 中的命题 4 可以验证

$$E \mid \hat{\xi}_l(x) \mid^2$$

$$= \sum_{n_l \geqslant 0} \frac{x_l^{2n_l}}{(n_l+1)!} \sum_{i,j=1}^{n_l+1} \int_{[0,T]^{N(n_l+1)}} \int_{[0,T]^{N(n_l+1)}} \prod_{q=1}^{n_l+1} \frac{\partial^2}{\partial s \partial t} R_{H,K}^q(s,t)$$

$$\cdot \cos\left(\sum_{r=1,r\neq l}^{d} x_r B_{s^i}^{H_r,K_r}\right) \cos\left(\sum_{r=1,r\neq l}^{d} x_r B_{t^j}^{H_r,K_r}\right) \exp\left\{-\frac{x_l^2}{2} \mid s^i \mid^{2H_l K_l}\right\}$$

$$\cdot \exp\left\{-\frac{x_l^2}{2} \mid t^j \mid^{2H_l K_l}\right\} \boldsymbol{I}_{[0,s^i]}^{\otimes n_l}(s^1, \cdots, \hat{s}^i, \cdots, s^{n_l+1}) \boldsymbol{I}_{[0,t^j]}^{\otimes n_l}(t^1, \cdots, \hat{t}^j, \cdots, t^{n_l+1}) ds dt$$

$$+ \sum_{n_l \geqslant 0} \frac{x_l^{2n_l}}{(n_l+1)!} \sum_{i,j=1}^{n_l+1} \int_{[0,T]^{N(n_l+1)}} \int_{[0,T]^{N(n_l+1)}} \prod_{q=1}^{n_l+1} \frac{\partial^2}{\partial s \partial t} R_{H,K}^q(s,t)$$

$$\cdot \sin\left(\sum_{r=1,r\neq l}^{d} x_r B_{s^i}^{H_r,K_r}\right) \sin\left(\sum_{r=1,r\neq l}^{d} x_r B_{t^j}^{H_r,K_r}\right) \exp\left\{-\frac{x_l^2}{2} \mid s^i \mid^{2H_l K_l}\right\}$$

$$\cdot \exp\left\{-\frac{x_l^2}{2} \mid t^j \mid^{2H_l K_l}\right\} \boldsymbol{I}_{[0,s^i]}^{\otimes n_l}(s^1, \cdots, \hat{s}^i, \cdots, s^{n_l+1}) \boldsymbol{I}_{[0,t^j]}^{\otimes n_l}(t^1, \cdots, \hat{t}^j, \cdots, t^{n_l+1}) ds dt,$$

$$(7.30)$$

其中 $\mid s^i \mid^{2H_l K_l} = \prod\limits_{j=1}^{N} (s_j^i)^{2H_l K_l}$, $\boldsymbol{I}_{[0,s^i]} = \prod\limits_{j=1}^{N} \boldsymbol{I}_{[0,s_j^i]}$ 和 $R_{H,K}^q(s,t) = R_{H_q,K_q}(s^q,t^q)$.

　　由 $\sin(x)$ 和 $\cos(x)$ 的有界性, 可以得到如下的估计式

$$E \mid \hat{\xi}_l(x) \mid^2 \leqslant C_{7,3,4} \sum_{n_l \geqslant 0} \frac{x_l^{2n_l}}{(n_l+1)!} \sum_{i,j=1}^{n_l+1} \int_{[0,T]^{N(n_l+1)}} \int_{[0,T]^{N(n_l+1)}} \prod_{q=1}^{n_l+1} \frac{\partial^2}{\partial s \partial t} R_{H,K}^q(s,t)$$

$$\cdot \exp\left\{-\frac{x_l^2}{2} \mid s^i \mid^{2H_l K_l}\right\} \exp\left\{-\frac{x_l^2}{2} \mid t^j \mid^{2H_l K_l}\right\}$$

$$\cdot \boldsymbol{I}_{[0,s^i]}^{\otimes n_l}(s^1, \cdots, \hat{s}^i, \cdots, s^{n_l+1}) \boldsymbol{I}_{[0,t^j]}^{\otimes n_l}(t^1, \cdots, \hat{t}^j, \cdots, t^{n_l+1}) ds dt$$

$$
+ C_{7,3,5} \sum_{n_l \geqslant 0} \frac{x_l^{2n_l}}{(n_l+1)!} \sum_{i,j=1}^{n_l+1} \int_{[0,T]^{N(n_l+1)}} \int_{[0,T]^{N(n_l+1)}} \prod_{q=1}^{n_l+1} \frac{\partial^2}{\partial s \partial t} R_{H,K}^q(s,t)
$$

$$
\cdot \exp \left\{ -\frac{x_l^2}{2} \mid s^i \mid^{2H_l K_l} \right\} \exp \left\{ -\frac{x_l^2}{2} \mid t^j \mid^{2H_l K_l} \right\}
$$

$$
\cdot \boldsymbol{I}_{[0,s^i]}^{\otimes n_l}(s^1, \cdots, \hat{s}^i, \cdots, s^{n_l+1}) \boldsymbol{I}_{[0,t^j]}^{\otimes n_l}(t^1, \cdots, \hat{t}^j, \cdots, t^{n_l+1}) ds dt
$$

$$
\equiv \Delta_{7,3,3} + \Delta_{7,3,4}, \tag{7.31}
$$

这里 $C_{7,3,4}$ 和 $C_{7,3,5}$ 均为常数.

下面分别估计 $\Delta_{7,3,3}$ 和 $\Delta_{7,3,4}$.

首先, 估计 $\Delta_{7,3,3}$. 用文献 (Flandoli and Tudor, 2010) 中的方法可以得到下式

$$
\Delta_{7,3,3} = C_{7,3,4} \sum_{n_l \geqslant 0} \frac{x_l^{2n_l}}{n_l!} \int_{[0,T]^{N(n_l+1)}} \int_{[0,T]^{N(n_l+1)}} \prod_{q=1}^{n_l+1} \frac{\partial^2}{\partial s^1 \partial t^1} R_{H,K}^q(s^1, t^1)
$$

$$
\cdot \exp \left\{ -\frac{x_l^2}{2} \mid s^1 \mid^{2H_l K_l} \right\} \exp \left\{ -\frac{x_l^2}{2} \mid t^1 \mid^{2H_l K_l} \right\}
$$

$$
\cdot \boldsymbol{I}_{[0,s^1]}^{\otimes n_l}(s^2, \cdots, s^{n_l+1}) \boldsymbol{I}_{[0,t^1]}^{\otimes n_l}(t^2, \cdots, t^{n_l+1}) ds dt
$$

$$
= C_{7,3,4} \sum_{n_l \geqslant 0} \frac{x_l^{2n_l}}{n_l!} \int_{[0,T]^N} \int_{[0,T]^N} (R_{H,K}^l(s^1, t^1))^{n_l}
$$

$$
\cdot \frac{\partial^2}{\partial s \partial t} R_{H,K}^l(s^1, t^1) \exp \left\{ -\frac{x_l^2}{2} \mid s^1 \mid^{2H_l K_l} \right\} \exp \left\{ -\frac{x_l^2}{2} \mid t^1 \mid^{2H_l K_l} \right\} ds^1 dt^1
$$

$$
= C_{7,3,4} \int_{[0,T]^N} \int_{[0,T]^N} \frac{\partial^2}{\partial s^1 \partial t^1} R_{H,K}^l(s^1, t^1)
$$

$$
\cdot \exp \left\{ \frac{x_l^2}{2} (2 R_{H,K}^l(s^1, t^1) - \mid s^1 \mid^{2H_l K_l} - \mid t^1 \mid^{2H_l K_l}) \right\} ds^1 dt^1. \tag{7.32}
$$

由文献 (Es-Sebaiy and Tudor, 2007) 可知, 存在一个常数 $C_{7,3,6}$ 使得

$$
\left| \frac{\partial^2}{\partial s^1 \partial t^1} R_{H,K}^l(s^1, t^1) \right| \leqslant C_{7,3,6}(H, K, l)(s^1 t^1)^{H_l K_l - 1}.
$$

因此

$$
\int_{\mathbb{R}^d} (1 + \mid x \mid^2)^{-r} \Delta_{7,3,3} dx \leqslant C_{7,3,6}(H, K, l) \int_{\mathbb{R}^d} \int_{[0,T]^N} \int_{[0,T]^N} (s^1 t^1)^{H_l K_l - 1}
$$

$$
\cdot \exp \left\{ -\frac{x^2}{2} E[(B_{s^1}^{H_l, K_l} - B_{t^1}^{H_l, K_l})^2] \right\} ds^1 dt^1 dx. \tag{7.33}
$$

使用变量代换 $y_l = x_l \{ E[(B_{s^1}^{H_l, K_l} - B_{t^1}^{H_l, K_l})^2] \}^{\frac{1}{2}}$. 进一步, 有

$$\int_{\mathbb{R}^d} (1+ \mid x \mid^2)^{-r} \Delta_{7,3,3} dx$$

$$\leqslant C_{7,3,7}(H, K, l) \int_{[0,T]^N} \int_{[0,T]^N} (s^1 t^1)^{H_l K_l - 1} \{ E[(B_{s^1}^{H_l, K_l} - B_{t^1}^{H_l, K_l})^2] \}^{r - \frac{d}{2}}$$

$$\cdot \int_{\mathbb{R}^d} \exp \left\{ -\frac{y_l^2}{2} \right\} (E[(B_{s^1}^{H_l, K_l} - B_{t^1}^{H_l, K_l})^2] + y_l^2)^{-r} ds^1 dt^1 dy, \tag{7.34}$$

其中 $y = (y_1, \cdots, y_d)$.

另一方面, 由文献 (Tudor and Xiao, 2007) 知, 对任意的 $\varepsilon \geqslant 0, s^1, t^1 \in [\varepsilon, 1]^N$, 存在正常数 $C_{7,3,8}$ 使得

$$E[(B_{s^1}^{H_l, K_l} - B_{t^1}^{H_l, K_l})^2] \leqslant C_{4,3,8} \sum_{j=1}^N \mid s_j^1 - t_j^1 \mid^{2 H_l K_l}. \tag{7.35}$$

这里为了简单起见, 仅仅考虑 $T = 1$ 情形.

比较 (7.34) 式与 (7.35) 式, 可得

$$\int_{\mathbb{R}^d} (1+ \mid x \mid^2)^{-r} \Delta_{7,3,3} dx$$

$$\leqslant C_{7,3,9} \int_{[0,T]^N} \int_{[0,T]^N} (s^1 t^1)^{H_l K_l - 1}$$

$$\cdot \left(\sum_{j=1}^N \mid s_j^1 - t_j^1 \mid^{2 H_j K_j} \right)^{r - \frac{d}{2}} \int_{\mathbb{R}^d} \exp \left\{ -\frac{y_l^2}{2} \right\} y^{-2r} dy ds dt. \tag{7.36}$$

当 $H_l K_l - 1 + 2 H_l K_l \left(r - \dfrac{d}{2} \right) > -1$ 时, 即 $r > \dfrac{d}{2} - 1$, (7.36) 式有限. 这就意味着, 当 $r > \dfrac{d}{2} - 1$ 时, 就有

$$\int_{\mathbb{R}^d} (1+ \mid x \mid^2)^{-r} E[\mid \hat{\xi}(x) \mid^2] dx$$

$$= \int_{\mathbb{R}^d} (1+ \mid x \mid^2)^{-r} E[\mid \hat{\xi}_1(x) \mid^2 + \cdots + \mid \hat{\xi}_d(x) \mid^2] dx$$

$$< \infty. \tag{7.37}$$

证毕.   □

比较定理 7.8 及定理 7.9 和文献 (Flandoli and Tudor, 2010) 中命题 3 及命题 4 可以看出, 参数 H 和 K 并不影响双分数布朗随机流动形的正则条件. 但对

于布朗随机流动形来讲, 一维布朗随机流动与 d 维布朗随机流动形的正则条件不同 (Flandoli and Tudor, 2010).

7.3.3 关于 ω 的双分数布朗随机流动形

设 $B^{H,K}$ 是向量型双分数布朗运动, 且向量 $H = (H_1, \cdots, H_d) \in (0,1)^d$ 和 $K = (K_1, \cdots, K_d) \in (0,1]^d$. 即 $B^{H,K} = (B^{H_1,K_1}, \cdots, B^{H_d,K_d})$. 在这一部分考虑 $\xi(x)$ 如下给出

$$\xi(x) = \int_0^T \delta\big(x - B_s^{H,K}\big) \delta B_s^{H,K}, \tag{7.38}$$

其中

$$\delta(x - B_s^{H,K}) = \prod_{i=1}^d \delta\big(x_i - B_s^{H_i,K_i}\big)$$

$$= \sum_{n=(n_1,\cdots,n_d)} \beta_n(s,x) I_n^{B^{H_i,K_i}}\left(\boldsymbol{I}_{[0,s]}^{\otimes|n|}(\cdot)\right),$$

$$\beta_n(s,x) = \prod_{i=1}^d \frac{1}{R_{H,K}^i(s)^{\frac{n_i}{2}}} p_{R_{H,K}^i(x_i)} H_{n_i}\left(\frac{x_i}{R_{H,K}^i(s)^{\frac{1}{2}}}\right),$$

$$R_{H,K}^i(s) = R_{H,K}^i(s,s) = s^{2H_iK_i}$$

及

$$I_n^{B^{H,K}}\left(\boldsymbol{I}_{[0,s]}^{\otimes|n|}(\cdot)\right) = \prod_{i=1}^d I_{n_i}^{B^{H_i,K_i}}\left(\boldsymbol{I}_{[0,s]}^{\otimes n_i}(\cdot)\right).$$

使用散度性积分的混沌分解, 可以得到如下的表达

$$\xi_i(x) = \int_0^T \delta\big(x - B_s^{H,K}\big) \delta B_s^{H_i,K_i}$$

$$= \sum_{n=(n_1,\cdots,n_d)} I_{n_i+1}^{B^{H_i,K_i}}\left[\left(\beta_n(s,x)\boldsymbol{I}_{[0,s]}^{\otimes n_i}(s_1,\cdots,s_{n_i})\boldsymbol{I}_{[0,T]}(s)\right.\right.$$

$$\left.\left. \cdot \prod_{j=1,j\neq i}^d I_{n_j}^{B^{H_j,K_j}}\left(\boldsymbol{I}_{[0,s]}^{\otimes n_j}(\cdot)\right)\right)^{(s)}\right]. \tag{7.39}$$

定理 7.10 设 $B^{H,K}$ 是一个双分数布朗运动且参数 $H \in (0,1)^d$, $K \in (0,1]^d$ 满足 $2H_iK_i > 1 (i = 1, \cdots, d)$. $\xi(x)$ 由 (7.38) 式给定, 则对于每个 $x \in \mathbb{R}^d$ 及 $\alpha < \dfrac{1}{2(HK)^*} - \dfrac{d}{2}, \xi(x)$ 是 Sobolev-Watanabe 空间 $D^{\alpha-1,2}$ 中的一个元素, 其中 $(HK)^* = \max\{H_1K_1, \cdots, H_dK_d\}$.

证明　同文献 (Flandoli et al., 2010) 或 (Es-Sebaiy et al., 2007) 中使用的方法类似, 由 $\delta(x - B^{H,K})$ 的混沌分解, 很容易验证下式

$$
\| \xi_i(x) \|_{2,\alpha-1}^2
$$

$$
\leqslant \sum_{m \geqslant 1} (m+1)^{\alpha-1} \sum_{|n|=n_1+\cdots+n_d=m-1} (n_i+1)!
$$

$$
\cdot \int_{[0,T]^{n_i+1}} \int_{[0,T]^{n_i+1}} \sum_{l,k=1}^{n_i+1} \beta_n(s_l)\beta_n(t_k) \boldsymbol{I}_{[0,T]}(s_l)\boldsymbol{I}_{[0,T]}(t_k)
$$

$$
\cdot \boldsymbol{I}_{[0,s_l]}^{\otimes n_i}(s_1,\cdots,\hat{s}_l,\cdots,s_{n_i+1}) \boldsymbol{I}_{[0,t_k]}^{\otimes n_i}(t_1,\cdots,\hat{t}_k,\cdots,t_{n_i+1})
$$

$$
\cdot \prod_{j=1,j\neq i}^{d} n_j! R_{H,K}^j(s_l,t_k)^{n_j} \prod_{q=1}^{n_i+1} \frac{\partial^2}{\partial s_q \partial t_q} R_{H,K}^i(s_q,t_q) dt_1\cdots dt_{n_i+1} ds_1 \cdots ds_{n_i+1}
$$

$$
\leqslant \sum_{m \geqslant 0} (m+1)^{\alpha} \sum_{|n|=n_1+\cdots+n_d=m} n_i! \left[\left(1 - \frac{1}{n_i+1}\right) \int_{[0,T]^2} \int_{[0,T]^2} \beta_n(s_1)\beta_n(t_2) \right.
$$

$$
\cdot \boldsymbol{I}_{[0,T]}(s_1)\boldsymbol{I}_{[0,T]}(t_2) R_{H,K}^i(s_1,t_2)^{n_i-1} \Bigg] \prod_{j=1,j\neq i}^{d} n_j! R_{H,K}^j(s_1,t_2)^{n_j}
$$

$$
\cdot \boldsymbol{I}_{[0,s_1]}(s_2)\boldsymbol{I}_{[0,t_2]}(t_1) \frac{\partial^2}{\partial s_1 \partial t_1} R_{H,K}^i(s_1,t_1) \frac{\partial^2}{\partial s_2 \partial t_2} R_{H,K}^i(s_2,t_2) ds_1 ds_2 dt_1 dt_2
$$

$$
+ \frac{1}{n_i+1} \int_{[0,T]^2} \int_{[0,T]^2} \beta_n(s_1)\beta_n(t_1) \boldsymbol{I}_{[0,T]}(s_1)\boldsymbol{I}_{[0,T]}(t_1) R_{H,K}^i(s_1,t_1)^{n_i-1}
$$

$$
\cdot \prod_{j=1,j\neq i}^{d} n_j! R_{H,K}^j(s_1,t_1)^{n_j} \boldsymbol{I}_{[0,s_1]}(s_2)\boldsymbol{I}_{[0,t_1]}(t_2)
$$

$$
\cdot \frac{\partial^2}{\partial s_1 \partial t_1} R_{H,K}^i(s_1,t_1) \frac{\partial^2}{\partial s_2 \partial t_2} R_{H,K}^i(s_2,t_2) ds_1 ds_2 dt_1 dt_2
$$

$$
\leqslant \sum_{m \geqslant 0} (m+1)^{\alpha} \sum_{|n|=n_1+\cdots+n_d=m} n_i! \left[\left(1 - \frac{1}{n_i+1}\right) \int_{[0,T]^2} \beta_n(s_1)\beta_n(t_2) \right.
$$

$$
\cdot R_{H,K}^i(s_1,t_2)^{n_i-1} \prod_{j=1,j\neq i}^{d} n_j! R_{H,K}^j(s_1,t_2)^{n_j-1}
$$

$$
\cdot \frac{\partial}{\partial s_1} R_{H,K}^i(s_1,t_2) \frac{\partial}{\partial t_2} R_{H,K}^i(s_1,t_2) ds_1 dt_2
$$

$$
+ \frac{1}{n_i+1} \int_{[0,T]^2} \beta_n(s_1)\beta_n(t_1) R_{H,K}^i(s_1,t_1)^{n_i-1}
$$

$$
\cdot \prod_{j=1,j\neq i}^{d} n_j! R_{H,K}^j(s_1,t_1)^{n_j} \frac{\partial^2}{\partial s_1 \partial t_1} R_{H,K}^i(s_1,t_1) ds_1 dt_1 \Bigg]. \tag{7.40}
$$

由文献 (Tudor et al., 2007) 中 (4.37) 式知道, 对于 $\beta \in \left[\dfrac{1}{4}, \dfrac{1}{2}\right)$, 就有

$$\prod_{j=1}^{d} \beta_n(u) \leqslant C_{7,3,10} \prod_{j=1}^{d} \frac{1}{\sqrt{n_j!}(n_j \vee 1)^{\frac{8\beta-1}{12}}}, \tag{7.41}$$

其中 $C_{7,3,10}$ 是一个常数.

另一方面, 由文献 (Es-Sebaiy and Tudor, 2007) 中的一些结果知, 存在一个依赖于 H 和 K 的常数 $C_{7,3,11}$ 使得

$$\left| \frac{\partial R_{H,K}^i(s,t)}{\partial t} \frac{\partial R_{H,K}^i(s,t)}{\partial s} \right| \leqslant C_{7,3,11}(H,K)(st)^{2H_iK_i-1}, \tag{7.42}$$

$$\left| \frac{\partial^2 R_{H,K}^i(s,t)}{\partial s \partial t} \right| \leqslant C_{7,3,11}(H,K)(st)^{H_iK_i-1}, \tag{7.43}$$

$$\left| \frac{R_{H,K}^i(s,t)}{(st)^{H_iK_i}} \right| \leqslant C_{7,3,11}(H,K). \tag{7.44}$$

将 (7.41)—(7.44) 式代入 (7.40) 式中可得

$$\| \xi_i(x) \|_{2,\alpha-1}^2$$

$$\leqslant C_{7,3,12} \sum_{m \geqslant 0} (1+m)^\alpha \sum_{|n|=n_1+\cdots+n_d=m} \prod_{j=1}^{d} \frac{1}{(n_j \vee 1)^{\frac{8\beta-1}{6}}}$$

$$\cdot \int_{[0,T]^2} \frac{R_{H,K}^i(s,t)^{n_i-1}}{(st)^{(n_i-1)H_iK_i}} (st)^{H_iK_i-1} \prod_{j=1,j\neq i}^{d} \frac{R_{H,K}^j(s,t)^{n_j}}{(st)^{n_jH_jK_j}} \, ds\,dt$$

$$\leqslant C_{7,3,12} \sum_{m \geqslant 0} (1+m)^\alpha \sum_{|n|=n_1+\cdots+n_d=m} \prod_{j=1}^{d} \frac{1}{(n_j \vee 1)^{\frac{8\beta-1}{6}}}$$

$$\cdot \int_0^T t^{2H_iK_i-1}dt \int_0^1 z^{H_iK_i-1} \left(\frac{R_{H_i,K_i}^i(1,z)}{z^{H_iK_i}} \right)^{n_i-1} \prod_{j=1,j\neq i}^{d} \frac{R_{H,K}^j(1,z)}{z^{H_jK_j}}^{n_j} \, dz, \tag{7.45}$$

这里用到变量代换 $t=t$ 和 $z=\dfrac{s}{r}$ (参看文献 (Es-Sebaiy and Tudor, 2007), (Tudor et al., 2007). 使用文献 (Tudor et al., 2007) 中的 (4.9) 式, 可以证明 (7.45) 式中积分部分的有界性.

事实上

$$\int_0^1 \prod_{j=1}^{d} \left(\frac{R_{H,K}^j(1,z)}{z^{H_jK_j}} \right)^{n_j} dz \leqslant C_{7,3,13} m^{-\frac{1}{2(HK)^*}},$$

其中 $(HK)^* = \max\{H_1 K_1, \cdots, H_d K_d\}$. 因此, 当 $\alpha < \dfrac{1}{2(HK)^*} - d\left(1 - \dfrac{8\beta - 1}{6}\right)$ 时,

$$\| \xi_i(x) \|_{2,\alpha-1}^2 \leqslant \quad C_{7,3,14} \sum_{m \geqslant 1} (1+m)^\alpha m^{-\frac{1}{2(HK)^*} - 1 + d\left(1 - \frac{8\beta-1}{6}\right)} < \infty. \qquad (7.46)$$

因为 $\beta \in \left[\dfrac{1}{4}, \dfrac{1}{2}\right)$, 所以可以选择 β 趋于 $\dfrac{1}{2}$. 故, 当 $\alpha < \dfrac{1}{2(HK)^*} - \dfrac{d}{2}$ 时, 就有 (7.46) 式有限. 证毕. □

7.4　次分数布朗随机流动形

考虑如下定义的次分数布朗运动的随机流动形

$$\begin{aligned}
\xi(x) &= \int_{[0,T]^N} \delta(x - S_s^H) dS_s^H \\
&= \int_{[0,T]^N} \delta(x - S_s^H) \delta S_s^H,
\end{aligned} \qquad (7.47)$$

这里积分为 Skorohod 积分, 其中 $x \in \mathbb{R}^d, T > 0$.

设

$$\begin{aligned}
\beta_n^x(t) &= \frac{p_{(2-2^{2H-1})t^{2H}}(x)}{\left[(2-2^{2H-1})t^{2H}\right]^{\frac{n}{2}}} H_n\left(\frac{x}{\sqrt{(2-2^{2H-1})t^{2H}}}\right) \\
&= (R_H(t))^{-\frac{n}{2}} p_{R_H(t)}(x) H_n\left(\frac{x}{R_H(t)^{\frac{1}{2}}}\right),
\end{aligned} \qquad (7.48)$$

其中 $p_{(2-2^{2H-1})t^{2H}}(x)$ 是一个以方差 $R_H(t)$ 为 $(2-2^{2H-1})t^{2H}$ 的高斯型核函数以及 $H_n(x)$ 是 Hermite 多项式.

从文献 (Flandoli and Tudor, 2010) 中的引理 3.1 可见以下引理显然. 事实上, 下面的引理可以看成是文献 (Flandoli and Tudor, 2010) 在次分数布朗运动情形下的一个版本.

引理 7.11　用 $\beta_n^{\hat{x}}(t)$ 表示函数 $x \to \beta_n^x(t)$ 的傅里叶变换, 则

$$\beta_n^{\hat{x}}(t) = \exp\left\{-\frac{x^2}{2} R_H(t)\right\} \frac{(-i)^n x^n}{n!}. \qquad (7.49)$$

应用引理 7.11 及文献中 (Flandoli and Tudor, 2010) 的方法, 可以得到次分数布朗随机流动形.

7.4.1　关于 x 的一维次分数布朗随机流动形

定理 7.12　设 S^H 是一个次分数布朗运动且参数 $H \in \left(\dfrac{1}{2}, 1\right)$ 和 $\xi(x)$ 由 (7.47) 式给定, 则对于每个 $\omega \in \Omega$ 及 $r > \dfrac{1}{2H} - \dfrac{1}{2}$, 有 $\xi \in H^{-r}(\mathbb{R}; \mathbb{R})$.

证明　由 $\delta(x - S^H)$ 的混沌分解 (Yan et al., 2011), 很容易验证下式

$$\delta(x - S_s^H)$$
$$= \sum_{n \geqslant 0} \frac{p_{(2 - 2^{2H-1})s^{2H}}(x)}{\left[\left(2 - 2^{2H-1}\right)s^{2H}\right]^{\frac{n}{2}}} H_n\left(\frac{x}{\sqrt{(2 - 2^{2H-1})s^{2H}}}\right) I_n^{S^H}\left(\boldsymbol{I}_{[0,s]}^{\otimes n}(\cdot)\right)$$
$$= \sum_{n \geqslant 0} \beta_n^x(s) I_n^{S^H}\left(\boldsymbol{I}_{[0,s]}^{\otimes n}(\cdot)\right), \tag{7.50}$$

其中 $I_n^{S^H}$ 表示关于次分数布朗运动 S^H 的多重随机积分.

计算 $\delta(x - S^H)$ 的傅里叶变换如下:

$$\hat{\delta}(x - S_s^H) = \sum_{n \geqslant 0} \beta_n^{\hat{x}}(s) I_n^{S^H}\left(\boldsymbol{I}_{[0,s]}^{\otimes n}(\cdot)\right). \tag{7.51}$$

由引理 7.11 知道 $\beta_n^{\hat{x}}(s) = \exp\left\{-\dfrac{x^2}{2}(2 - 2^{2H-1})s^{2H}\right\}\dfrac{(-ix)^n}{n!}$. 因此

$$\hat{\xi}(x) = \sum_{n \geqslant 0} \frac{(-ix)^n}{n!} I_{n+1}^{S^H}\left(\left(\exp\left\{-\frac{x^2}{2}(2 - 2^{2H-1})s^{2H}\right\}\boldsymbol{I}_{[0,s]}^{\otimes n}(\cdot)\right)^{(s)}\right), \tag{7.52}$$

其中上标 (s) 表示对称化.

由范数 $\| \cdot \|_{H^{-r}(\mathbb{R};\mathbb{R})}$ 的定义可得

$$E \parallel \xi(x) \parallel_{H^{-r}(\mathbb{R};\mathbb{R})}^2$$
$$\leqslant \int_{\mathbb{R}} (1 + x^2)^{-r} \sum_{n \geqslant 0} \frac{x^{2n}}{(n!)^2}(n+1)!$$
$$\cdot \left\| \left(\exp\left\{-\frac{x^2}{2}(2 - 2^{2H-1})s^{2H}\right\}\boldsymbol{I}_{[0,s]}^{\otimes n}(\cdot)\right)^{(s)} \right\|_{\mathcal{H}^{\otimes(n+1)}}^2 dx$$
$$= \int_{\mathbb{R}} (1 + x^2)^{-r} \sum_{n \geqslant 0} \frac{x^{2n}}{(n!)^2}(n+1)! \int_{[0,T]^{n+1}} \int_{[0,T]^{n+1}} \sum_{i,j=1}^{n} \frac{1}{(n+1)^2}$$
$$\cdot \exp\left\{-(1 - 2^{2H-2})x^2 s_i^{2H}\right\} \exp\left\{-(1 - 2^{2H-2})x^2 t_j^{2H}\right\} \boldsymbol{I}_{[0,s_i]}^{\otimes n}(s_1, \cdots, \hat{s}_i, \cdots, s_{n+1})$$
$$\cdot \boldsymbol{I}_{[0,t_j]}^{\otimes n}(t_1, \cdots, \hat{t}_j, \cdots, t_{n+1}) \prod_{q=1}^{n+1} \phi_H(s_q, t_q) ds_1 \cdots ds_{n+1} dt_1 \cdots dt_{n+1} dx$$

$$
= \int_{\mathbb{R}} (1+x^2)^{-r} \sum_{n \geqslant 0} \frac{x^{2n}}{(n+1)!} \sum_{i=1}^{n+1} \int_{[0,T]^{n+1}} \int_{[0,T]^{n+1}} \exp\left\{-(1-2^{2H-2})x^2 s_i^{2H}\right\}
$$

$$
\cdot \exp\left\{-(1-2^{2H-2})x^2 t_i^{2H}\right\} \boldsymbol{I}_{[0,s_i]}^{\otimes n}(s_1,\cdots,\hat{s}_i,\cdots,s_{n+1}) \boldsymbol{I}_{[0,t_i]}^{\otimes n}(t_1,\cdots,\hat{t}_i,\cdots,t_{n+1})
$$

$$
\cdot \prod_{q=1}^{n+1} H(2H-1)(\mid s_q - t_q \mid^{2H-2} - \mid s_q + t_q \mid^{2H-2}) ds_1 \cdots ds_{n+1} dt_1 \cdots dt_{n+1} dx
$$

$$
+ \int_{\mathbb{R}} (1+x^2)^{-r} \sum_{n \geqslant 0} \frac{x^{2n}}{(n+1)!} \sum_{i,j=1, i \neq j}^{n+1} \int_{[0,T]^{n+1}} \int_{[0,T]^{n+1}} \exp\left\{-(1-2^{2H-2})x^2 s_i^{2H}\right\}
$$

$$
\cdot \exp\left\{-(1-2^{2H-2})x^2 t_j^{2H}\right\} \boldsymbol{I}_{[0,s_i]}^{\otimes n}(s_1,\cdots,\hat{s}_i,\cdots,s_{n+1}) \boldsymbol{I}_{[0,t_j]}^{\otimes n}(t_1,\cdots,\hat{t}_j,\cdots,t_{n+1})
$$

$$
\cdot \prod_{q=1}^{n+1} H(2H-1)(\mid s_q - t_q \mid^{2H-2} - \mid s_q + t_q \mid^{2H-2}) ds_1 \cdots ds_{n+1} dt_1 \cdots dt_{n+1} dx
$$

$$
= \int_{\mathbb{R}} (1+x^2)^{-r} \sum_{n \geqslant 0} \frac{[2H(2H-1)]^{n+1}}{(n+1)!} x^{2n}
$$

$$
\cdot \sum_{i=1}^{n+1} \int_{[0,T]^{n+1}} \int_{[0,T]^{n+1}} \exp\left\{-(1-2^{2H-2})x^2 s_i^{2H}\right\} \exp\left\{-(1-2^{2H-2})x^2 t_i^{2H}\right\}
$$

$$
\cdot \boldsymbol{I}_{[0,s_i]}^{\otimes n}(s_1,\cdots,\hat{s}_i,\cdots,s_{n+1}) \boldsymbol{I}_{[0,t_i]}^{\otimes n}(t_1,\cdots,\hat{t}_i,\cdots,t_{n+1})
$$

$$
\cdot \prod_{q=1}^{n+1} (\mid s_q - t_q \mid^{2H-2} - \mid s_q + t_q \mid^{2H-2}) ds_1 \cdots ds_{n+1} dt_1 \cdots dt_{n+1} dx
$$

$$
+ \int_{\mathbb{R}} (1+x^2)^{-r} \sum_{n \geqslant 0} \frac{[H(2H-1)]^{n+1}}{(n+1)!} x^{2n}
$$

$$
\cdot \sum_{i,j=1, i \neq j}^{n+1} \int_{[0,T]^{n+1}} \int_{[0,T]^{n+1}} \exp\left\{-(1-2^{2H-2})x^2 s_i^{2H}\right\} \exp\left\{-(1-2^{2H-2})x^2 t_j^{2H}\right\}
$$

$$
\cdot \boldsymbol{I}_{[0,s_i]}^{\otimes n}(s_1,\cdots,\hat{s}_i,\cdots,s_{n+1}) \boldsymbol{I}_{[0,t_j]}^{\otimes n}(t_1,\cdots,\hat{t}_j,\cdots,t_{n+1})
$$

$$
\cdot \prod_{q=1}^{n+1} (\mid s_q - t_q \mid^{2H-2} - \mid s_q + t_q \mid^{2H-2}) ds_1 \cdots ds_{n+1} dt_1 \cdots dt_{n+1} dx
$$

$$
\equiv \Delta_{7,4,1} + \Delta_{7,4,2}. \tag{7.53}
$$

首先估计 $\Delta_{7,4,1}$. 用文献 (Flandoli and Tudor, 2010) 中的方法可以得到下式

$$
\Delta_{7,4,1} = H(2H-1) \int_{\mathbb{R}} (1+x^2)^{-r}
$$

$$
\int_{[0,T]} \int_{[0,T]} \exp\{-(1-2^{2H-2})x^2 s_1^{2H}\} \exp\{-(1-2^{2H-2})x^2 t_1^{2H}\}
$$

$$
\cdot (\mid s_1 - t_1 \mid^{2H-2} - (s_1 + t_1)^{2H-2}) \sum_{n \geqslant 0} \frac{x^{2n}}{n!} R_H^n(s_1,t_1) ds_1 dt_1 dx
$$

$$= H(2H-1) \int_{\mathbb{R}} (1+x^2)^{-r} \int_{[0,T]} \int_{[0,T]} \exp\{-(1-2^{2H-2})x^2 s_1^{2H}\}$$

$$\cdot \exp\{-(1-2^{2H-2})x^2 t_1^{2H}\}(\mid s_1 - t_1 \mid^{2H-2} -(s_1+t_1)^{2H-2})$$

$$\cdot \exp\{x^2 R_H(s_1,t_1)\}ds_1 dt_1 dx. \tag{7.54}$$

使用变量代换

$$y = (2^{-1}[(s_1+t_1)^{2H} + \mid s_1 - t_1 \mid^{2H}] - 2^{2H-2}(s_1^{2H} + t_1^{2H}))^{\frac{1}{2}} x. \tag{7.55}$$

进一步, 有

$$(1+x^2)^{-r} = (2^{-1}[(s_1+t_1)^{2H} + \mid s_1 - t_1 \mid^{2H}] - 2^{2H-2}(s_1^{2H} + t_1^{2H}))^{r}$$

$$\cdot (2^{-1}[(s_1+t_1)^{2H} + \mid s_1 - t_1 \mid^{2H}] - 2^{2H-2}(s_1^{2H} + t_1^{2H}) + y^2)^{-r}. \tag{7.56}$$

将 (7.55)—(7.56) 式代入 (7.54) 式中, 可得

$$\Delta_{7,4,1} = H(2H-1) \int_0^T \int_0^T (\mid s_1 - t_1 \mid^{2H-2} - \mid s_1 + t_1 \mid^{2H-2})$$

$$\cdot (2^{-1}[(s_1+t_1)^{2H} + \mid s_1 - t_1 \mid^{2H}] - 2^{2H-2}(s_1^{2H} + t_1^{2H}))^{r-\frac{1}{2}}$$

$$\cdot \int_{\mathbb{R}} (2^{-1}[(s_1+t_1)^{2H} + \mid s_1 - t_1 \mid^{2H}]$$

$$- 2^{2H-2}(s_1^{2H} + t_1^{2H}) + y^2)^{-r} e^{-y^2} dy ds_1 dt_1$$

$$\leqslant H(2H-1) \int_0^T \int_0^T (\mid s_1 - t_1 \mid^{2H-2} - \mid s_1 + t_1 \mid^{2H-2})$$

$$\cdot (2^{-1}[(s_1+t_1)^{2H} + \mid s_1 - t_1 \mid^{2H}] - 2^{2H-2}(s_1^{2H} + t_1^{2H}))^{r-\frac{1}{2}} ds_1 dt_1$$

$$\cdot \int_{\mathbb{R}} y^{-2r} e^{-y^2} dy. \tag{7.57}$$

当 $2H - 2 + 2H\left(r - \dfrac{1}{2}\right) > -1$ 时, (7.57) 式有限, 即 $r > \dfrac{1}{2H} - \dfrac{1}{2}$.

其次, 用类似与第一项的估计方法, 考虑第二项 $\Delta_{7,4,2}$.

$$\Delta_{7,4,2} = \int_{\mathbb{R}} (1+x^2)^{-r} \sum_{n \geqslant 1} \frac{x^{2n}}{(n+1)!} n(n+1)$$

$$\cdot \int_{[0,T]^{n+1}} \int_{[0,T]^{n+1}} \exp\left\{-\left(1-2^{2H-2}\right)x^2 s_1^{2H}\right\} \exp\left\{-\left(1-2^{2H-2}\right)x^2 t_2^{2H}\right\}$$

$$\cdot \boldsymbol{I}_{[0,s_1]}^{\otimes n}(s_2,\cdots,s_{n+1})\boldsymbol{I}_{[0,t_2]}^{\otimes n}(t_1,t_3,\cdots,t_{n+1})$$

$$\cdot \prod_{q=1}^{n+1}\phi_H(s_q,t_q)ds_1\cdots ds_{n+1}dt_1\cdots dt_{n+1}dx$$

$$= (H(2H-1))^2\int_{\mathbb{R}}(1+x^2)^{-r}\sum_{n\geqslant 1}\frac{x^{2n}}{(n-1)!}$$

$$\cdot \int_0^T\int_0^T\int_0^T\int_0^T\exp\{-(1-2^{2H-2})x^2s_1^{2H}\}\cdot\exp\{-(1-2^{2H-2})x^2t_2^{2H}\}$$

$$\cdot \boldsymbol{I}_{[0,s_1]}(s_2)\boldsymbol{I}_{[0,t_2]}(t_1)(|\,s_1-t_1\,|^{2H-2}-(s_1+t_1)^{2H-2})$$

$$\cdot (|\,s_2-t_2\,|^{2H-2}-(s_2+t_2)^{2H-2})R_{H,K}^{n-1}(s_1,t_2)ds_1ds_2dt_1dt_2dx. \tag{7.58}$$

由 Taylor 展开式, 可得下面的式子

$$\Delta_{7,4,2}=[H(2H-1)]^2\int_{\mathbb{R}}(1+x^2)^{-r}\int_{[0,T]^2}\int_{[0,T]^2}\exp\{-(1-2^{2H-2})x^2s_1^{2H}\}$$

$$\cdot \exp\{-(1-2^{2H-2})x^2t_2^{2H}\}\boldsymbol{I}_{[0,s_1]}(s_2)\boldsymbol{I}_{[0,t_2]}(t_1)$$

$$\cdot (|\,s_1-t_1\,|^{2H-2}-(s_1+t_1)^{2H-2})(|\,s_2-t_2\,|^{2H-2}-(s_2+t_2)^{2H-2})$$

$$\cdot x^2\sum_{n\geqslant 1}\frac{x^{2(n-1)}}{(n-1)!}R_H^{n-1}(s_1,t_2)ds_1ds_2dt_1dt_2dx$$

$$= [H(2H-1)]^2\int_{\mathbb{R}}(1+x^2)^{-r}$$

$$\cdot \int_{[0,T]^2}\int_{[0,T]^2}\exp\{-(1-2^{2H-2})x^2s_1^{2H}\}\cdot\exp\{-(1-2^{2H-2})x^2t_2^{2H}\}$$

$$\cdot \boldsymbol{I}_{[0,s_1]}(s_2)\boldsymbol{I}_{[0,t_2]}(t_1)(|\,s_1-t_1\,|^{2H-2}-(s_1+t_1)^{2H-2})$$

$$\cdot (|\,s_2-t_2\,|^{2H-2}-(s_2+t_2)^{2H-2})x^2\exp\{x^2R_H(s_1,t_2)\}ds_1ds_2dt_1dt_2dx. \tag{7.59}$$

因为 $R_H(s_1,t_2)=s_1^{2H}+t_2^{2H}-\dfrac{1}{2}((s_1+t_2)^{2H}-|\,s_1-t_2\,|^{2H})$, 代入 (7.59) 中可得

$$\Delta_{7,4,2}=[H(2H-1)]^2\int_{\mathbb{R}}(1+x^2)^{-r}$$

$$\cdot \int_{[0,T]^2}\int_{[0,T]^2}\exp\{-(2^{-1}[(s_1+t_2)^{2H}+|\,s_1-t_2\,|^{2H}]-2^{2H-2}(s_1^{2H}+t_2^{2H}))x^2\}$$

$$\cdot \boldsymbol{I}_{[0,s_1]}(s_2)\boldsymbol{I}_{[0,t_2]}(t_1)(|\,s_1-t_1\,|^{2H-2}-(s_1+t_1)^{2H-2})$$

$$\cdot (|\,s_2-t_2\,|^{2H-2}-(s_2+t_2)^{2H-2})x^2ds_1ds_2dt_1dt_2dx$$

$$= [H(2H-1)]^2\int_{\mathbb{R}}(1+x^2)^{-r}x^2$$

$$\cdot \int_{[0,T]} \int_{[0,T]} \exp \left\{ -\left(2^{-1} \left[(s_1 + t_2)^{2H} + \mid s_1 - t_2 \mid^{2H} \right] - 2^{2H-2} (s_1^{2H} + t_2^{2H}) \right) x^2 \right\}$$

$$\cdot \left(\int_{[0,T]} \boldsymbol{I}_{[0,s_1]}(s_2) \left(\mid s_2 - t_2 \mid^{2H-2} -(s_2 + t_2)^{2H-2} \right) ds_2 \right)$$

$$\cdot \left(\int_{[0,T]} \boldsymbol{I}_{[0,t_2]}(t_1) \left(\mid s_1 - t_1 \mid^{2H-2} -(s_1 + t_1)^{2H-2} \right) dt_1 \right) ds_1 dt_2 dx$$

$$= H^2 \int_{\mathbb{R}} (1+x^2)^{-r} x^2 \int_{[0,T]} \int_{[0,T]} \left(\mid s_1 - t_2 \mid^{2H-1} -(s_1 + t_2)^{2H-1} \right)$$

$$\cdot \exp \left\{ -\left(2^{-1} \left[(s_1 + t_2)^{2H} + \mid s_1 - t_2 \mid^{2H} \right] - 2^{2H-2} (s_1^{2H} + t_2^{2H}) \right) x^2 \right\} ds_1 dt_2 dx.$$

做变量代换 $y = [2^{-1} [(s_1 + t_2)^{2H} + \mid s_1 - t_2 \mid^{2H}] - 2^{2H-2} (s_1^{2H} + t_2^{2H})]^{\frac{1}{2}} x$. 从而

$$\Delta_{7,4,2} \leqslant H^2 \int_{[0,T]} \int_{[0,T]} (\mid s_1 - t_2 \mid^{2H-1} -(s_1 + t_2)^{2H-1})^2$$

$$\cdot [2^{-1} [(s_1 + t_2)^{2H} + \mid s_1 - t_2 \mid^{2H}] - 2^{2H-2} (s_1^{2H} + t_2^{2H})]^{r-\frac{3}{2}}$$

$$\cdot \int_{\mathbb{R}} \exp \{ -y^2 \} y^2 dy ds_1 dt_2. \tag{7.60}$$

当 $2(2H-1) + 2H \left(r - \dfrac{3}{2} \right) > -1$ 时, (7.60) 式有限. 即当 $r > \dfrac{1}{2H} - \dfrac{1}{2}$ 时, 就有

$$E \parallel \xi \parallel_{H^{-r}(\mathbb{R};\mathbb{R})}^2 < \infty.$$

证毕. □

从定理 7.12 可以看出, 当 $r > \dfrac{1}{2H} - \dfrac{1}{2}$ 时, 映射 $\xi(x) = \displaystyle\int_{[0,T]^N} \delta(x - S_s^H) \delta S_s^H$ 属于非负 Sobolev 空间 $H^{-r}(\mathbb{R};\mathbb{R})$. 注意到该结论的条件很有趣, 因为在分数布朗运动情形下映射 $\xi(x) = \displaystyle\int_{[0,T]^N} \delta(x - B_s^H) \delta B_s^H$ 属于非负 Sobolev 空间的条件也是 $r > \dfrac{1}{2H} - \dfrac{1}{2}$ (Flandoli and Tudor, 2010). 换句话, 次分数布朗随机流动形和分数布朗随机流动形具有相同的正则性条件.

7.4.2 关于 x 的 d 维次分数布朗随机流动形

类似于 7.3.3 小节中双分数布朗随机流动形情形, 可以将一维次分数布朗随机流动形推广到多维情形下.

设 S^H 是向量型次分数布朗运动, 即 $S^H = (S^{H_1}, \cdots, S^{H_d})$, 其中 S^H 的每一分量 S^{H_i} 都相互独立. $\xi(x)$ 如下给出

$$\xi(x) = \left(\int_{[0,T]^N} \delta(x - S_s^H) \delta S_s^{H_1}, \cdots, \int_{[0,T]^N} \delta(x - S_s^H) \delta S_s^{H_d} \right), \tag{7.61}$$

此处的积分是关于 S^H 的 Skorohod 积分.

记

$$R_H^l(t,s) = \prod_{i=1}^N R_H^l(t_i, s_i) = \langle \boldsymbol{I}_{[0,t]}, \boldsymbol{I}_{[0,s]} \rangle_{\mathcal{H}_{H_l}}.$$

定理 7.13 设 S^H 是一个 d 维次分数布朗运动, $\xi(x)$ 由 (7.61) 式给定, 则对于每个 ω 及 $r > \max_{l=1,\cdots,d} \left\{ \dfrac{1}{2H_l} - 2 + \dfrac{d}{2} \right\}$ 时, $\xi(x)$ 属于 Sobolev 空间 $H^{-r}(\mathbb{R}^d; \mathbb{R}^d)$.

证明 用 ξ_l 表示第 l 个分量, 即

$$
\begin{aligned}
\xi_l(x) &\equiv \int_{[0,T]^N} \delta(x - S_s^H) \delta S_s^{H_l} \\
&= \int_{[0,T]^N} \delta_l(x - S_s^H) \delta(x_l - S_s^{H_l}) \delta S_s^{H_l} \\
&= \int_{[0,T]^N} \delta_l(x - S_s^H) \sum_{n_l \geqslant 0} \beta_{n_l}^{x_l}(s) I_{n_l}^{S^{H_l}} \left(\boldsymbol{I}_{[0,s]}^{\otimes n_l}(\cdot) \right) \delta S_s^{H_l},
\end{aligned}
\tag{7.62}
$$

其中 $\delta_l(x - S_s^H) = \prod\limits_{q=1, q \neq l}^d \delta(x_q - S_s^{H_q})$.

计算 (7.62) 的傅里叶变换如下:

$$
\hat{\xi}_l(x) = \sum_{n_l \geqslant 0} I_{n_l+1}^{S^{H_l}} \left(\left(\left(\exp\left\{ -i \sum_{r=1, r \neq l}^d x_r S_s^{H_r} \right\} \frac{(-i)^{n_l} x_l^{n_l}}{n_l!} \right. \right. \right.
$$
$$
\left. \left. \left. \cdot \exp\left\{ -(1 - 2^{2H_l-2}) x^2 \mid s \mid^{2H_l} \right\} \boldsymbol{I}_{[0,s]}^{\otimes n_l}(\cdot) \right)^{(s)} \right) \right).
$$

由文献 (Flandoli and Tudor, 2010) 中命题 4 可以验证

$$
\begin{aligned}
&E \mid \hat{\xi}_l(x) \mid^2 \\
&= \sum_{n_l \geqslant 0} \frac{x_l^{2n_l}}{(n_l+1)!} \sum_{i,j=1}^{n_l+1} (H_l(2H_l - 1))^{N(n_l+1)} \\
&\quad \cdot \int_{[0,T]^{N(n_l+1)}} \int_{[0,T]^{N(n_l+1)}} \prod_{q=1}^{n_l+1} (\| s^q - t^q \|^{2H_l-2} - \| s^q + t^q \|^{2H_l-2}) \\
&\quad \cdot \cos\left(\sum_{r=1, r \neq l}^d x_r S_{s^i}^{H_r} \right) \cos\left(\sum_{r=1, r \neq l}^d x_r S_{t^j}^{H_r} \right) \\
&\quad \cdot \exp\left\{ -(1 - 2^{2H_l-2}) x_l^2 \mid s^i \mid^{2H_l} \right\} \exp\left\{ -(1 - 2^{2H_l-2}) x_l^2 \mid t^j \mid^{2H_l} \right\} \\
&\quad \cdot \boldsymbol{I}_{[0,s^i]}^{\otimes n_l}(s^1, \cdots, \hat{s}^i, \cdots, s^{n_l+1}) \boldsymbol{I}_{[0,t^j]}^{\otimes n_l}(t^1, \cdots, \hat{t}^j, \cdots, t^{n_l+1}) ds dt
\end{aligned}
$$

$$+ \sum_{n_l \geqslant 0} \frac{x_l^{2n_l}}{(n_l+1)!} \sum_{i,j=1}^{n_l+1} (H_l(2H_l-1))^{N(n_l+1)}$$

$$\cdot \int_{[0,T]^{N(n_l+1)}} \int_{[0,T]^{N(n_l+1)}} \prod_{q=1}^{n_l+1} (\| s^q - t^q \|^{2H_l-2} - \| s^q + t^q \|^{2H_l-2})$$

$$\cdot \sin \left(\sum_{r=1,r\neq l}^{d} x_r S_{s^i}^{H_r} \right) \sin \left(\sum_{r=1,r\neq l}^{d} x_r S_{t^j}^{H_r} \right)$$

$$\cdot \exp \left\{ -(1-2^{2H_l-2})x_l^2 \mid s^i \mid^{2H_l} \right\} \exp \left\{ -(1-2^{2H_l-2})x_l^2 \mid t^j \mid^{2H_l} \right\}$$

$$\cdot \boldsymbol{I}_{[0,s^i]}^{\otimes n_l}(s^1,\cdots,\hat{s}^i,\cdots,s^{n_l+1}) \boldsymbol{I}_{[0,t^j]}^{\otimes n_l}(t^1,\cdots,\hat{t}^j,\cdots,t^{n_l+1}) ds dt, \qquad (7.63)$$

其中

$$\mid s^i \mid^{2H_l} = \prod_{j=1}^{N} (s_j^i)^{2H_l}, \quad \boldsymbol{I}_{[0,s^i]} = \prod_{j=1}^{N} \boldsymbol{I}_{[0,s_j^i]},$$

$$\| s^q - t^q \|^{2H_l} = \prod_{j=1}^{N} \mid s_j^q - t_j^q \mid^{2H_l}$$

和

$$\| s^q + t^q \|^{2H_l} = \prod_{j=1}^{N} \mid s_j^q + t_j^q \mid^{2H_l}.$$

由 $\sin(x)$ 和 $\cos(x)$ 的有界性, 可以得到如下的估计式

$$E \mid \hat{\xi}_l(x) \mid^2$$

$$\leqslant C_{7,4,1} \sum_{n_l \geqslant 0} \frac{x_l^{2n_l}}{(n_l+1)!} \sum_{i,j=1}^{n_l+1} (H_l(2H_l-1))^{N(n_l+1)}$$

$$\cdot \int_{[0,T]^{N(n_l+1)}} \int_{[0,T]^{N(n_l+1)}} \prod_{q=1}^{n_l+1} (\| s^q - t^q \|^{2H_l-2} - \| s^q + t^q \|^{2H_l-2})$$

$$\cdot \exp\{-(1-2^{2H_l-2})x_l^2 \mid s^i \mid^{2H_l}\} \exp\{-(1-2^{2H_l-2})x_l^2 \mid t^j \mid^{2H_l}\}$$

$$\cdot \boldsymbol{I}_{[0,s^i]}^{\otimes n_l}(s^1,\cdots,\hat{s}^i,\cdots,s^{n_l+1}) \boldsymbol{I}_{[0,t^j]}^{\otimes n_l}(t^1,\cdots,\hat{t}^j,\cdots,t^{n_l+1}) ds dt$$

$$+ C_{7,4,2} \sum_{n_l \geqslant 0} \frac{x_l^{2n_l}}{(n_l+1)!} \sum_{i,j=1}^{n_l+1} (H_l(2H_l-1))^{N(n_l+1)}$$

$$\cdot \int_{[0,T]^{N(n_l+1)}} \int_{[0,T]^{N(n_l+1)}} \prod_{q=1}^{n_l+1} (\| s^q - t^q \|^{2H_l-2} - \| s^q + t^q \|^{2H_l-2})$$

$$\cdot \exp\{-(1-2^{2H_l-2})x_l^2 \mid s^i \mid^{2H_l}\} \exp\{-(1-2^{2H_l-2})x_l^2 \mid t^j \mid^{2H_l}\}$$

$$\cdot \boldsymbol{I}_{[0,s^i]}^{\otimes n_l}(s^1,\cdots,\hat{s}^i,\cdots,s^{n_l+1})\boldsymbol{I}_{[0,t^j]}^{\otimes n_l}(t^1,\cdots,\hat{t}^j,\cdots,t^{n_l+1})dsdt$$

$$\equiv \Delta_{7,4,3} + \Delta_{7,4,4}, \tag{7.64}$$

这里 $C_{7,4,1}$ 和 $C_{7,4,2}$ 均为常数.

下面分别估计 $\Delta_{7,4,3}$ 和 $\Delta_{7,4,4}$.

首先, 估计 $\Delta_{7,4,1}$. 用文献 (Flandoli and Tudor, 2010) 中的方法可以得到下式

$$
\begin{aligned}
&\Delta_{7,4,1}\\
&= C_{7,4,3}\sum_{n_l\geqslant 0}\frac{x_l^{2n_l}}{n_l!}(H_l(2H_l-1))^{N(n_l+1)}\\
&\quad\cdot\int_{[0,T]^{N(n_l+1)}}\int_{[0,T]^{N(n_l+1)}}\prod_{q=1}^{n_l+1}(\|\,s^q-t^q\,\|^{2H_l-2}-\|\,s^q+t^q\,\|^{2H_l-2})\\
&\quad\cdot\exp\{-(1-2^{2H_l-2})x_l^2\mid s^1\mid^{2H_l}\}\exp\{-(1-2^{2H_l-2})x_l^2\mid t^1\mid^{2H_l}\}\\
&\quad\cdot\boldsymbol{I}_{[0,s^1]}^{\otimes n_l}(s^2,\cdots,s^{n_l+1})\boldsymbol{I}_{[0,t^1]}^{\otimes n_l}(t^2,\cdots,t^{n_l+1})dsdt\\
&= C_{7,4,3}\sum_{n_l\geqslant 0}\frac{x_l^{2n_l}}{n_l!}(H_l(2H_l-1))^{N}\int_{[0,T]^N}\int_{[0,T]^N}(\|\,s^1-t^1\,\|^{2H_l-2}-\|\,s^1+t^1\,\|^{2H_l-2})\\
&\quad\cdot R_{H_l}^{n_l}(s^1,t^1)\exp\{-(1-2^{2H_l-2})x_l^2\mid s^1\mid^{2H_l}\}\exp\{-(1-2^{2H_l-2})x_l^2\mid t^1\mid^{2H_l}\}ds^1dt^1\\
&= C_{7,4,3}(H_l(2H_l-1))^N\int_{[0,T]^N}\int_{[0,T]^N}(\|\,s^1-t^1\,\|^{2H_l-2}-\|\,s^1+t^1\,\|^{2H_l-2})\\
&\quad\cdot\sum_{n_l\geqslant 0}\frac{x_l^{2n_l}}{n_l!}R_{H_l}^{n_l}(s^1,t^1)\exp\{-(1-2^{2H_l-2})x_l^2\mid s^1\mid^{2H_l}\}\\
&\quad\cdot\exp\{-(1-2^{2H_l-2})x_l^2\mid t^1\mid^{2H_l}\}ds^1dt^1\\
&= C_{7,4,3}(H_l(2H_l-1))^N\int_{[0,T]^N}\int_{[0,T]^N}(\|\,s^1-t^1\,\|^{2H_l-2}-\|\,s^1+t^1\,\|^{2H_l-2})\\
&\quad\cdot\exp\{x^2 R_{H_l}(s^1,t^1)\}\exp\{-(1-2^{2H_l-2})x_l^2\mid s^1\mid^{2H_l}\}\\
&\quad\cdot\exp\{-(1-2^{2H_l-2})x_l^2\mid t^1\mid^{2H_l}\}ds^1dt^1, \tag{7.65}
\end{aligned}
$$

其中 $R_{H_l}(s^1,t^1)=\prod\limits_{j=1}^{N}R_{H_l}(s_j^1,t_j^1)$.

注意到

$$2R_{H_l}(s^1,t^1)-(2-2^{2H-1})\mid s^1\mid^{2H_l}-(2-2^{2H-1})\mid t^1\mid^{2H_l}=-E[(S_{s^1}^{H_l}-S_{t^1}^{H_l})^2].$$

使用变量代换 $y_l=x_l\{E[(S_{s^1}^{H_l}-S_{t^1}^{H_l})^2]\}^{\frac{1}{2}}$.

进一步, 有

$$\int_{\mathbb{R}^d} (1+ \mid x \mid^2)^{-r} \Delta_{7,4,1} dx$$

$$\leqslant C_{7,4,3} (H_l(2H_l-1))^N \int_{[0,T]^N} \int_{[0,T]^N} (\parallel s^1 - t^1 \parallel^{2H_l-2} - \parallel s^1 + t^1 \parallel^{2H_l-2})$$

$$\cdot \{E[(S_{s^1}^{H_l} - S_{t^1}^{H_l})^2]\}^{r-\frac{d}{2}} \int_{\mathbb{R}^d} \exp \left\{ -\frac{y_l^2}{2} \right\} \left(E[(S_{s^1}^{H_l} - S_{t^1}^{H_l})^2] + y_l^2 \right)^{-r} dx. \quad (7.66)$$

另一方面, 由文献 (Yan et al., 2011) 知, 对任意的 $s, t \geqslant 0$, 次分数布朗运动 S^{H_l} 满足估计式

$$\left[(2 - 2^{2H_l-1}) \wedge 1 \right] (t-s)^{2H_l} \leqslant E \left[(S_t^{H_l} - S_s^{H_l})^2 \right] \leqslant \left[(2 - 2^{2H_l-1}) \vee 1 \right] (t-s)^{2H_l}. \quad (7.67)$$

比较 (7.66) 式与 (7.67) 式, 可得

$$\int_{\mathbb{R}^d} (1+ \mid x \mid^2)^{-r} \Delta_{7,4,1} dx$$

$$\leqslant C_{7,4,4} (H_l(2H_l-1))^N \int_{[0,T]^N} \int_{[0,T]^N} (\parallel s^1 - t^1 \parallel^{2H_l-2} - \parallel s^1 + t^1 \parallel^{2H_l-2})$$

$$\cdot \parallel s^1 - t^1 \parallel^{2H_l(r-\frac{d}{2})} \int_{\mathbb{R}^d} \exp \left\{ -\frac{y_l^2}{2} \right\} y_l^{-2r} dy ds^1 dt^1, \quad (7.68)$$

其中 $y = (y_1, \cdots, y_d)$.

当

$$2H_l - 2 + 2H_l \left(r - \frac{d}{2} \right) > -1$$

时, (7.68) 式有限. 这就意味着, 当

$$r > \max_{l=1,\cdots,d} \left\{ \frac{1}{2H_l} - 2 + \frac{d}{2} \right\}$$

时, 就有

$$\int_{\mathbb{R}^d} (1+ \mid x \mid^2)^{-r} E[\mid \hat{\xi}(x) \mid^2] dx$$

$$= \int_{\mathbb{R}^d} (1+ \mid x \mid^2)^{-r} E(\mid \hat{\xi}_1(x) \mid^2 + \cdots + \mid \hat{\xi}_d(x) \mid^2) dx$$

$$< \infty. \quad (7.69)$$

证毕. □

　　Boufoussi 等 (2010) 利用 Malliavin 计算讨论了 Skorohod 积分意义下的布朗和分数布朗随机流形. 相比较 Malliavin 计算白噪声分析方法在某种程度上将更方便, 因为此时可以利用白噪声分析方法方便地处理随机积分问题. 同时所获得的结果对 Hurst 指数的要求更加宽泛, 正则性条件也有别于 (Boufoussi et al., 2010) 中的条件: 对 $H \in \left(\dfrac{1}{2}, 1\right)$ 时, 分数布朗随机流属于 Sobolev 空间的条件是 $r > \dfrac{1}{2H} - \dfrac{1}{2}$.

　　本章主要介绍了高斯随机流动形, 包括布朗随机流动形、分数布朗随机流动形、双分数布朗随机流动形和次分数布朗随机流动形. 首先, 给出 Wick 积型布朗随机流动形和分数布朗随机流动形的定义, 用白噪声分析研究了它们的存在性. 其次, 分别使用 Malliavin 计算的方法获得了双分数布朗随机流动形和次分数布朗随机流动形的正则性条件.

参 考 文 献

郭精军. 2011. 高斯过程的局部时和随机流动形. 华中科技大学博士学位论文.

黄志远, 严加安. 1997. 无穷维随机分析引论. 北京: 科学出版社.

黄志远, 王才士, 让光林. 2004. 量子白噪声分析. 武汉: 湖北科学技术出版社.

李楚进. 2005. 分式稳定过程及场的白噪声分析. 华中科技大学博士学位论文.

刘培德. 2002. 拓扑线性空间基础. 武汉: 武汉大学出版社.

吕学斌. 2009. Gel′fand 三元组上的 Lévy 白噪声和分式 Lévy 噪声. 华中科技大学博士学位论文.

严加安. 2004. 测度论讲义. 2nd. 北京: 科学出版社.

张恭庆, 林源渠. 1987. 泛函分析讲义 (上册). 北京: 北京大学出版社.

张恭庆, 郭懋正. 1990. 泛函分析讲义 (下册). 北京: 北京大学出版社.

Albeverio S, Oliveira M, Streit L. 2001. Intersection local times of independent Brownian motions as generalized white noise functionals. Acta Appl. Math., 69: 221-241.

Ayache A. 2002. The generalized multifractional field: a nice tool for the study of the generalized multifractional Brownian motion. J. Fourier Anal. Appl., 8(6): 581-601.

Ayache A, Lévy-Véhel J. 2000. The generalized multifractional Brownian motion. Stat. Infe. Stoc. Proc., 3: 7-18.

Ayache A, Roueff F, Xiao Y M. 2007. Joint continuity of the local times of linear fractional stable sheets. C. R. Acad. Sci. Paris Ser. I, 344: 635-640.

Ayache A, Wu D, Xiao Y M. 2008. Joint continuity of the local times of fractional Brownian sheets. Ann. Inst. H. Poin. Prob. Stat., 44: 727-748.

Bender C. 2003. An Itô formula for generalized functionals of a fractional Brownian motion with arbitrary Hurst parameter. Stoc. Proc. Appl., 104: 81-106.

Bakun V V. 2000. On generalized local time for the process of Brownian motion. Ukra. Math. J, 52(2): 173-182.

Baraka D, Mountford T, Xiao Y. 2009. Hölder properties of local times for fractional Brownian motions. Metrika, 69: 125-152.

Barlow M T. 1988. Necessary and sufficient conditions for the continuity of local time of Lévy processes. Ann. Prob., 16(4): 1389-1427.

Bender C, Elliott R J. 2003. On the Clark-Ocone formula for fractional Brownian motions with Hurst parameter bigger than half. Stoc. Stoc. Rep.,75: 391-405.

Berman S M. 1973. Local nondeterminism and local times of Gaussian processes. Indiana Univ. Math. J., 23: 69-94.

Biagini F, Hu Y Z, Øksendal B, etal. 2008. Stochastic Calculus for Fractional Brownian Motion and Applications. London: Springer-Verlag.

Biagini F, Øksendal B, Sulem A, et al. 2004. An introduction to white noise theory and Malliavin calculus for fractional Brownian motion. Proc. R. Soc. Lond. A, 460: 347-372.

Bojdecki T, Gorostiza L G, Talarczyk A. 2004. Sub-fractional Brownian motion and its relation to occupation times. Stat. Prob. Lett., 69: 405-419.

Bornales J, Oliveier M J, Streit L. 2016. Chaos decomposition and gap renormalization of Brownian self-intersection local times. Reports Math. Phys., 77(2): 141-152.

Boufoussi B, Dozzi M, Guerbaz R. 2006. On the local time of multifractional Brownian motion. Stoc: An Inte. J. Prob. Stoc. Proc., 78: 33-49.

Boufoussi B, Dozzi M, Marty R. 2010. Local time and Tanaka formula for a Volterra-type multifractional Gaussian process. Bernoulli, 16(4): 1294-1311.

Chen C, Yan L T. 2011. Remarks on the intersection local time of fractional Brownian motions. Stat. Prob. Lett., 81: 1003-1012.

Dai H S, Li Y Q. 2010. A weak limit theorem for generalized multifractional Brownian motion. Stat. Prob. Lett., 80: 348-356.

Drumond C, Oliveira M, Silva J. 2008. Intersection local times of fractional Brownian motions with $H \in (0,1)$ as generalized white noise functionals. 5th Jagna Inte. Workshop Stoc. Quan. Dyna. Biom. Syst., 1021: 34-45.

Eddahbi M, Lacayo R, Sole J L, et al. 2005. Regularity of the local time for the d-dimensional fractional Brownian motion with N-parameters. Stoc. Anal. Appl., 23(2): 383-400.

Es-Sebaiy K, Tudor C A. 2007. Multidimensional bifractional Brownian motion: Itô and Tanaka formulas. Stoc. Dyna., 7(3): 365-388.

Faria M, Hida T, Streit L, et al. 1997. Intersection local times as generalized white noisefunctionals. Acta Appl. Math., 46: 351-362.

Feng C R, Zhao H Z. 2008. Rough path integral of local time. C. R. Acad. Sci. Paris Ser. I, 346: 431-434.

Fitzsimmons P J , Getoor R K. 1992. On the distribution of the Hilbert transform of the local time of a symmetric Lévy process. Ann. Prob., 20(3):1484-1497.

Flandoli F. 2002. On a probabilistic description of small scale structures in 3D fluids. Ann. Inst. H. Poin. Prob. Stat., 38: 207-228.

Flandoli F, Gubinelli M, Giaquinta M, et al. 2005. Stochastic currents. Stoc. Proc. Appl., 115: 1583-1601.

Flandoli F, Gubinelli M, Russo F. 2009. On the regularity of stochastic currents, fractional Brownian motion and applications to a turbulence model. Ann. Inst. H. Poin. Prob. Stat., 45(2): 545-576.

Flandoli F, Tudor C A. 2010. Browinan and fractional Brownian stochastic currents via Malliavin calculus. J. Func. Anal., 258: 279-306.

Guerbaz R. 2006. Hölder conditions for the local times of multiscale fractional Brownian motion.C. R. Acad. Sci. Paris Ser. I, 343: 515-518.

Guo J J. 2012. Generalized intersection local time of indefinite Wiener integral: white noise approach. J. of Mathe. Resea. with Appl., 32(3): 373-378.

Guo J J. 2014. Stochastic current of bifractional Brownian motion. J. of Appl. Mathe., 2014(2014): 1-12.

Guo J J, Tian J. 2013. Brownian stochastic current: white noise approach. J. of Mathe. Resea. with Appl., 33(5): 625-630.

Guo J J. 2014. Chaos decomposition of local time for d-dimensional fractional Brownian motion with N-parameter. Appl. Proba. Stati., 30(4): 337-344.

Guo J J, Jiang G, Xiao Y P. 2011. Multiple intersection local times of fractional Brownian motion. J. of Math., 31(3): 388-394.

Guo J J, Mao X L. 2014. Some properties of delta function in local time of fractional Brownian motion. Advan. Mathe., 43(3): 455-462.

Guo J J, Xiao Y P. 2011. Local time of fractional Brownian motion: white noise approach. Mathe. Appl., 62(2): 260-264.

Guo J J, Hu Y Z, Xiao Y P. 2019. Higher-order derivative of intersection local time for two independent fractional Brownian motions. J. Theor. Probab., 32(3): 1190-1201.

Guo J J, Li C J. 2017. On collision local time of two independent fractional Ornstein-Uhlenbeck processes. Acta Math. Sci. Ser. B Engl. Ed., 37(2): 316-328.

Guo J J, Xiao Y P. 2015. On collision local time of two independent subfractional Brownian motions. Compu. Model. Engin. Scien., 109(6): 519-536.

Guo J J, Xiao Y P. 2018. Higher-order derivative local time for factional Ornstein-Uhlenbeck Pprocesses. arXiv:1810.12772v1, 1-11.

Guo J J, Zhang Y F. 2017. Local time of mixed Brownian motion and subfractional Brownian motion. J. of Math., 37(3): 659-666.

Guo J J, Zhang Y F, Gao H Y. 2017. Local time of mixed Brownian motion and fractional Brownian motion. Math. Appl., 30(1): 138-143.

Hu Y. 2017. Analysis on Gaussian Spaces. World Scientific.

Hu Y, Huang J, Nualart D, et al. 2015. Stochastic heat equations with general multiplicative Gaussian noises: Hölder continuity and intermittency. Electron. J. Probab., 20(55): 1-50.

Hu Y Z. 2001. Self-intersection local time of fractional Brownian motions-via chaos expansion. J. Math. Kyot. Univ., 41: 233-250.

Hu Y Z, Øksendal B. 2002. Chaos expansion of local time of fractional Brownian motions. Stoc. Anal. Appl., 20: 815-837.

Hu Y Z, Øksendal B, Sulem A. 2003. Optimal consumption and portfolio in a Black-Scholes market driven by fractional Brownian motion. Infi. Dime. Anal. Quan. Prob., 6: 519-536.

Hu Y Z, Nualart D. 2005. Renormalized self-intersection local time for fractional Brownian motion. Ann. Prob., 33(3): 948-983.

Hu Y Z, Nualart D. 2007. Regularity of renormalized self-intersection local time for fractional Brownian motion. Comm. Inf. Syst., 7: 21-30.

Hu Y Z, Nualart D. 2009. Stochastic heat equation driven by fractional noise and local time. Prob. Theo. Rela. Fields, 143: 285-328.

Hu Y Z, Nualart D, Song J. 2008. Integral representation of renormalized self-intersection local times. J. Func. Anal., 255: 2507-2532.

Huang Z Y, Li C J. 2005. Anisotropic fractional Brownian random fields as white noise functionals. Acta Math. Appl. Sinica, 21: 655-660.

Huang Z Y, Li C J. 2007. On fractional stable processes and sheets: white noise approach. J. Math. Anal. Appl., 325: 624-635.

Huang Z Y, Li P Y. 2006. Generalized fractional Lévy processes: a white noise approach. Stoc. Dyna., 6: 473-485.

Huang Z Y, Li P Y. 2007. Fractional generalized Lévy random fields as white noise functionals. Front. Math. China, 2(2): 211-226.

Imkeller P, Perez-Abreuv, Vives J. 1995. Chaos expansions of double intersection local time of Brownian motion in $\mathbb{R}^d$ and renormalization. Stoc. Proc. Appl., 56: 1-34.

Imkeller P, Weisz F. 1994. The asymptotic behaviour of local times and occupation intergrals of the N-parameter Wiener process in $\mathbb{R}^d$. Prob. Theo. Rela. Fields, 98: 47-75.

Imkeller P, Yan J. 1996. Multiple intersection local time of planar Brownian motion as a particular Hida distribution. J. Func. Anal., 140: 256-273.

Jaramillo A, Nualart D. 2017. Asymptotic properties of the derivative of self-intersection local time of fractional Brownian motion. Stoc. Anal. Appl., 127(2): 669-700.

Jiang Y M, Wang Y J. 2007. On the collision local time of fractional Brownian motions. Chin. Ann. Math., 28: 311-320.

Jung P, Markowsky G. 2014. On the Tanaka formula for the derivative of self-intersection local time of fractional Brownian motion. Stoc. Proces. Their Appl., 124: 3846-3868.

Jung P, Markowsky G. 2015. Hölder continuity and occupation-time formulas for fBm self-intersection local time and its derivative. J. Theor. Probab., 28: 299-312.

Kim Y T. 2006. An Itô formula of generalized functionals and local time for fractional Brownian sheet. Stoc. Anal. Appl., 24(5): 973-997.

Kim Y T. 2010. Wick integration with respect to fractional Brownian sheet. J. Korean Stat. Soci., 39(4): 523-531.

Kolmogorov A N. 1940. Wienersche Spiralen und einige andere interssante kurven im Hilbertschen Raum. C. R.(Doklady) Acad. URSS (N.S), 26: 115-118.

Kuo H H. 1996. White Noise Distribution Theory. Boca Raton: CRC Press.

Kuo H H. 2006. Introduction to Stochastic Integration. New York: Springer.

Le Gall J F. 1985. Sur le temps local d'intersection du mouvement brownien plan et la méthode de renormalisation de Varadhan. Lect. Notes in Math. 1123, Berlin: Springer: 314-331.

Lee Y, Shih H H. 2000. Donsker's delta function of Lévy process. Acta Appl. Math., 63: 219-231.

Liang Z X. 2007. Besov regularity for the generalized local time of the indefinite Skorohod integral. Ann. Inst. H. Poin. Prob. Stat., 43: 77-86.

Liang Z X. 2009. Fractional smoothness for the generalized local time of the indefinite Skorohod integral. J. Func. Anal., 239: 247-267.

Lin Q. 2009. Local time and Tanaka formula for G-Brownian motion. J. Math. Anal. Appl., 398(1): 315-334.

Lou S, Ouyang C. 2017. Local times of stochastic differential equations driven by fractional Brownian motions. Stoch. Proce. Appl., 127: 3643-3660.

Mandelbrot B, Van Ness J. 1968. Fractional Brownian motions, fractional noises and applications. SIAM Rev., 10: 422-437.

Marcus M, Rosen J. 1999. Additive functionals of several Lévy processes and intersection local times. Ann. Prob., 27: 1643-1678.

Marcus M, Rosen J. 2008. L^p moduli of continuity of Gaussian processes and local times of symmetric Lévy processes. Ann. Prob., 36(2): 594-622.

Mataramvura S, Øksendal B, Proske F. 2004. The Donsker delta function of a Lévy process with application to chaos expansion of local time. Ann. Inst. H. Poin., 40: 553-567.

Mendonca S, Streit L. 2001. Multiple intersection local times in terms of white noise. Infi. Dime. Anal. Quan. Prob., 4: 533-543.

Mishura Y. 2008. Stochastic Calculus for Fractional Brownian Motions and Related Processes. Lect. Notes in Math. 1929, Berlin and Heidelberg: Springer-Verlag.

Nualart D, Ortiz-Latorre S. 2007. Intersection local time for two independent fractional Brownian motions. J. Theo. Prob., 20: 759-767.

Obata N. 1994. White Noise Calculus and Fock Space. Lect. Notes in Math. 1557, Berlin: Springer-Verlag.

Oliveira M, Silva J, Streit L. 2011. Intersection local times of independent fractional Brownian motions as generalized white noise functionals. Acta Appl. Math., 113: 17-39.

Peltier R, Véhel J L. 1995. Multifractional brownian motion: definition and preliminary results. Technical Report Rapport de recherche, 2645.

Pitt L D. 1978. Local times for Gaussian vector fields. Indiana Univ. Math. J., 27(2): 309-330.

Rogers L C G, Walsh J B. 1990. $A(t, B_t)$ is not a semimartingale. Progr. Prob., 24: 457-482.

Rogers L C G, Walsh J B. 1991. Local time and stochastic area integrals. Ann. Prob., 19: 457-482.

Rosen J. 2005. Derivatives of self-intersection local time. Lect. Notes. Math., 1875: 263-281.

Rudenko A. 2009. Local time for Gaussian processes as an element of Sobolev space. Comm. Stoc. Anal., 3(2): 223-247.

Russo F, Tudor C A. 2006. On bifractional Brownian motion. Stoc. Proc. Appl., 116: 830-856.

Shirikyan A. 2010. Local times for solutions of the complex Ginzburg Landau equation and the inviscid limit. J. Math. Anal. Appl., 384(1): 130-137.

Shen G J, Yan L T. 2011. Remarks on an integral functional driven by sub-fractional Brownian motion. J. Korean Stat. Soci., 40: 337-346.

Shen G, Zhu D, Ren Y, et al. 2013. The local time of the fractional Ornstein-Uhlenbeck process. Abst. Appl. Analy., 2013: 1-9.

Tudor C A, Xiao Y. 2007. Sample path properties of bifractional Brownian motion. Bernoulli, 13(4):1023-1052.

Tudor C A. 2008. Inner product spaces of integrands associated to subfractional Brownian motion. Stat. Prab. Lett., 78: 2201-2209.

Tudor C A. 2009. On the Wiener integral with respect to a sub-fractional Brownian motion on an interval. J. Math. Anal. Appl., 351: 456-468.

Uemura H. 2008. On the weighted local time and the Tanaka formula for the multidimensional fractional Brownian motion. Stoc. Anal. Appl., 26: 136-168.

Wang X J, Guo J J, Jiang G. 2011. Collision local times of two independent fractional Brownian motions. Front. Math. China, 6(2): 325-338.

Watanabe H. 1991. The local time of self-intersections of Brownian motions as generalized Brownian functionals. Lett. Math. Phys., 23: 1-9.

Wu D, Xiao Y. 2010. Regularity of intersection local times of fractional Brownian motions. J. Theor. Prob., 23(4): 972-1001.

Wang C S. 2004. Chaotic dempositions of B-valued generalized functionals of white noise. Math. Appl., 17(2): 165-171.

Wang C S, Huang Z Y, Wang X J. 2005. δ-function of an operator: a white noise approach. Proc. Amer. Math. Soc., 133: 891-898.

Wang C S, Qu M S, Chen J S. 2006. A white noise approach to infinitely divisible distributions on Gel′fand triple. J. Math. Anal. Appl., 315: 425-435.

Xiao Y P, Guo J J, Shao Y B. 2013. Weighted local time of fractional Brown motion. J. of Math., 33(1): 56-62.

Yan L. 2014. Derivative for the intersection local time of fractional Brownian motions. arXiv:n1403.4102v3.

Yan L T, Liu J F, Chen C. 2009. On the collision local time of bifractional Brownian motions. Stoc. Dyna., 9: 479-491.

Yan L T, Liu J F, Yang X F. 2009. Integration with respect to fractional local time with Hurst index $\frac{1}{2} < H < 1$. Pote. Anal., 30: 115-138.

Yan L T, Shen G J. 2010. On the collision local time of sub-fractional Brownian motions. Stat. Prob. Lett., 80: 296-308.

Yan L T, Shen G J, He K. 2011. Itô formula for a subfractional Brownian motion. Comm. Stoc. Anal., 5(1): 135-159.

Yan L, Yang X, Lu Y. 2008. p-Variation of an integral functional driven by fractional Brownian motion. Stat. Prob. Lett., 78: 1148-1157.

Yan L T, Yu X. 2015. Derivative for self-intersection local time of multidimensional fractional Brownian motion. Stoch., 87(6): 966-999.

Zhong Y Q. 2009. Local time analysis of additive Lévy processes with different Lévy exponents. Acta Math. Scie., 29B(5): 1155-1164.